物理化学
简明教程

领小 编

化学工业出版社

·北京·

内 容 简 介

  本书共 10 章，内容主要包括热力学第一定律、热力学第二定律、多组分系统、相平衡、化学平衡、电解质溶液、可逆电池电动势及其应用、电解与极化、化学反应动力学、表面与胶体化学。每章附有思维导图对重要内容进行归纳总结，使读者建立完整的知识体系。

  本书内容全面、推导过程简练、重点突出，可作为高等学校本科化工类、环境类、生物类、食品类等相关专业师生的物理化学基础课教材，也可供从事化工、生物科研等工作的专业人员参考。

图书在版编目（CIP）数据

物理化学简明教程/领小编．—北京：化学工业
出版社．2022.3
 ISBN 978-7-122-40561-6

 Ⅰ.①物…　Ⅱ.①领…　Ⅲ.①物理化学-教材
Ⅳ.①O64

 中国版本图书馆 CIP 数据核字（2022）第 010325 号

责任编辑：刘　婧　刘兴春　　　　　文字编辑：王文莉
责任校对：王　静　　　　　　　　　装帧设计：韩　飞

出版发行：化学工业出版社（北京市东城区青年湖南街 13 号　邮政编码 100011）
印　　装：涿州市般润文化传播有限公司
787mm×1092mm　1/16　印张 14¾　字数 301 千字　　2022 年 6 月北京第 1 版第 1 次印刷

购书咨询：010-64518888　　　　　　售后服务：010-64518899
网　　址：http://www.cip.com.cn
凡购买本书，如有缺损质量问题，本社销售中心负责调换。

定　　价：58.00 元

前　言

　　物理化学是化工类、生物类、环境类等专业的一门专业基础课程，目的在于使学生掌握热力学、动力学、电化学、统计热力学中的普遍规律和实验方法，培养学生的思维能力和创造能力。

　　物理化学课程涉及的内容繁多，概念抽象，容易混淆，学习和教学均有一定难度。编者在多年的教学工作中注重教学研究和教学改革，积累了一些心得经验，编写了本书，以求与同行交流，在教学上进一步发展。本书以精炼的原则来组织编排内容，注重体现清晰的学习思路，使本书易学易懂。学习物理化学要有较强的总结分析能力，为了使学生掌握物理化学的基本内容，本书将基本概念、基本原理、基本公式置于首要地位，重视内容总结，以思维导图的形式对每章重点内容进行了总结分析，使学生建立完整的知识体系。

　　本书由领小编写，分为 10 章，内容主要包括热力学第一定律、热力学第二定律、多组分系统、相平衡、化学平衡、电解质溶液、可逆电池电动势及其应用、电解与极化、化学反应动力学、表面与胶体化学。每章在抽象的物理化学内容中穿插有选择题、计算题等例题，以加深学生对知识的理解与应用。本书内容全面、公式推导过程简练、重点突出，可作为高等学校化学、化工、材料、生物、食品、环境等专业物理化学课程的教科书，也可供师范院校化学、生物专业的师生参考。

　　限于编者水平及编写时间，书中难免有不妥和疏漏之处，敬请同行和读者批评指正。

编者

2021 年 10 月

目 录

第2章　热力学第二定律　　26

第 3 章　多组分系统　50

第 4 章　相平衡　　　71

第7章　可逆电池电动势及其应用　142

第8章　电解与极化　156

第 9 章　化学反应动力学　168

第10章　表面与胶体化学　197

第 1 章

热力学第一定律

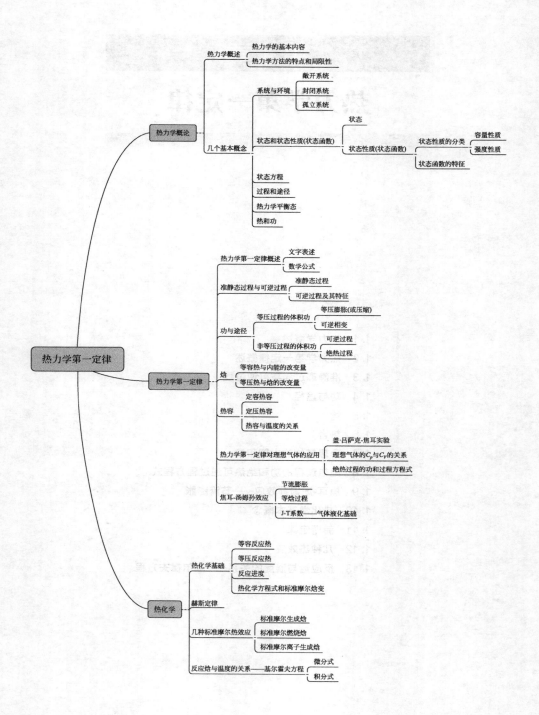

热力学第一定律

- 热力学概论
  - 热力学概述
    - 热力学的基本内容
    - 热力学方法的特点和局限性
  - 几个基本概念
    - 系统与环境
      - 敞开系统
      - 封闭系统
      - 孤立系统
    - 状态和状态性质(状态函数)
      - 状态
      - 状态性质(状态函数)
        - 状态性质的分类
          - 容量性质
          - 强度性质
        - 状态函数的特征
    - 状态方程
    - 过程和途径
    - 热力学平衡态
    - 热和功

- 热力学第一定律
  - 热力学第一定律概述
    - 文字表述
    - 数学公式
  - 准静态过程与可逆过程
    - 准静态过程
    - 可逆过程及其特征
  - 功与途径
    - 等压过程的体积功
      - 等压膨胀(或压缩)
      - 可逆相变
    - 非等压过程的体积功
      - 可逆过程
      - 绝热过程
  - 焓
    - 等容热与内能的改变量
    - 等压热与焓的改变量
  - 热容
    - 定容热容
    - 定压热容
    - 热容与温度的关系
  - 热力学第一定律对理想气体的应用
    - 盖·吕萨克-焦耳实验
    - 理想气体的C_P与C_V的关系
    - 绝热过程的功和过程方程式
  - 焦耳-汤姆孙效应
    - 节流膨胀
    - 等焓过程
    - J-T系数——气体液化基础

- 热化学
  - 热化学基础
    - 等容反应热
    - 等压反应热
    - 反应进度
    - 热化学方程式和标准摩尔焓变
  - 赫斯定律
  - 几种标准摩尔热效应
    - 标准摩尔生成焓
    - 标准摩尔燃烧焓
    - 标准摩尔离子生成焓
  - 反应焓与温度的关系——基尔霍夫方程
    - 微分式
    - 积分式

1.1　热力学概述

1.1.1　热力学的基本内容

（1）热力学的定义

热力学研究热、功和其他形式的能量之间的相互转换及其转换过程中所遵循的规律。其基础是热力学第一定律和热力学第二定律。

（2）热力学的研究内容

热力学研究各种物理变化和化学变化过程中所发生的能量效应；研究化学变化的方向和限度。热力学的研究内容决定了其研究方法的特征。

1.1.2　热力学研究方法的特点

（1）不考虑物质结构

热力学研究能量效应、变化的方向和限度，是研究宏观性质。热力学的研究对象是大量分子的集合体，所得结论具有统计意义。热力学对于微观上某个质点、某个分子或原子的行为不予研究。

（2）不考虑过程的细节

热力学不考虑反应机理，热力学只考虑变化前后的净结果。在热力学体系中只关心一个过程的始态和终态，而对过程的细节不用也不能过多地考虑。

（3）没有时间概念

热力学只能判断变化是否能发生以及变化进行到什么程度，不考虑变化所需时间，所以在热力学中总是出现可逆过程，以可逆过程来衡量过程进行的最大限度，但不考虑达到这种限度需要多长时间。

以上热力学研究方法的特点也是它的局限性。热力学不考虑反应的机理、速率和微观结构，只讲可能性，不讲现实性。只知道某个过程能够发生，但无法解释它为什么能发生，或者只知道一个过程不能发生，无法解释为什么不能发生。

1.1.3　几个基本概念

（1）系统与环境

系统：把一部分物质与其余分开，将其划定为研究对象的体系称为系统。

环境：与系统密切相关、有相互作用或相互影响的部分称环境。

系统与环境之间一定有边界，这个边界可以是实际存在的物理界面，也可以是虚构的界面，系统与环境通过这一界面进行物质交换和能量传递，相互作用、相互影响。根据系统与环境之间物质和能量的不同相互影响情况，把系统分为敞开系统、封闭系统、孤立系统三类。虽然实际上没有真正意义上的孤立系统，但孤立系统有其独特的研究意义，如通过熵变来判断自发过程时，必须是计算孤立体系的熵变，所以把系统与环境联合起来考虑成孤立体系。

（2）状态与状态函数

状态：系统所处的样子叫系统的状态，是用状态性质（状态函数）来描述的。

状态函数（状态性质）：描述系统状态的宏观性质（量），如体积、压力、温度、内能、焓等。状态函数必须由数值和单位组成，如 $m = 10\text{kg}$ 或 $m = 10\text{g}$ 等，不能表示为 $m = 10$。

根据与物质的量（质量）的关系，状态函数分为容量（广度）性质和强度性质两类。

容量性质的状态函数的值与系统物质的量成正比，有加和性，系统容量性质的状态函数的值等于系统各个部分该状态函数的和，如体积、质量等。

强度性质的状态函数的值与系统物质的量无关，是系统自身的性质，没有加和性，系统强度性质的状态函数的值与系统各个部分的该状态函数的值相等，如温度、压力、密度、黏度等。

两个容量性质的比值一定是强度性质，如密度 $\rho = \dfrac{m}{V}$、摩尔体积 $V_{\mathrm{m}} = \dfrac{V}{n}$、化学势 $\mu_{\mathrm{B}} = \left(\dfrac{\partial G}{\partial n_{\mathrm{B}}} \right)_{T, p, n_{\mathrm{C}(\mathrm{C} \neq \mathrm{B})}}$ 等。

状态函数的特征如下。

① 状态函数是系统状态的单值函数。当系统的状态函数都具有确定的值时，系统就有确定的状态；系统的状态确定后，状态函数也有确定的值。状态函数中一个或几个值发生变化，系统的状态就会发生变化。

② 当系统的状态发生变化时，状态函数的改变量只与始态和终态有关，而与变化的途径无关。反过来叙述也是正确的，如果有一个函数的改变量，只取决于系统的始态和终态，而与所经历的具体途径无关，那么这个函数一定是状态函数。根据该特征可以计算某些状态函数的改变量。如计算熵变只能通过可逆过程来计算，但计算不可逆过程的熵时，可以把不可逆过程设计成始终态相同的可逆过程来计算，因为状态函数的改变量只跟始态、终态有关，与变化途径无关。

③ 系统的状态函数之间不是互相独立、无关的，而是互相有关联的。例如理想气体的以下几个状态函数之间的关系：$pV = nRT$；例如 $H = U + pV$，$A = U - TS$，$G = H - TS$ 等。

状态函数的特征用数学语言来表示有以下三个公式。

① 对于纯物质的单相封闭系统，只要确定两个独立的状态函数，就能确定第三个状态函数，如温度、压力确定，内能就确定。假设纯物质的单相封闭系统内能是温度和压力的函数 $U = f(T, p)$，温度变化，内能发生变化；压力变化，内能发生变化，用微分表示为：

$$\mathrm{d}U = \left(\frac{\partial U}{\partial T} \right)_p \mathrm{d}T + \left(\frac{\partial U}{\partial p} \right)_T \mathrm{d}p \tag{1-1}$$

内能的变化 $\mathrm{d}U$ 是由温度的变化 $\mathrm{d}T$ 引起的 $\left(\dfrac{\partial U}{\partial T} \right)_p \mathrm{d}T$ 与由压力的变化 $\mathrm{d}p$ 引起的

$\left(\dfrac{\partial U}{\partial p}\right)_T \mathrm{d}p$ 的和。$\left(\dfrac{\partial U}{\partial T}\right)_p$ 是等压条件下内能随温度的变化率；$\left(\dfrac{\partial U}{\partial p}\right)_T$ 是等温条件下内能随压力的变化率。

② 状态函数的二阶导数与求导次序无关。

$$\frac{\partial U}{\partial T \partial p} = \frac{\partial^2 U}{\partial p \partial T} \tag{1-2}$$

③ 状态函数的循环过程的改变量等于零。

$$\oint \mathrm{d}U = 0 \tag{1-3}$$

（3）状态方程

系统状态函数之间的定量关系式称为状态方程，如理想气体的状态方程为 $pV = nRT$。从以上状态方程可知，对于纯物质的单相系统来说，确定它的状态需要有三个状态函数，即独立的状态函数是三个。对于纯物质的单相封闭系统来说，确定它的状态需要有两个状态函数。例如理想气体的状态方程 $pV_m = RT$；$U = f(T, V)$。

（4）过程与途径

过程：从某个始态到终态的变化叫过程。

途径：过程进行的具体步骤叫途径。一个过程可以通过不同的途径来完成，如等温膨胀过程，可以通过真空膨胀途径来完成，也可以通过等外压膨胀途径来完成，还可以通过等温可逆途径来完成。

状态函数的改变量只跟始态、终态有关，如始态的温度为 T_1，终态的温度为 T_2，该过程中温度的改变量 $\Delta T = T_2 - T_1$。只要始态、终态相同，状态函数的改变量就相等，与途径无关。

常见的过程如下。

① 等温过程：$T_1 = T_2 = T_{环境}$。

② 等压过程：$p_1 = p_2 = p_{环境}$。

③ 等容过程：$V_1 = V_2$。

④ 循环过程：系统由某一状态出发经过一系列变化又回到原来状态的过程。循环过程的始态、终态是相同的状态，循环过程中状态函数的改变量都等于零。

⑤ 绝热过程：系统在变化过程中与环境没有热量交换的过程。绝热过程中 $Q = 0$，根据热力学第一定律 $\Delta U = Q + W$，所以 $\Delta U = W$。

【例题 1-1】 封闭系统经任意循环过程，则（　　）。

A. $Q = 0$；　　B. $W = 0$；　　C. $Q + W = 0$；　　D. $Q - W = 0$。

解：根据热力学第一定律 $\Delta U = Q + W$，内能是状态函数，循环过程中其改变量等于零，其他选项都不是状态函数。选 C。

不管是可逆、不可逆、绝热、不绝热或其他的循环过程，只要是循环过程，其所有状态函数的改变量都等于零，如循环过程的 $\Delta U = 0$、$\Delta H = 0$、$\Delta S = 0$、$\Delta A = 0$、$\Delta G = 0$。

【例题 1-2】 水蒸气通过蒸汽机对外做出一定量的功后恢复原状，以水蒸气为系统，则（　　）。

A. $Q=0$；B. $W=0$；C. $\Delta U < 0$；D. $\Delta H=0$。

解：水蒸气恢复原来状态，是循环过程，状态函数的改变量等于零。整个过程中功和热不一定等于零，但内能和焓是状态函数，其改变量等于零。选 D。

（5）热力学平衡态

经典热力学体系在平衡态时系统的状态函数都有确定的值。所以热力学平衡态必须同时包括四个平衡，分别为热平衡、力平衡、化学平衡和相平衡。热力学平衡态时系统与环境的温度、压力相等，没有明显的化学反应和相变化。

（6）热和功

热：系统与环境之间因温差而传递的能量称为热，用符号 Q 表示。其中，等温过程不能理解成没有热效应，因为等温过程只是始态、终态温度与环境温度相等，但它不一定是恒温过程。例如理想气体的等温过程的 $Q \neq 0$。

功：系统与环境之间除了热，传递的其他能量都称为功，用符号 W 表示。功和热是发生变化过程中传递的能量，是动态的值。没有变化就没有能量的传递，所以功和热不是状态函数，其数值与变化途径有关，过程相同途径不同，其值不同。

1.2　热力学第一定律概述

1.2.1　热功当量与能量守恒定律

焦耳（James Prescott Joule，1818—1889，英国人）从 1840 年起花了 20 年时间用各种不同的方法求热功转换关系，所得到的结果是一致的，经过精确实验测定得到 1cal$=$ 4.1848J。这是著名的热功当量，它对能量守恒定律给予了科学的证明。

到了 1850 年，科学界已公认能量守恒定律是自然界的普遍规律之一。能量守恒定律可表述为：自然界的一切物质都具有能量，能量有各种不同形式，能够从一种形式转换为另一种形式，但在转换过程中，能量的总量不变。

1.2.2　热力学第一定律的文字表述

在热力学中，能量守恒定律就是热力学第一定律，热力学第一定律有多种说法，最常用的是能量守恒定律和第一类永动机的说法。能量守恒定律常用的表述是：物质都有能量，能量有各种形式，能量可以传递，其形式也可以转换，在转换和传递过程中各种形式能量的总量保持不变。第一类永动机的说法是：不供给能量而连续不断对外做功的机器叫作第一类永动机。无数事实表明第一类永动机是不可能存在的。

1.2.3　内能

系统的能量由三部分组成：系统整体运动的动能，系统在外力场中的位能，系统的内能（internal energy）。内能又叫热力学能，它是系统内部能量的总和，包括：分子运动的平动能，分子内的转动能、振动能（动能），电子能、核能以及各种粒子之间的相互作用的位能等。

1.2.4　热力学第一定律的数学表达式

热力学研究的是宏观静止、没有特殊外力场存在的系统。所以能量只考虑内能。内能用符号 U 表示，内能是状态函数，是容量性质，它的绝对值无法测定，但我们更感兴趣的是它的变化值 ΔU。变化值 ΔU 只取决于系统的始态和终态，即 $\Delta U = U_2 - U_1$，而与变化所经历的途径无关。

热力学第一定律的数学表达式：

$$\Delta U = Q + W \tag{1-4}$$

对微小变化

$$dU = \delta Q + \delta W \tag{1-5}$$

式(1-4) 说明：内能、热和功是可以互相转换的，且转换有定量关系。内能是容量性质，但该公式中未考虑物质的量 n，所以该公式只能用于物质的量没有变化的封闭系统或孤立系统（孤立系统的内能永不变）。

【例题 1-3】热力学第一定律的公式中，W 代表（　　）。

A. 体积功；　　B. 有用功；　　C. 各种形式功之和；　　D. 机械功。

解：热力学第一定律的数学表达式中的 W 代表各种形式功之和。选 C。

【例题 1-4】在一刚性绝热箱中，隔板两边均充满理想气体，只是两边压力不等，已知 $p_右 < p_左$，则将隔板抽取后应有（　　）。

A. $Q=0$，$W=0$，$\Delta U=0$；　　　　B. $Q=0$，$W<0$，$\Delta U>0$；

C. $Q>0$，$W<0$，$\Delta U>0$；　　　　D. $Q=W\neq 0$，$\Delta U=0$。

解：以整个容器中的气体为系统，在刚性、绝热的容器中，系统与环境之间无热交换、没做功（体积不变）。选 A。

【例题 1-5】在一个密闭绝热的房间里放置一台冰箱，将冰箱门打开，并接通电源使冰箱工作，过一段时间后，室内的平均气温将（　　）。

A. 降低；　　B. 升高；　　C. 不变；　　D. 不一定。

解：能量不会在无形中消失，也不会在无形中形成。消耗电功，转换成内能，温度升高。选 B。

1.3　准静态过程与可逆过程

1.3.1　准静态过程

系统从始态到终态过程进行得非常慢，速率趋于零时，每一步都接近于平衡态，以致在任意选取的短时间 dt 内，状态函数在整个系统的各部分都有确定的值，整个过程可以看成是由一系列极接近平衡的状态所构成，该过程称为准静态过程。准静态过程是一种理想过程，实际上是达不到的。

1.3.2 可逆过程

准静态过程若没有因摩擦等因素造成能量耗散，则可看作是一种可逆过程。从始态到终态，再从终态回到始态，系统和环境都能恢复原状。

可逆过程的特征如下：

① 过程进行得非常缓慢，系统与环境始终无限接近于平衡态，状态变化时推动力与阻力相差无限小。对于膨胀过程，推动力是系统的压力，阻力是环境的压力；对于压缩过程，推动力是环境的压力，阻力是系统的压力。可逆过程中系统与环境始终无限接近于平衡态，可以看成可逆过程中系统与环境的温度相等，系统与环境的压力相等。

② 过程中的任何一个中间态都可以从正、逆两个方向到达。

③ 系统变化一个循环后，系统和环境均恢复原态，变化过程中无任何耗散效应。

④ 可逆过程中，系统对环境做最大功，环境对系统做最小功。

1.4 功与途径

1.4.1 体积功

热力学中，除了热其他以各种形式被传递的能量都叫功，其中，由于体积变化而与环境传递的能量通常称为体积功。功是传递的能量，不是状态函数，功的值与具体的变化途径有关，相同的始态、终态，途径不同，所做的功也不同。通常以如下机械功的模型引入体积功的计算公式。

机械功：
$$\delta W_{机} = F\,dl$$

$$\delta W_{机} = \frac{F}{A}\,dAl = p\,dV$$

由上式可知，功可以被表示为压强与体积变化的乘积，则系统克服外压 $p_{外}$ 发生体积变化（dV）而做的功即为体积功：

$$\delta W_{体} = -p_{外}\,dV \tag{1-6}$$

式中，$p_{外}$ 为环境的压力；dV 为系统体积的改变。负号遵循热力学规定，即系统对环境做功时功是负的，反之，环境对系统做功时功是正的。

只有 $-p_{外}\,dV$ 才表示体积功，$-p\,dV$（p 表示系统的压力）、pV、$-pV$ 或 $-V\,dp$ 等均不能表示体积功。

计算某个过程的体积功时，首先对上式进行积分，这是计算体积功最关键的步骤：

$$W_{体} = -\int_{V_1}^{V_2} p_{外}\,dV \tag{1-7}$$

根据 $p_{外}$ 与 V 的关系即具体的途径中 $p_{外}$ 随 V 的变化来积分计算（表明功与途径

有关）。

1.4.2　膨胀（或压缩）过程的体积功

（1）自由膨胀（真空膨胀）

自由膨胀是外压等于 0 时的膨胀过程。因为 $p_外=0$，所以 $W=0$。

（2）等外压过程

等外压过程中外压保持为某个常数不变，终态时达到热力学平衡态，系统终态压力等于环境压力。因为外压保持不变，所以 $W=-\int_{V_1}^{V_2} p_外 \mathrm{d}V$ 积分得到

$$W=-p_外(V_2-V_1) \tag{1-8}$$

（3）等温可逆过程

计算可逆过程的功时，要利用可逆过程的特征，即状态变化时推动力与阻力相差无限小，$p_外=p\pm\mathrm{d}p$（膨胀时推动力是系统的压力，阻力是环境的压力；压缩时推动力是环境的压力，阻力是系统的压力）。

$p_外=p\pm\mathrm{d}p$ 代入式(1-7) 中，得：

$$W=-\int_{V_1}^{V_2}(p\pm\mathrm{d}p)\mathrm{d}V$$

$$W=-\int_{V_1}^{V_2}p\mathrm{d}V\pm\int_{V_1}^{V_2}\mathrm{d}p\mathrm{d}V$$

两个微小量的乘积忽略不计

$$W=-\int_{V_1}^{V_2}p\mathrm{d}V$$

等温可逆过程中 p 和 V 都发生变化，根据 p 和 V 之间的关联方程，p 代入以 V 表示的方程进行积分。如理想气体封闭体系的等温可逆过程 $pV=nRT=$ 常数，$p=\dfrac{nRT}{V}$，代入上式

$$W=-nRT\int_{V_1}^{V_2}\frac{1}{V}\mathrm{d}V$$

积分得：

$$W=-nRT\ln\frac{V_2}{V_1}$$

由理想气体公式可得 $\dfrac{V_2}{V_1}=\dfrac{p_1}{p_2}$，代入上式可得：

$$W=-nRT\ln\frac{p_1}{p_2} \tag{1-9}$$

在该公式的推导过程中设定了理想气体、封闭体系的等温可逆过程等条件限制，所以该公式只能用于理想气体封闭体系的等温可逆过程。

在其他物质的等温可逆膨胀（或压缩）过程中，体积功的计算公式根据状态方程

推导得出。如范德华气体根据范德华气体方程 $\left(p+\dfrac{an^2}{V^2}\right)(V-nb)=nRT$ 推导，其等温可逆过程的体积功的计算公式：

$$W=-\int_{V_1}^{V_2}\left(\frac{nRT}{V-nb}-\frac{an^2}{V^2}\right)\mathrm{d}V=-\int_{V_1}^{V_2}\frac{nRT}{V-nb}\mathrm{d}V+\int_{V_1}^{V_2}\frac{an^2}{V^2}\mathrm{d}V$$

$$=-nRT\ln\frac{V_2-nb}{V_1-nb}+\frac{an^2}{V_1}-\frac{an^2}{V_2} \tag{1-10}$$

1.4.3 可逆相变化的体积功

相：系统中物理性质和化学性质完全相同的均匀部分。

相变化：即物质在不同相态之间的转变，如液体的蒸发、固体的升华、固体的熔化等物态的变化均为相变化。

可逆相变化：物质在一定温度、相平衡压力下发生的相变化。可逆相变化是等温、等压过程。如熔点温度下固体的熔化及其逆过程；沸点时液体的蒸发及其逆过程等都是可逆相变化。

可逆相变化的体积功同样可由式(1-8)计算。因为是等压过程 $p_{外}=p$，所以由式(1-8)可得：

$$W=-p_{外}(V_2-V_1)=-p(V_2-V_1) \tag{1-11}$$

假如可逆相变中某一相为气相，与气相的体积相比凝聚相的体积很小，可以忽略不计，又假设气相为理想气体，则有：

$$W=-p(V_2-V_1)=-p(V_g-V_1)\approx-pV_g\approx-nRT \tag{1-12}$$

只要知道发生相变化的物质的量及温度就可计算出可逆相变化的体积功。

【例题1-6】 1g水在100℃和 10^5 Pa下，汽化为水蒸气（假设为理想气体），计算此过程的 W。

解： 该过程是水在沸点时，液态变气态的变化，是可逆相变化，压力不变，是等压过程。

$$W=-p(V_g-V_1)\approx-pV_g\approx-nRT=\left(-\frac{1}{18}\times8.314\times373.15\right)\mathrm{J}=-172.35\mathrm{J}$$

体积功计算的总结：

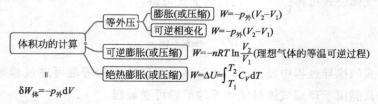

其中，C_V 为等容热容（定容热容）。

1.5　焓

1.5.1　等容热和内能

热力学第一定律的数学表达式中的功可分为体积功 $W_{\text{体}}$ 和非体积功 $W_{\text{非}}$ 两类。

$$\mathrm{d}U = \delta Q + \delta W$$
$$\mathrm{d}U = \delta Q + \delta W_{\text{体}} + \delta W_{\text{非}}$$

条件 1：只做体积功（不做非体积功）$\delta W_{\text{非}} = 0$
$$\mathrm{d}U = \delta Q + \delta W_{\text{体}}$$

代入体积功的计算公式：
$$\mathrm{d}U = \delta Q - p_{\text{外}}\,\mathrm{d}V$$

条件 2：等容过程　　　　　$\mathrm{d}V = 0$
$$\mathrm{d}U = \delta Q_V \quad 或 \quad \Delta U = Q_V \tag{1-13}$$

结论：只做体积功的等容热等于内能的增加，其值取决于始态和终态，但不能说等容热是状态函数。

1.5.2　等压热和焓

热力学第一定律的数学表达式：
$$\mathrm{d}U = \delta Q + \delta W_{\text{体}} + \delta W_{\text{非}}$$

条件 1：只做体积功（不做非体积功）
$$\mathrm{d}U = \delta Q + \delta W_{\text{体}}$$
$$\mathrm{d}U = \delta Q - p_{\text{外}}\,\mathrm{d}V$$

条件 2：等压过程，$p_2 = p_1 = p = p_{\text{外}}$，所以有
$$\mathrm{d}U = \delta Q_p - p(V_2 - V_1)$$
$$U_2 - U_1 + p(V_2 - V_1) = Q_p$$
$$(U_2 + p_2 V_2) - (U_1 + p_1 V_1) = Q_p$$

根据状态函数的特征，状态函数之间不是独立无关的，而是有关联的，则可以将状态函数的组合 $U + pV$ 定义为一个特定的状态函数——焓（H）：
$$H = U + pV \tag{1-14}$$

代入等压过程热力学第一定律表达式，则有
$$H_2 - H_1 = Q_p$$
$$\left.\begin{array}{r} \Delta H = Q_p \\ 对微小的变化有\ \mathrm{d}H = \delta Q_p \end{array}\right\} \tag{1-15}$$

结论：只做体积功的等压热，其值等于焓的增加值，取决于始态、终态。但不能说等压热是状态函数。

因为　　　　　　　　　　　$H = U + pV$

所以 $$\mathrm{d}H = \mathrm{d}U + \mathrm{d}(pV)$$

或 $$\Delta H = \Delta U + \Delta(pV)$$

等压过程中：

$$\Delta H = \Delta U + p\Delta V \tag{1-16}$$

只做体积功的等压过程中 $\Delta H = Q_p$。

【例题 1-7】"$\Delta H = Q_p$"适用于哪一个过程（　　）。

A. 理想气体从 101325Pa 反抗恒定的 10132.5Pa 膨胀到 10132.5Pa；

B. 在 0℃、101325Pa 下，冰融化成水；

C. 电解 $CuSO_4$ 的水溶液；

D. 气体从（298K，101325Pa）可逆变化到（373K，10132.5Pa）。

解： $\Delta H = Q_p$ 用于只做体积功的等压过程。A 和 D 不是等压过程；C 是做电功；B 是可逆相变化，等温等压过程，没有有效功，只做体积功。选 B。

【例题 1-8】 1g 水在 100℃和 10^5 Pa 下，汽化为水蒸气（假设为理想气体），吸热 2259.36J，计算此过程的 Q、ΔU 和 ΔH。

解： 该过程为等压过程，其热效应记为 Q_p，只做体积功时，$\Delta H = Q_p$。

$$\Delta H = Q_p = 2259.36\mathrm{J}$$

$$W = -p(V_g - V_1) = -pV_g = -nRT = \left(-\frac{1}{18} \times 8.314 \times 373.15\right)\mathrm{J} = -172.35\mathrm{J}$$

$$\Delta U = Q + W = 2087.01\mathrm{J}$$

或

$$\Delta H = \Delta U + p\Delta V$$

$$\Delta U = \Delta H - p\Delta V = Q_p - p(V_g - V_1) = Q_p - pV_g = Q_p - nRT = 2087.01\mathrm{J}$$

1.6　热容

热容 C 的定义：无化学变化、无相变化、不做非体积功，系统升高单位温度所吸收的热。

$$C = \frac{\delta Q}{\mathrm{d}T} \tag{1-17}$$

摩尔热容 C_m：

$$C_m = \frac{1}{n} \times \frac{\delta Q}{\mathrm{d}T} \tag{1-18}$$

热与途径有关，过程的途径不同则热不同，热容不同，所以热容不限定条件和物质的量就没有任何意义。

1.6.1　摩尔定容热容 $C_{V,\,m}$

$$C_V = \frac{\delta Q_V}{\mathrm{d}T} = \left(\frac{\partial U}{\mathrm{d}T}\right)_V \tag{1-19}$$

$$\Delta U_V = \int C_V \mathrm{d}T \tag{1-20}$$

$$C_{V,\mathrm{m}} = \frac{1}{n} \times \frac{\delta Q_V}{\mathrm{d}T} \tag{1-21}$$

$$\Delta U_V = \int n C_{V,\mathrm{m}} \mathrm{d}T \tag{1-22}$$

式(1-22) 只能用于计算等容条件下内能的改变量。其他条件下，内能的改变量不能用该公式来计算。

1.6.2　定压热容 C_p 和摩尔定压热容 $C_{p,\mathrm{m}}$

$$C_p = \frac{\partial Q_p}{\mathrm{d}T} = \left(\frac{\partial H}{\mathrm{d}T} \right)_p \tag{1-23}$$

$$\Delta H_p = \int C_p \mathrm{d}T \tag{1-24}$$

$$C_{p,\mathrm{m}} = \frac{1}{n} \times \frac{\delta Q_p}{\mathrm{d}T} \tag{1-25}$$

$$\Delta H_p = \int n C_{p,\mathrm{m}} \mathrm{d}T \tag{1-26}$$

式(1-26) 只能用于计算等压条件下焓的改变量。其他条件下，焓的改变量不能用该公式来计算。

1.6.3　热容与温度的关系

热容与温度有关系，会随温度而发生变化。热容与温度的函数关系因物质、物态和温度区间的不同而有不同的形式。例如，气体的摩尔定压热容与 T 的关系有如下经验式：

$$C_{p,\mathrm{m}} = a + bT + cT^2 + \cdots \tag{1-27}$$

或

$$C_{p,\mathrm{m}} = a + bT + c'/T^2 + \cdots \tag{1-28}$$

1.7　理想气体的内能和焓

1.7.1　盖·吕萨克-焦耳实验

盖·吕萨克在 1807 年、焦耳在 1843 年分别做了如下实验。将两个体积相等的容器放在绝热壁容器的水浴中，左球充满气体，右球为真空 [见图 1.1(a)]。打开活塞，气体由左球冲入右球，达到平衡 [见图 1.1(b)]。水浴温度没有变化，即 $Q = 0$；由于此过程为向真空膨胀，$p_{外} = 0$，所以系统没有对外做功，$W = 0$；根据热力学第一定律得该过程的 $\Delta U = 0$。

系统是封闭体系，只有两个状态函数是独立的。

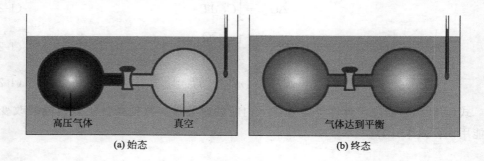

图 1.1 盖·吕萨克-焦耳实验示意

假设 $U = f(T, V)$，其全微分：

$$\mathrm{d}U = \left(\frac{\partial U}{\partial T}\right)_V \mathrm{d}T + \left(\frac{\partial U}{\partial V}\right)_T \mathrm{d}V$$

把实验结果用在上式中，因为 $\mathrm{d}U = 0$，$\mathrm{d}T = 0$，所以 $\left(\frac{\partial U}{\partial V}\right)_T \mathrm{d}V = 0$。因为 $\mathrm{d}V \neq 0$，
所以：

$$\left(\frac{\partial U}{\partial V}\right)_T = 0 \tag{1-29}$$

同样可以假设：$U = f(T, p)$，得到全微分：

$$\mathrm{d}U = \left(\frac{\partial U}{\partial T}\right)_p \mathrm{d}T + \left(\frac{\partial U}{\partial p}\right)_T \mathrm{d}p$$

结合实验结果，得到：

$$\left(\frac{\partial U}{\partial p}\right)_T = 0 \tag{1-30}$$

结论：理想气体的内能只是温度的函数，即 $U = f(T)$，只与温度有关，与体积或压力无关。只有理想气体的内能才是温度的函数，对于非理想气体，该结论不成立。

恒温下，对式 $H = U + pV$ 求体积 V 的偏导数：

$$\left(\frac{\partial H}{\partial V}\right)_T = \left(\frac{\partial U}{\partial V}\right)_T + \left[\frac{\partial(pV)}{\partial V}\right]_T$$

对于理想气体，$\left(\frac{\partial U}{\partial V}\right)_T = 0$，等温时 $pV = $ 常数，所以：

$$\left(\frac{\partial H}{\partial V}\right)_T = 0 \tag{1-31}$$

恒温下，对式 $H = U + pV$ 求压力 p 的偏导数，得到：

$$\left(\frac{\partial H}{\partial p}\right)_T = 0 \tag{1-32}$$

结论：理想气体的焓只是温度的函数，即 $H = f(T)$，只与温度有关，与体积或压力无关。只有理想气体的焓才是温度的函数，对于非理想气体该结论不成立。

理想气体的等温过程：$\Delta U = 0$、$\Delta H = 0$。因为 $\Delta U = Q + W = 0$，所以 $Q = -W$。

理想气体的变温过程：

$$\Delta U_V = \int n C_{V,m} \mathrm{d}T \xrightarrow{\text{理想气体}} \Delta U = \int C_V \mathrm{d}T \tag{1-33}$$

$$\Delta H_p = \int n C_{p,m} \mathrm{d}T \xrightarrow{\text{理想气体}} \Delta H = \int C_p \mathrm{d}T \tag{1-34}$$

对于理想气体，其内能和焓只是温度的函数，不受体积和压力的限制和影响。除了温度，其他条件都不会影响理想气体的内能和焓。该公式也可以用于理想气体等温过程的内能和焓的计算。温度不变，理想气体的内能和焓等于零。

【例题 1-9】在 298K 时，有 2mol N_2（g），始态体积为 $15\mathrm{dm}^3$，保持温度不变，经下列三个过程膨胀到终态体积为 $50\mathrm{dm}^3$，计算各过程的 ΔU、ΔH、W 和 Q 的值。设气体为理想气体。

（1）真空膨胀；（2）反抗恒定外压 100kPa 膨胀；（3）可逆膨胀。

解：（1）真空膨胀

因为 $p_{外} = 0$，$W = \int -p_{外}\mathrm{d}V = 0$，是理想气体的等温过程，即 $\Delta U = 0$，$\Delta H = 0$；$Q = -W = 0$

（2）反抗恒定外压 100kPa 膨胀

$$W = \int -p_{外}\mathrm{d}V = -p_{外}\Delta V = -100 \times 10^3 \mathrm{Pa} \times (50-15) \times 10^{-3}\mathrm{m}^3 = -3500\mathrm{J}$$

是理想气体的等温过程：$\Delta U = 0$；$\Delta H = 0$；$Q = -W = 3500\mathrm{J}$

（3）可逆膨胀

$$W = -nRT\ln\frac{V_2}{V_1} = \left(-2 \times 8.314 \times 298 \times \ln\frac{50}{15}\right)\mathrm{J} = -5965.9\mathrm{J}$$

是理想气体的等温过程：$\Delta U = 0$；$\Delta H = 0$；$Q = -W = 5965.9\mathrm{J}$

1.7.2　理想气体的 C_p 与 C_V 的关系

$$\mathrm{d}H = \mathrm{d}U + \mathrm{d}(pV)$$

$$C_p \mathrm{d}T = C_V \mathrm{d}T + \mathrm{d}(pV)$$

对于理想气体：$pV = nRT$

$$C_p \mathrm{d}T = C_V \mathrm{d}T + nR\mathrm{d}T$$

$$C_p = C_V + nR$$

$$C_p - C_V = nR \tag{1-35}$$

$$C_{p,m} - C_{V,m} = R \tag{1-36}$$

对于理想气体，假设热容不随温度而变：

单原子分子系统：

$$C_{V,m} = \frac{3}{2}R \tag{1-37}$$

双原子分子系统：

$$C_{V,m} = \frac{5}{2}R \tag{1-38}$$

多原子分子系统：

$$C_{V,m} = 3R \tag{1-39}$$

1.8 绝热过程的功和绝热可逆过程方程式

1.8.1 绝热过程的功

某一系统在状态发生变化时，系统与环境间无热的交换，这种过程就叫作绝热过程。

绝热过程中无热效应，$Q=0$，根据热力学第一定律的数学表达式得到 $\Delta U=W$。

【例题 1-10】在一绝热恒容箱中，将 $NO(g)$ 和 $O_2(g)$ 混合，假定气体都是理想气体，达到平衡后肯定都不为零的量是（ ）。

A. Q，W，ΔU；B. Q，ΔU，ΔH；C. ΔH，ΔS，ΔG；D. ΔS，ΔU，W。

解：绝热（$Q=0$）、恒容容器，$\Delta V=0$，$W=0$，$\Delta U=0$。选项中只要有 Q、W 和 ΔU 的都不能选。选 C。

绝热过程的特征：

① 因为绝热过程中 $\Delta U=W$，绝热过程的功的值只取决于过程的始态与终态，而与变化途径无关；

② 系统对环境做功（绝热膨胀），内能下降，系统的温度降低；

③ 环境对系统做功（绝热压缩），内能升高，系统温度升高。

【例题 1-11】某系统在进行绝热过程中接受环境所做的功之后，其温度（ ）。

A. 一定升高；B. 一定降低；C. 一定不变；D. 不一定改变。

解：没有热效应，接受了功传递的能量，内能会增加，内能增加温度一定会升高。

选 A。

1.8.2 理想气体绝热可逆过程方程式

理想气体的绝热可逆过程除有以上特征以外，还有以下过程方程（特征）：

$$dU=C_V dV=nC_{V,m}dT$$

$$\delta W=-p\,dV$$

$$nC_{V,m}dT=-p\,dV$$

$$nC_{V,m}dT=-\frac{nRT}{V}dV$$

$$C_{V,m}\frac{dT}{T}=-R\frac{dV}{V}$$

$$C_{V,m}\ln\frac{T_2}{T_1}=-R\ln\frac{V_2}{V_1} \tag{1-40}$$

式（1-40）是理想气体绝热可逆过程的第一个方程：

$$\frac{T_2}{T_1}=\frac{p_2V_2}{p_1V_1}$$

$$R = C_{p,m} - C_{V,m}$$

代入式(1-40) 中得到

$$C_{V,m}\ln\frac{p_2}{p_1} + C_{V,m}\ln\frac{V_2}{V_1} = C_{V,m}\ln\frac{V_2}{V_1} - C_{p,m}\ln\frac{V_2}{V_1}$$

$$C_{V,m}\ln\frac{p_2}{p_1} = -C_{p,m}\ln\frac{V_2}{V_1}$$

$$C_{V,m}\ln\frac{p_2}{p_1} = C_{p,m}\ln\frac{V_1}{V_2}$$

$$\gamma = \frac{C_{p,m}}{C_{V,m}}$$

$$\ln\frac{p_2}{p_1} = \gamma\ln\frac{V_1}{V_2}$$

$$\frac{p_2}{p_1} = \left(\frac{V_1}{V_2}\right)^{\gamma}$$

$$p_2 V_2^{\gamma} = p_1 V_1^{\gamma} \tag{1-41}$$

$p = \dfrac{nRT}{V}$代入上式

$$T_2 V_2^{\gamma-1} = T_1 V_1^{\gamma-1} \tag{1-42}$$

$V = \dfrac{nRT}{p}$代入式(1-42) 或式(1-41)，得到

$$p_2^{1-\gamma} T_2^{\gamma} = p_1^{1-\gamma} T_1^{\gamma} \tag{1-43}$$

式(1-40)～式(1-43) 都叫理想气体绝热可逆过程方程式，表示理想气体在绝热可逆过程中温度、压力和体积之间的关系。在推导公式的过程中，引进了理想气体、绝热可逆过程和热容与温度无关的常数等限制条件，只能用于理想气体的绝热可逆过程。其最大的用途是求终态的温度、压力或体积。计算理想气体绝热可逆过程中的体积功。

因为理想气体绝热过程：$Q = 0$

$$W = \Delta U = nC_{V,m}(T_2 - T_1)$$

根据理想气体的绝热可逆过程方程式，计算出终态温度，算出功或其他值。

【例题 1-12】4g 氩气从始态 300K、100kPa 经下列途径变化到 10kPa，试计算各过程的 Q、W、ΔU、ΔH。已知氩气的摩尔质量为 39.95g/mol。（设氩气为理想气体。）(1)自由膨胀；(2)等温可逆膨胀；(3)绝热可逆膨胀。

解：由题可知氩气的物质的量为：$n = m/M = (4/39.95)\text{mol} \approx 0.1\text{mol}$

(1) 理想气体的自由膨胀：$Q = 0$，$W = 0$，$\Delta U = 0$，$\Delta H = 0$。

(2) 理想气体的等温可逆膨胀：$\Delta U = 0$，$\Delta H = 0$。

依据热力学第一定律 $\Delta U = Q + W$：

因此　　　　$W = -Q = -nRT\ln(V_2/V_1) = -nRT\ln(p_1/p_2)$

$$= [-0.1 \times 8.314 \times 300 \times \ln(100/10)]\text{J} = -574.3\text{J}$$

$$Q = 574.3J$$

（3）绝热可逆膨胀 $Q=0$，$W=\Delta U$，

由于氩气是单原子理想气体，所以 $C_{V,m}=1.5R$，$C_{p,m}=2.5R$，$\gamma=C_{p,m}/C_{V,m}=5/3$

$$V_2 = \left(\frac{p_1}{p_2}\right)^{1/\gamma} V_1 = \left(10^{\frac{3}{5}} \times \frac{0.1 \times 8.314 \times 300}{100}\right) \mathrm{dm}^3 = 9.93 \mathrm{dm}^3$$

$$T_2 = \frac{p_2 V_2}{nR} = \frac{10 \times 9.93}{0.1 \times 8.314} \mathrm{K} = 119.4 \mathrm{K}$$

$$\Delta U = W = nC_{V,m}(T_2 - T_1) = [0.1 \times 1.5 \times 8.314 \times (119.4 - 300)]\mathrm{J} = -225.2\mathrm{J}$$

$$\Delta H = nC_{p,m}(T_2 - T_1) = [0.1 \times 2.5 \times 8.314 \times (119.4 - 300)]\mathrm{J} = -375.4\mathrm{J}$$

1.9　焦耳-汤姆孙效应——节流膨胀

1852 年焦耳和汤姆孙为了观察认识实际气体在膨胀过程中的温度变化，设计了一个实验（如图 1.2 所示）。在一个圆形绝热筒的中部有一个多孔塞，使气体不能很快通过，并可维持多孔塞两边的压力差。图 1.2(a) 是始态，有状态为 p_1、V_1、T_1 的气体。图 1.2(b) 是终态，图 1.2(a) 中气体压缩，通过小孔向右边膨胀，气体的终态为 p_2、V_2、T_2。经过一段时间达到稳定态后（$p_1 > p_2$），这种维持一定压力差的膨胀过程叫节流膨胀。

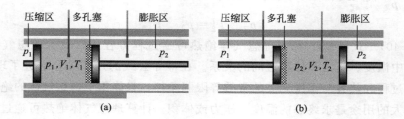

图 1.2　焦耳-汤姆孙实验装置图

节流过程在绝热筒中进行，$Q=0$，所以 $W=\Delta U=U_2-U_1$。

图 1.2(a) 为环境将一定量气体压缩时所做功（即以气体为体系得到的功）：

$$W_1 = -p_1 \Delta V = -p_1(0 - V_1) = p_1 V_1$$

图 1.2(b) 为气体通过小孔膨胀，对环境做功为：

$$W_2 = -p_2 \Delta V = -p_2(V_2 - 0) = -p_2 V_2$$

整个节流过程体系的净功是两个功的代数和。

$$W = W_1 + W_2 = p_1 V_1 - p_2 V_2$$

因为：$W=\Delta U$

$$p_1 V_1 - p_2 V_2 = \Delta U = U_2 - U_1$$

$$U_1 + p_1 V_1 = U_2 + p_2 V_2$$

$$H_1 = H_2 \tag{1-44}$$

结论：实际气体的节流膨胀过程是等熵过程。

节流过程中压力降低，气体的温度随压力的变化率$\left(\dfrac{\partial T}{\partial p}\right)_H$，称为焦耳-汤姆孙系数 $\mu_{J\text{-}T}$。

$$\mu_{J\text{-}T}=\left(\frac{\partial T}{\partial p}\right)_H \tag{1-45}$$

$\mu_{J\text{-}T}$ 是体系的强度性质，是 T、p 的函数。因为节流过程的 $dp<0$，所以：

当 $\mu_{J\text{-}T}>0$ 时，经节流膨胀后，气体温度降低。可以获得低温气体或对气体进行液化。

当 $\mu_{J\text{-}T}<0$ 时，经节流膨胀后，气体温度升高。

当 $\mu_{J\text{-}T}=0$ 时，经节流膨胀后，气体温度不变。

$\mu_{J\text{-}T}$ 的大小与气体本身的性质及气体所处的温度、压力有关，大多数气体在常温下 $\mu_{J\text{-}T}$ 为正值，经节流膨胀后，温度将降低。例如：空气的 $\mu_{J\text{-}T}=0.4K/100kPa$，即压力下降 100kPa，空气温度下降 0.4K，经节流膨胀得到低温和气体液化。少数气体的 $\mu_{J\text{-}T}$ 在常温下是负值，如 H_2 和 He。在实验证明，在很低的温度时，它们的 $\mu_{J\text{-}T}$ 也可转变为正值，所以 $\mu_{J\text{-}T}=0$ 的温度称为转化温度，这时气体（理想气体）经节流膨胀，温度不变。

1.10　热化学基本概念

1.10.1　化学反应的热效应

研究化学反应中热效应的科学叫作热化学。在定压或定容条件下，当产物的温度与反应物的温度相同而在反应过程中只做体积功不做非体积功时，化学反应所吸收或放出的热，称为此过程的热效应，通常亦称为反应热。

定容反应热 Q_V：反应在定容下进行时所产生的热效应。如果不做非体积功，$Q_V=\Delta_r U$。$\Delta_r U$ 为反应内能的改变量。如把反应看成是从反应物的始态到产物的终态，那么：

$$\Delta_r U=\sum U(产物)-\sum U(反应物)$$

定压反应热 Q_p：反应在定压下进行时所产生的热效应。如果不做非体积功，$Q_p=\Delta_r H$。$\Delta_r H$ 为反应焓的改变量。如把反应看成是从反应物的始态到产物的终态，那么：

$$\Delta_r H=\sum H(产物)-\sum H(反应物)$$

Q_V 与 Q_p 的关系：

$$H=U+pV$$
$$\Delta_r H=\Delta_r U+\Delta(pV)$$

等压条件：
$$\Delta_r H=\Delta_r U+p\Delta V \tag{1-46}$$

参与反应的物质只有固体或液体时，体积的变化很小，可忽略不计。

$$\Delta H \approx \Delta U$$

对于反应中有气体参与的反应，体积的变化可能会很大。把气体看成理想气体：

$$\Delta(pV) = \Delta(nRT)$$

反应中反应物的温度等于产物的温度，可以看成温度不变。nRT 中发生变化的是 n。

$$\Delta(pV) = \Delta(nRT)$$

$p\Delta V = \Delta n(RT)$ 代入上式中，得到

$$\Delta_r H = \Delta_r U + \Delta n(RT) \tag{1-47}$$

或

$$Q_p = Q_V + \Delta n(RT) \tag{1-48}$$

其中，$\Delta n = \sum n(产物,g) - \sum n(反应物,g)$。

反应进度为 $1mol$ 时：

$$\Delta_r H_m = \Delta_r U_m + \sum_B \nu_B RT \tag{1-49}$$

反应物的系数取正，产物的系数取负。

【例题 1-13】 $1/2H_2(g) + 1/2Cl_2(g) = HCl(g)$，$\Delta_r H_m = -92.08kJ/mol$，则该反应的 $\Delta_r U_m$（　　）。

A. $-90.08kJ/mol$；B. $-95.34kJ/mol$；C. $-92.08kJ/mol$；D. 不确定。

解：反应物中气体物质的系数之和为 -1，产物中气体物质的系数之和为 1，参与反应的气体物质的系数之和为零。

$$\sum_B \nu_B = 0$$

所以，$\Delta_r H = \Delta_r U$。选 C。

1.10.2 反应进度

反应进度 ξ：表示反应进行的程度。在反应进行到任意时刻，可以用任一反应物或生成物来表示反应进行的程度，所得的值都是相等的。

如对任意的反应：　　$\nu_A A + \nu_C C + \cdots \longrightarrow \nu_E E + \nu_F F + \cdots$

$$\xi = \frac{n_B - n_{B,0}}{\nu_B} \tag{1-50}$$

或

$$d\xi = \frac{dn_B}{\nu_B} \tag{1-51}$$

式中，n_B、$n_{B,0}$ 分别代表任一组分 B 在起始和 t 时刻的物质的量；ν_B 是任一组分 B 的化学计量数，对反应物取负值，对生成物取正值；ξ 是反应进度，是正的，单位为 mol。

在反应进行到任意时刻，可以用任一反应物或生成物来表示反应进行的程度，所得的值都是相等的，即：

$$d\xi = \frac{dn_A}{\nu_A} = \frac{dn_C}{\nu_C} = \frac{dn_E}{\nu_E} = \frac{dn_F}{\nu_F}$$

应用反应进度，必须与化学反应计量方程相对应。

$$H_2(g, p^\ominus) + Cl_2(g, p^\ominus) = 2HCl(g, p^\ominus)$$

$$\frac{1}{2}H_2(g, p^\ominus) + \frac{1}{2}Cl_2(g, p^\ominus) = HCl(g, p^\ominus)$$

当 ξ 都等于 1mol 时，$dn_A = \nu_A$。消耗的物质的量或产生的物质的量等于化学方程式中的计量系数。如以上两个反应，当 ξ 都等于 1mol 时，两个方程所发生反应的物质的量显然不同，第一个方程的反应物消耗了 1mol，产物产生了 2mol；第二个方程的反应物消耗了 0.5mol，产物产生了 1mol。

$\Delta_r U_m$ 是反应进度为 1mol 时的定容反应热，单位为 J/mol 或 kJ/mol。

$$\Delta_r U_m = \frac{\Delta_r U}{\Delta\xi}$$

$\Delta_r H_m$ 是反应进度为 1mol 时的定压反应热，单位为 J/mol 或 kJ/mol。

$$\Delta_r H_m = \frac{\Delta_r H}{\Delta\xi}$$

1.10.3 热化学方程式和标准摩尔焓变

化学反应与反应热关系的方程式：因为 U、H 的数值与系统的状态有关，所以方程式中应该注明物态、温度、压力、组成等。对于固态还应注明结晶状态。

例如 298.15K $H_2(g, p^\ominus) + I_2(g, p^\ominus) = 2HI(g, p^\ominus)$

$$\Delta_r H_m^\ominus(298.15K) = -51.8kJ/mol$$

$\Delta_r H_m^\ominus(298.15K)$ 表示反应物和生成物处于标准态时，在 298.15K，反应进度为 1mol 时的焓变，称为标准摩尔焓变。其中各符号的含义如下：

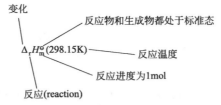

标准态：压力为 100kPa（用符号 $p^\ominus$ 表示），温度为 T 的状态。

气体的标准态：压力为 $p^\ominus$ 的理想气体；如果是实际气体标准态是假想态。

固体、液体的标准态：压力为 $p^\ominus$ 的纯固体或纯液体。固体或液体受压力的影响很小，一般不强调压力，只要是纯固体或纯液体都看成标准态。标准态不规定温度，任意温度下，有不同的标准态。

写热化学方程式的注意事项：

表明反应的温度和压力，标准压力、温度为 T 时反应热称为标准反应热。正、负号采用热力学习惯，吸热为正，放热为负。

必须在化学式的右侧注明物质的物态或浓度，分别用小写的 g、l、s 表示气态、液态、固态。

若是溶液中的反应，注明溶剂，水溶液用 aq 表示，∞表示无限稀释。反应热的值与化学方程式的写法有联系。$\Delta_r H_m^{\ominus}$ 和 $\Delta_r U_m^{\ominus}$ 是状态函数，反应方向不同，其值也不同，正、逆反应的反应热的值相等而符号相反。

$$H_2(g, p^{\ominus}) + Cl_2(g, p^{\ominus}) = 2HCl(g, p^{\ominus})$$

$$\frac{1}{2}H_2(g, p^{\ominus}) + \frac{1}{2}Cl_2(g, p^{\ominus}) = HCl(g, p^{\ominus})$$

第二个方程参与反应的反应物的物质的量是第一个的一半，第二个方程的反应热也是第一个的一半。

1.11 赫斯定律

1840 年，根据大量的实验事实赫斯（Hess）提出了一个定律，后人称之为赫斯定律：反应的热效应只与起始和终了状态有关，与变化途径无关。即不管反应是一步完成的，还是分几步完成的，其热效应总相同，当然要保持反应条件（如温度、压力等）不变。

赫斯定律应当在等容或等压过程中才完全正确，因为这两种过程的热效应都是状态函数的改变量。

对于进行得太慢或反应程度不易控制而无法直接测定反应热的化学反应，可根据赫斯定律，利用容易测定的反应热来计算不容易测定的反应热。

例如，求 $C(s) + O_2(g) \longrightarrow CO(g)$ 的反应热 $\Delta_r H$。已知反应（1）$C(s) + O_2(g) \longrightarrow CO_2(g)$ 的反应热 $\Delta_r H(1)$ 和反应(2)$CO(g) + O_2(g) \longrightarrow CO_2(g)$ 的反应热 $\Delta_r H(2)$。

把 $C(s) + O_2(g) \longrightarrow CO_2(g)$ 看成反应的始态、终态，该过程可以通过相同的始态、终态的另外途径 $C(s) + O_2(g) \longrightarrow CO(g)$ 和 $CO(g) + O_2(g) \longrightarrow CO_2(g)$ 两步完成。

$$C(s) + O_2(g) \longrightarrow CO_2(g)$$
$$O_2(g)$$
$$CO(g)$$

所以 $\Delta_r H(1) = \Delta_r H + \Delta_r H(2)$，$\Delta_r H = \Delta_r H(1) - \Delta_r H(2)$。

但不是每一个反应之间都能设计出简单的始态终态关系，已知反应焓和未知反应焓之间的关系主要以反应物和产物为目标来找。

例如以上反应：求反应焓的反应中反应物 $C(s)$ 在反应（1）中，并且与未知反应的计量系数也相等，所以反应（1）不加改变就加过来。反应物 $O_2(g)$ 在反应（1）和反应（2）中都存在，因此先不用管它。产物 $CO(g)$ 在反应（2）中是反应物，但在未知反应中要变成产物，位置从右边到左边。前面加个负号，挪过去就是产物。所以反应(1)−反应(2)，整理成参与反应的物质都带着正号，就可得到未知反应。所以反应焓也是 $\Delta_r H(1) - \Delta_r H(2)$。

根据赫斯定律求出难测定的反应焓，目标锁定在反应物和产物上，从已知反应中找过来，如果系数不同，可以乘系数。把反应看成简单的数学等式，找加减乘除的组合关系就可以设计出始态终态关系。

1.12　几种热效应

1.12.1　标准摩尔生成焓

在标准压力，反应温度时，由最稳定的单质生成单位物质的量的某物质的等压反应热，称为该物质的标准摩尔生成焓。用符号 $\Delta_f H_m^{\ominus}$（物质、物态、温度）表示。

例如，在 298.15K 时，

$$\frac{1}{2}H_2(g,p^{\ominus})+\frac{1}{2}Cl_2(g,p^{\ominus})=\!=\!=HCl(g,p^{\ominus})$$

$$\Delta_r H_m^{\ominus}(298.15K)=-92.31kJ/mol$$

$$\Delta_f H_m^{\ominus}(HCl,g,298.15K)=-92.31kJ/mol$$

标准摩尔生成焓仅是一个相对值，相对于稳定单质，把稳定单质的标准摩尔生成焓规定为零。标准摩尔生成焓是温度的函数，一般 298.15K 时的数据有表可查。

在标准压力和反应温度时（通常为 298.15K）的任意一反应：

$$3A+C\longrightarrow E+2F$$

$$\begin{aligned}\Delta_r H_m^{\ominus}&=\Delta_f H_m^{\ominus}(E)+2\Delta_f H_m^{\ominus}(F)-3\Delta_f H_m^{\ominus}(A)-\Delta_f H_m^{\ominus}(C)\\&=\sum_B\nu_B\Delta_f H_m^{\ominus}(B)\end{aligned}\qquad(1\text{-}52)$$

任意一反应的定压反应热等于产物生成焓之和减去反应物生成焓之和。反应物的系数取负值，产物的系数取正值。

1.12.2　标准摩尔燃烧焓

在标准压力，反应温度时，单位物质的量的某物质 B 完全氧化为相同温度的指定产物时的定压反应热称为该物质的标准摩尔燃烧焓。用符号 $\Delta_c H_m^{\ominus}$（物质、物态、温度）表示。

指定产物通常规定为：物质中的 C 元素变成 CO_2；H 元素变成 $H_2O(l)$；S 元素变成 $SO_2(g)$；N 元素变成 $N_2(g)$；Cl 元素变成 HCl(aq)；金属元素变成游离态的金属。

例如：在 298.15K 及标准压力下，

$$CH_3COOH(l)+2O_2(g)\longrightarrow 2CO_2(g)+2H_2O(l)$$

$$\Delta_r H_m^{\ominus}(298.15K)=-870.3kJ/mol$$

$$\Delta_c H_m^{\ominus}(CH_3COOH,l,298.15K)=-870.3kJ/mol$$

根据标准燃烧焓的定义，氧的标准摩尔燃烧焓在任何温度 T 时均为零。显然，规定的指定产物不同，标准摩尔燃烧焓的值也不同，查表时应注意。标准摩尔燃烧焓是温度的函数，298.15K 时的燃烧焓值有表可查。

化学反应的反应热等于反应物燃烧焓的总和减去产物燃烧焓的总和。

$$\Delta_r H_m^\ominus = -\sum_B \nu_B \Delta_c H_m^\ominus(B) \qquad\qquad (1-53)$$

计算反应的焓变时要注意以下几点：

① 求反应热时要注意所给数据是生成焓还是燃烧焓，因为计算公式不同。

② 查表或计算时要注意物态，$H_2O(l)$ 和 $H_2O(g)$ 的 $\Delta_f H_m^\ominus$ 不同，之间差了 $\Delta H_{汽化热}$。

③ $H_2(g)$ 的燃烧热等于 $H_2O(l)$ 的生成热：$H_2(g)+1/2O_2(g)\!=\!\!=\!\!=\!H_2O(l)$。

④ 燃烧热的值一般较大，用它求反应热时误差较大，所以实际工作中尽可能用生成热数据求反应热，必须用燃烧热时注意有效数字要取够。

【例题 1-14】 已知反应 $C(s)+O_2(g)\!=\!\!=\!\!=\!CO_2(g)$ 的 $\Delta_r H_m$，下列说法中哪个不正确？（　　）

A. $\Delta_r H_m$ 为 $CO_2(g)$ 的生成热；　　　　B. $\Delta_r H_m$ 是 $C(s)$ 的燃烧热；

C. 反应 ΔH 与反应的 ΔU 数值相等；　　D. ΔH 与反应的 ΔU 数值不等。

解： 该反应的反应热为 $CO_2(g)$ 的生成热，也是 $C(s)$ 的燃烧热，反应前后气体物质的计量系数相等，ΔH 与反应的 ΔU 数值相等。不正确的说法为 D。

【例题 1-15】 在 298.15K 及 100kPa 压力下，设环丙烷、石墨和氢气的燃烧焓 $\Delta_c H_m^\ominus(298.15K)$ 分别为 $-2092kJ/mol$、$-393.8kJ/mol$ 及 $-285.84kJ/mol$。若已知丙烯 $C_3H_6(g)$ 的标准摩尔生成焓为 $\Delta_f H_m^\ominus(298.15K)=20.504kJ/mol$，试求：

(1) 环丙烷的标准摩尔生成焓 $\Delta_f H_m^\ominus(298.15K)$；

(2) 环丙烷异构化为丙烯的摩尔反应焓变值 $\Delta_r H_m^\ominus(298.15K)$。

解：(1) $3C(s)+3H_2(g)\longrightarrow C_3H_6$（环丙烷）

该反应的反应热就是环丙烷的生成焓，即

$$\Delta_f H_m^\ominus(C_3H_6)=\Delta_r H_m^\ominus(T)=-\sum\nu_B\Delta_c H_m^\ominus(B)$$
$$=3\Delta_c H_m^\ominus\{C(s)\}+3\Delta_c H_m^\ominus\{H_2(g)\}-\Delta_c H_m^\ominus\{C_3H_6(g)\}$$
$$=3\times(-393.8kJ/mol)+3\times(-285.84kJ/mol)-(-2092kJ/mol)$$
$$=53.08kJ/mol$$

(2) C_3H_6（环丙烷）$\longrightarrow CH_3CHCH_2$

$$\Delta_r H_m^\ominus(T)=\Delta_f H_m^\ominus(丙烯,T)-\Delta_f H_m^\ominus(环丙烷,T)$$
$$=20.50kJ/mol-53.08kJ/mol=-32.58kJ/mol$$

1.12.3　标准摩尔离子生成焓

因为溶液都是电中性的，正、负离子总是同时存在，不可能测得单一离子的生成焓。所以，规定了一个目前被公认的相对标准：标准压力下，在无限稀释的水溶液中，H^+ 的摩尔生成焓等于零。

$$\Delta_f H_m^\ominus(H^+,\infty,aq)=0$$

其他离子生成焓都是与这个标准比较的相对值。

1.13 反应焓与温度的关系——基尔霍夫方程

化学反应的热效应是随着温度的改变而改变的。温度为 T、压力为 p 时的任意一反应

$$A \longrightarrow B$$

T、p 时

$$\Delta H = H_B - H_A$$

$T + dT$、p 时

$$\left(\frac{\partial \Delta H}{\partial T}\right)_p = \left(\frac{\partial H_B}{\partial T}\right)_p - \left(\frac{\partial H_A}{\partial T}\right)_p$$

因为 $C_p = \dfrac{\delta Q_p}{dT} = \left(\dfrac{\partial H}{dT}\right)_p$，代入上式，得到：

$$\left(\frac{\partial \Delta H}{\partial T}\right)_p = C_p(B) - C_p(A) = \Delta C_p \qquad (1\text{-}54)$$

式(1-54)即基尔霍夫方程的微分式。ΔC_p 为产物的定压热容与反应物的定压热容之差。当反应物和产物不止一种物质时：

$$\Delta C_p = \sum \nu_i C_{p,i}(\text{产物}) - \sum \nu_j C_{p,j}(\text{反应物})$$

反应的热效应随温度而变化是由产物和反应物的热容不同而引起的。

【例题 1-16】 当某化学反应 $\Delta_r C_{p,m} < 0$，则该反应的 $\Delta_r H_m$ 随温度升高而（ ）。

A. 下降；　　 B. 升高；　　 C. 不变；　　 D. 无规律。

解： $\Delta_r C_{p,m} < 0$，随温度的升高 $\Delta_r H_m$ 下降。如果 $\Delta_r C_{p,m} > 0$，随温度的升高 $\Delta_r H_m$ 升高。选 A。

对 $\left(\dfrac{\partial \Delta H}{\partial T}\right)_p = C_p(B) - C_p(A) = \Delta C_p$ 进行积分，得到

$$\int_{\Delta H_1}^{\Delta H_2} d\Delta H = \int_{T_1}^{T_2} \Delta C_p \, dT \qquad (1\text{-}55)$$

如果 ΔC_p 是与温度无关的常数，积分得到

$$\Delta H_2 - \Delta H_1 = \Delta C_p(T_2 - T_1) \qquad (1\text{-}56)$$

式(1-56)即基尔霍夫方程的积分式。如果 ΔC_p 不是温度的常数，随温度变化，把 C_p 与温度的关系式代入基尔霍夫方程的微分式进行积分。

【例题 1-17】 设如下合成氨反应：$N_2(g) + 3H_2(g) = 2NH_3(g)$ 在 298K 时的摩尔反应焓变 $\Delta_r H_m^{\ominus} = -92.22\text{kJ/mol}$。试计算该反应在 398K 时的摩尔反应焓。假设物质的等压热容与温度无关，已知

$$C_{p,m}(N_2, g) = 29.1\text{J/(K·mol)}, C_{p,m}(H_2, g) = 28.8\text{J/(K·mol)},$$

$$C_{p,m}(NH_3, g) = 35.1\text{J/(K·mol)}。$$

解： $\quad \Delta_r H_m^{\ominus}(398K) = \Delta_r H_m^{\ominus}(298K) + \sum_B \nu_B C_{p,m}(B)(T_2 - T_1)$

$\Delta_r H_m^{\ominus}(398K) = [-92.22 \times 10^3 + (2 \times 35.1 - 29.1 - 3 \times 28.8)(398 - 298)]\text{J/mol}$

$\qquad\qquad\qquad = -96.75\text{kJ/mol}$

第 2 章

热力学第二定律

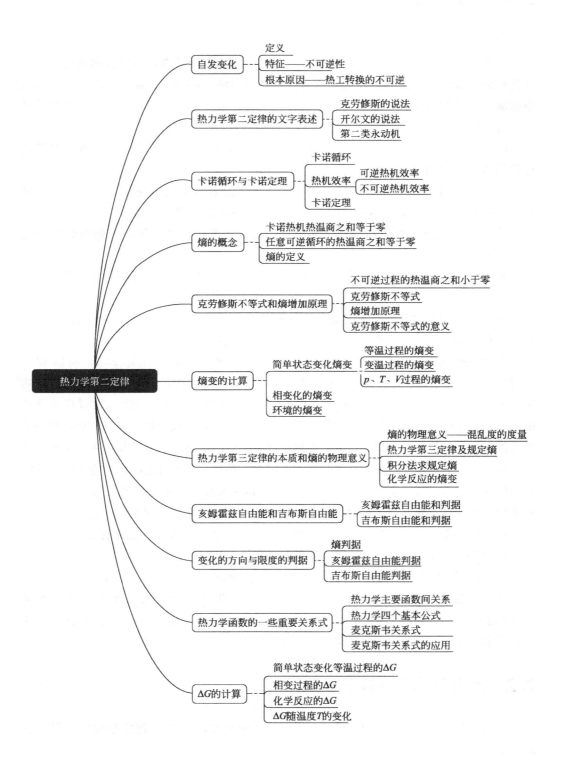

2.1 自发变化

（1）定义

自发变化：有自动发生的趋势，一旦发生就无需借助外力，可以自动进行，这种变化称为自发变化。如热量从高温物体传到低温物体；不同浓度溶液的混合、气体真空膨胀等。这些自发过程的逆过程不能自发进行，但不是不能进行，在一定条件下可以进行。例如：

① 气体向真空膨胀，外压等于零，不需要借助任何外力就能自发进行。但其逆过程即压缩过程绝不会自发进行。

② 一杯热水和一杯凉水接触，热水所含的热量会自发地传递到凉水，直到两杯水的温度相等。但低温物体所含的热量绝不会自发传递到高温物体。

③ 锌片与硫酸铜的置换反应，反应自发进行会产生红色的铜，但铜与硫酸锌绝不会自发反应。

通过以上例子可以看出自发变化都是在某个方向上自发，其逆过程绝不会自发进行。

（2）特征

自发变化的共同特征：不可逆性。任何自发变化的逆过程都是不能自动进行的。自发变化是不可逆过程，但不可逆过程不一定是自发变化。

例如理想气体的真空膨胀过程是自发变化，真空膨胀时外压等于零，所以 $W=0$，没有热效应即 $Q=0$。真空膨胀的逆过程是等温压缩过程，压缩时环境对系统做功 W（$W>0$），$\Delta U=Q+W=0$，$Q=-W<0$，环境吸热。可见，等温压缩过程必须借助外力才能进行，是非自发的。让环境恢复原样，必须让吸收的热全部变成功，而不发生其他变化。经验告诉我们功可以自发地全部变成热，而热不可能全部转变为功而不发生其他变化。所以自发过程不可逆的根本原因是功热转换的不可逆。自发变化的逆过程都不能自动进行，当借助外力（环境），系统可以恢复原状，但会给环境留下不可磨灭的影响。如果自发变化的逆过程也能自发进行，那么自发变化会变成可逆过程。

【例题 2-1】1mol 理想气体用电炉加热，然后自然冷却复原。此变化为（　　）。

A. 可逆变化；　　　　　B. 不可逆变化；

C. 对系统为可逆变化；　D. 对环境为可逆变化。

解：电功自发转化为热，但热不可能全部自发转化为电功，环境中留下不可磨灭的影响，环境没有还原，是不可逆变化。可逆变化是系统恢复原样的同时环境也要恢复原样，没有系统是可逆变化，环境是可逆变化之说。选 B。

2.2 热力学第二定律的表述

克劳修斯（Clausius）的说法："不可能把热从低温物体传到高温物体，而不引起其他变化。"

开尔文（Kelvin）的说法："不可能从单一热源取出热使之完全变为功，而不发生其他的变化。"后来被奥斯特瓦尔德（Ostwald）表述为："第二类永动机是不可能造成的"。

第二类永动机：从单一热源吸热使之完全变为功而不留下任何其他影响的机器。

关于热力学第二定律的三点说明：

① 热力学第二定律是在能量守恒原理的基础上发展起来的，因此热力学第二定律必须服从能量守恒原理。

热力学第一定律告诉我们能量是不生不灭，守恒的；第二定律则告诉我们能量的转换过程是有方向性的，即功可以全部转变为热，而热不可能全部转变为功而不引起其他变化。

② 在热力学上强调"热不能全部转变为功"，是指在一定条件下，即在不引起其他任何变化的条件下，热不能全部转变为功。而理想气体的等温膨胀过程 $dT=0$，$\Delta U=0$，$Q=-W$，体系所吸收的热就全部用来做功了，但是此时体系的体积变大，压力变小了，引起了其他变化。

③ 热功转换的方向性与自发过程的方向性紧密相关，我们所关心的正是过程的方向和限度问题。所以可以从热功转换入手，找出一些新的状态函数，用它们来判断过程的方向与限度。

【例题 2-2】 关于热力学第二定律，下列哪种说法是错误的（　　　）。

A. 热不能自动从低温物体传到高温物体；

B. 不可能从单一热源吸热做功而无其他变化；

C. 第二类永动机是造不成的；

D. 热不可能全部转化为功。

解：热不是不能全部转化为功，是在不发生其他变化的条件下不能全部转化为功。选 D。

2.3　卡诺循环与卡诺定理

2.3.1　卡诺循环

1824 年，法国工程师卡诺（N. L. S. Carnot，1796—1832）设计了一个理想热机（图 2.1），以理想气体为工作物质，从温度为 T_h 的高温热源吸收 Q_h 的热量，一部分通过理想热机对外做功 W，另一部分 Q_c 的热量放给温度为 T_c 的低温热源。

理想气体经过 pV 图（图 2.2）中所示的四个可逆过程来完成工作循环过程，这个循环过程称为卡诺循环。

卡诺循环第一步：等温可逆膨胀由 p_1V_1 到 p_2V_2（A 到 B），温度为 T_h。

因为是理想气体的等温过程：

$$\Delta U_1 = 0$$

$$W_1 = -nRT_h\ln\frac{V_2}{V_1}$$

$$Q_h = -W_1 = nRT_h \ln \frac{V_2}{V_1}$$

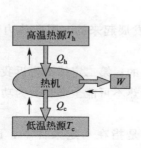

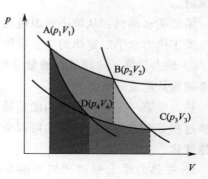

图 2.1 理想热机工作原理   图 2.2 卡诺循环示意

卡诺循环第二步：绝热可逆膨胀由 $p_2 V_2 T_h$ 到 $p_3 V_3 T_c$（B 到 C）。

因为是绝热可逆过程：

$$Q_2 = 0$$
$$W_2 = \Delta U_2 = C_V (T_c - T_h)$$

卡诺循环第三步：等温（T_c）可逆压缩由 $p_3 V_3$ 到 $p_4 V_4$（C 到 D）。

$$\Delta U_3 = 0$$

$$W_3 = -nRT_c \ln \frac{V_4}{V_3}$$

$$Q_c = -W_3 = nRT_c \ln \frac{V_4}{V_3}$$

卡诺循环第四步：绝热可逆压缩由 $p_4 V_4 T_c$ 到 $p_1 V_1 T_h$（D 到 A）。

$$Q_4 = 0$$
$$W_4 = \Delta U_4 = C_V (T_h - T_c)$$

整个卡诺循环是一个可逆循环：

$$\Delta U = 0$$

$$Q_总 = -W_总 = Q_h + Q_c \quad (Q_c < 0)$$

$$W_总 = W_1 + W_2 + W_3 + W_4 = -nRT_h \ln \frac{V_2}{V_1} + C_V (T_c - T_h) - nRT_c \ln \frac{V_4}{V_3} + C_V (T_h - T_c)$$

$$= -nRT_h \ln \frac{V_2}{V_1} - nRT_c \ln \frac{V_4}{V_3} = -(Q_h + Q_c)$$

根据理想气体的绝热可逆过程方程式：

$$C_V \ln \frac{T_h}{T_c} = C_V \ln \frac{T_2}{T_1} = -R \ln \frac{V_2}{V_1}$$

把该方程应用于卡诺循环的第二步和第四步，得到

$$C_V \ln \frac{T_c}{T_h} = -R \ln \frac{V_3}{V_2}$$

$$C_V \ln \frac{T_h}{T_c} = -R \ln \frac{V_1}{V_4}$$

所以：

$$-R \ln \frac{V_3}{V_2} = R \ln \frac{V_1}{V_4}$$

$$\frac{V_3}{V_2} = \frac{V_4}{V_1}$$

$$\frac{V_4}{V_3} = \frac{V_1}{V_2}$$

代入 $W_{总}$ 的公式中，得到

$$W_{总} = -nRT_h \ln \frac{V_2}{V_1} - nRT_c \ln \frac{V_4}{V_3} = -nR(T_h - T_c) \ln \frac{V_2}{V_1}$$

2.3.2 热机效率

热机效率：将热机所做的功与所吸的热之比称为热机效率，即热转换成功的比例或称为热机转换系数，用 η 表示。η 恒小于 1，但是正的。

$$\eta = \frac{-W_{总}}{Q_h} = \frac{Q_h + Q_c}{Q_h} \tag{2-1}$$

热机在工作中对环境做功，所以 $W_{总} < 0$，为了保证 $\eta > 0$，公式中加负号。式 (2-1) 对所有的热机都可以使用。

对于卡诺热机

$$\eta = \frac{nR(T_h - T_c) \ln \dfrac{V_2}{V_1}}{nRT_h \ln \dfrac{V_2}{V_1}} = \frac{T_h - T_c}{T_h} \tag{2-2}$$

2.3.3 卡诺定理

卡诺定理：所有工作于同温高温热源和同温低温热源之间的热机，其效率都不可能超过可逆机，即可逆机的效率最大。因为可逆机做最大的功。

卡诺定理推论：所有工作于同温高温热源和同温低温热源之间的可逆机，其热机效率都相等，即与热机的工作物质无关，可逆热机的热机效率只跟两个热源的温度有关。

卡诺定理的意义：

① 引入了一个不等号 $\eta_I \leqslant \eta_R$（I 表示不可逆，R 表示可逆），原则上解决了过程的方向问题；

② 解决了热机效率的极限值问题。

卡诺热机的热机效率：

$$\eta = \frac{Q_h + Q_c}{Q_h} = \frac{T_h - T_c}{T_h}$$

$$1 + \frac{Q_c}{Q_h} = 1 - \frac{T_c}{T_h}$$

$$\frac{Q_c}{T_c} = -\frac{Q_h}{T_h}$$

$$\frac{Q_c}{T_c} + \frac{Q_h}{T_h} = 0 \tag{2-3}$$

式(2-3)表示卡诺循环中两个热源的热温商之和等于零。

【例题 2-3】 热温商表达式 $\frac{\delta Q}{T}$ 中的 T 是（   ）。

A. 系统的摄氏温度；　　　　B. 环境的摄氏温度；

C. 系统的热力学温度；　　　D. 环境的热力学温度。

解：是热源的温度即环境的温度。选 D。

2.4　熵的概念

2.4.1　任意可逆循环的热温商

任意可逆循环分成许多首尾相连的小卡诺循环，众多小卡诺循环的总效应与任意可逆循环的封闭曲线相当，任意可逆循环的热温商之和等于零，或它的环路积分等于零，如图 2.3 所示。

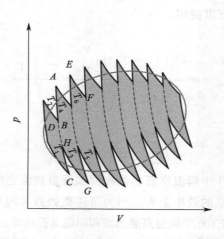

图 2.3　任意可逆循环和无数卡诺循环

$$\sum_i \left(\frac{\delta Q_i}{T_i} \right)_R = 0 \tag{2-4}$$

或 $$\oint \left(\frac{\delta Q}{T} \right)_R = 0 \tag{2-5}$$

2.4.2　熵的引出

用一闭合曲线代表任意可逆循环。在曲线上任意取 A、B 两点，把循环分成 A→B 的 R_1 过程和 B→A 的 R_2 过程，如图 2.4 所示。

根据任意可逆循环热温商之和等于零，即分成两个可逆过程的热温商之和等于零。

$$\int_A^B \left(\frac{\delta Q}{T}\right)_{R_1} + \int_B^A \left(\frac{\delta Q}{T}\right)_{R_2} = 0$$

移项得到

$$\int_A^B \left(\frac{\delta Q}{T}\right)_{R_1} = -\int_B^A \left(\frac{\delta Q}{T}\right)_{R_2}$$

负值是 R_2 逆途径的值，所以：

$$\int_A^B \left(\frac{\delta Q}{T}\right)_{R_1} = \int_A^B \left(\frac{\delta Q}{T}\right)_{R_2}$$

由 R_1 和 R_2 可逆过程组成的可逆循环，变成了 AB 过程的 R_1 和 R_2 途径，如图 2.5 所示。

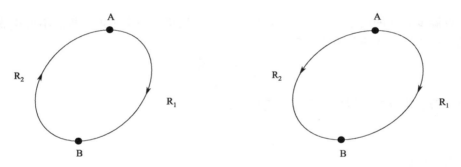

图 2.4　任意可逆循环　　　　　　　　图 2.5　任意可逆过程

可逆过程热温商的值取决于始、终态，而与途径无关，该热温商具有状态函数的性质。

2.4.3　熵的定义

克劳修斯根据可逆过程的热温商值取决于始终态而与途径无关这一事实，定义了状态函数"熵"（entropy），用符号"S"表示，单位为 J/K。

设始态（A）、终态（B）的熵分别为 S_A 和 S_B，则：

$$\int_A^B \left(\frac{\delta Q}{T}\right)_{R_1} = \int_A^B \left(\frac{\delta Q}{T}\right)_{R_2} = S_B - S_A = \Delta S$$

如果可逆过程是由无数微小的变化组成的，其熵变为可逆变化的热温商之和。

$$\Delta S = \sum_i \left(\frac{\delta Q_i}{T_i}\right)_R \tag{2-6}$$

对于微小变化：

$$dS = \left(\frac{\delta Q}{T}\right)_R \tag{2-7}$$

以上几个熵变的等式称为熵的定义，也是熵变的计算式，熵的变化值只能用可逆过程的热温商来衡量（计算）。

注意：

① 熵变的导出自始至终都是可逆过程，计算熵变时，δQ 必须是可逆过程的热效应。

② 无论过程是否可逆都存在熵变，因为它是状态函数。但是不可逆过程的熵变不等于其热温商，所以必须设计成始、终态与不可逆过程相同的可逆过程来计算。

【例题 2-4】 下述各说法中，哪一个正确？（　　　）

A. 只有可逆变化才有熵变；　　　　　　B. 可逆变化没有热温商；

C. 可逆变化的熵变与热温商之和相等；　D. 可逆变化的熵变为零。

解：熵是状态函数，只要状态确定就有确定的熵。只有可逆过程的热温商等于其熵变。选 C。

2.5　克劳修斯不等式和熵增加原理

2.5.1　不可逆过程的热温商

设温度相同的两个高、低温热源间有一个可逆机和一个不可逆机。不可逆热机的热机效率用实际的热效应来计算：

$$\eta_I = \frac{Q_h + Q_c}{Q_h}$$

可逆机的热机效率只跟两个热源的温度有关：

$$\eta_R = \frac{T_h - T_c}{T_h}$$

根据卡诺定理：

$$\eta_I < \eta_R$$

$$\frac{Q_h + Q_c}{Q_h} < \frac{T_h - T_c}{T_h}$$

$$1 + \frac{Q_c}{Q_h} < 1 - \frac{T_c}{T_h}$$

$$\frac{Q_c}{T_c} + \frac{Q_h}{T_h} < 0 \tag{2-8}$$

式中，Q_h 为不可逆热机从 T_h 温度的高温热源吸收的热量；Q_c 为不可逆热机放给 T_c 温度的低温热源的热量。从以上公式得到不可逆热机的热温商之和小于零，推广为与多个热源接触的任意不可逆过程得：

$$\sum_i \left(\frac{\delta Q_i}{T_i} \right)_I < 0 \tag{2-9}$$

2.5.2　克劳修斯不等式

设有一个循环，如图 2.6 所示。A→B 为不可逆（IR）过程，B→A 为可逆（R）

过程，整个循环为不可逆循环。

则有

$$\sum_i \left(\frac{\delta Q_i}{T_i}\right)_{\mathrm{I,A\to B}} + \int_{\mathrm{B}}^{\mathrm{A}} \left(\frac{\delta Q}{T}\right)_{\mathrm{R}} < 0$$

因为：

$$\int_{\mathrm{B}}^{\mathrm{A}} \left(\frac{\delta Q}{T}\right)_{\mathrm{R}} = S_{\mathrm{A}} - S_{\mathrm{B}}$$

所以：

$$\sum_i \left(\frac{\delta Q_i}{T_i}\right)_{\mathrm{I,A\to B}} < S_{\mathrm{B}} - S_{\mathrm{A}}$$

$$\sum_i \left(\frac{\delta Q_i}{T_i}\right)_{\mathrm{I,A\to B}} < \Delta S_{\mathrm{A\to B}} \tag{2-10}$$

或

$$\Delta S_{\mathrm{A\to B}} > \sum_i \left(\frac{\delta Q_i}{T_i}\right)_{\mathrm{I,A\to B}} \tag{2-11}$$

不可逆过程的热温商小于其熵变。

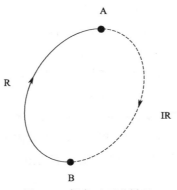

图 2.6　任意不可逆循环

　　熵是状态函数，其改变量只跟始态和终态有关，同一个过程的可逆和不可逆途径的熵变相等。但是，热是跟途径有关的量，途径不同其热不同，热温商不同。

$$\sum_i \left(\frac{\delta Q_i}{T_i}\right)_{\mathrm{I,A\to B}} \neq \sum_i \left(\frac{\delta Q_i}{T_i}\right)_{\mathrm{R,A\to B}}$$

$$\Delta S_{\mathrm{A\to B}} > \sum_i \left(\frac{\delta Q_i}{T_i}\right)_{\mathrm{I,A\to B}}$$

$$\Delta S_{\mathrm{A\to B}} = \sum_i \left(\frac{\delta Q_i}{T_i}\right)_{\mathrm{R,A\to B}}$$

合并得到

$$\Delta S_{\mathrm{A\to B}} \geqslant \sum_i \left(\frac{\delta Q_i}{T_i}\right)_{\mathrm{A\to B}} \tag{2-12}$$

　　式中，δQ 是实际过程的热效应；T 是环境温度。不可逆过程，用"＞"号；可逆过程用"＝"号。可逆过程中环境与系统温度相同（T 也是系统的温度）。

对于微小变化：

$$dS - \frac{\delta Q}{T} \geq 0 \qquad (2\text{-}13)$$

或

$$dS \geq \frac{\delta Q}{T} \qquad (2\text{-}14)$$

式(2-12)～式(2-14)都称为克劳修斯（Clausius）不等式，也是热力学第二定律的数学表达式。

2.5.3　熵增加原理

对于绝热过程，$\delta Q = 0$，所以克劳修斯不等式为：

$$dS \geq 0 \qquad (2\text{-}15)$$

等号表示绝热可逆过程；不等号表示绝热不可逆过程。在绝热条件下，趋向于平衡的过程使系统的熵增加。或者说在绝热条件下，不可能发生熵减少的过程。这是绝热过程的熵增加原理。

【例题 2-5】氮气进行绝热可逆膨胀，则（　　）。

A. $\Delta U = 0$；B. $\Delta S = 0$；C. $\Delta A = 0$；D. $\Delta G = 0$。

解：绝热可逆过程，其热为可逆热，为零，$\Delta S = 0$。选 B。

对于孤立体系，$\delta Q = 0$，所以克劳修斯不等式为：

$$dS \geq 0 \qquad (2\text{-}16)$$

等号表示可逆过程；不等号表示不可逆过程。孤立体系中发生不可逆过程，肯定是自发过程（从一个不平衡态趋于平衡态的过程），因为孤立体系与环境间无任何联系。孤立体系中不可能发生熵减少的过程。则熵增加原理也可表述为：一个孤立体系的熵永不减少。

2.5.4　克劳修斯不等式的意义

克劳修斯不等式引进的不等号，在热力学上可以作为变化方向与限度的判据。

$$dS \geq \frac{\delta Q}{T} \qquad \begin{array}{l} \text{">"号为不可逆过程} \\ \text{"="号为可逆过程} \end{array}$$

$$dS_{iso} \geq 0 \qquad \begin{array}{l} \text{">"号为自发过程} \\ \text{"="号为处于平衡状态} \end{array}$$

下角 iso 表示孤立，因为孤立系统中一旦发生一个不可逆过程，则一定是自发过程。用熵变来判断过程的自发方向时，必须是针对孤立系统，而实际中不存在孤立体系，一般把 $\Delta S_{系统}$ 和 $\Delta S_{环境}$ 合起来考虑成孤立体系的熵变。

$$\Delta S_{iso} = \Delta S_{系统} + \Delta S_{环境} \qquad (2\text{-}17)$$

【例题 2-6】孤立系统内发生的不可逆变化过程，则（　　）。

A. $\Delta S_{系统} = 0$，$\Delta S_{环境} = 0$；　　　　B. $\Delta S_{系统} > 0$，$\Delta S_{环境} = 0$；

C. $\Delta S_{系统}=0$，$\Delta S_{环境}>0$；　　　　　　D. $\Delta S_{系统}>0$，$\Delta S_{环境}>0$。

解：孤立系统的不可逆过程即自发过程。孤立系统自发过程熵一定增加，系统和环境的熵变和叫作孤立系统的熵变。孤立系统与环境间没有热交换，环境的熵变等于零，系统的熵变必须大于零。选 B。

【例题 2-7】 某体系不可逆循环的熵变为（　　　）。

A. $\Delta S>0$；　　　B. $\Delta S<0$；　　　C. $\Delta S=0$；　　D. 无法确定。

解：所有的循环，不管可逆、不可逆，只要是循环过程，系统恢复原样，状态函数的改变量就等于零。选 C。

2.6　熵变的计算

熵变的计算必须利用克劳修斯不等式中的等式，必须是可逆过程的热温商。

$$\Delta S=\int\left(\frac{\delta Q}{T}\right)_{R}$$

2.6.1　等温过程的熵变

等温过程的始态温度、终态温度相等，公式变成：

$$\Delta S=\frac{Q_{R}}{T}$$

对于理想气体的等温可逆过程，并且只做体积功，公式变为：

$$Q_{R}=-W_{R}=nRT\ln\frac{V_{2}}{V_{1}}=nRT\ln\frac{p_{1}}{p_{2}}$$

$$\Delta S=\frac{Q_{R}}{T}=nR\ln\frac{V_{2}}{V_{1}}\tag{2-18}$$

2.6.2　变温过程的熵变

（1）物质的量一定的等容变温过程

等容变温可逆过程中：

$$\delta Q_{V,R}=C_{V}dT$$

$$\Delta S=\int\frac{\delta Q_{V,R}}{T}=\int\frac{C_{V}dT}{T}=\int_{T_{1}}^{T_{2}}\frac{nC_{V,m}dT}{T}$$

如果 $C_{V,m}$ 是与温度无关的常数，积分得到

$$\Delta S=nC_{V,m}\ln\frac{T_{2}}{T_{1}}\tag{2-19}$$

（2）物质的量一定的等压变温过程

等压变温可逆过程中：

$$\delta Q_{p,R}=C_{p}dT$$

$$\Delta S=\int\frac{\delta Q_{p,R}}{T}=\int\frac{C_{p}dT}{T}=\int\frac{nC_{p,m}dT}{T}$$

如果 $C_{p,m}$ 是与温度无关的常数，积分得到

$$\Delta S = nC_{p,m}\ln\frac{T_2}{T_1} \qquad (2\text{-}20)$$

（3） p、V、T 过程的熵变

物质的量一定，从 p_1、V_1、T_1 到 p_2、V_2、T_2 的过程即 p、V、T 都发生变化的过程。这种情况需分两步计算，有两种方法。

① 如果已知的数据是 n、V、T，首先要判断该过程是否是等压过程，如果不是，一步无法计算，设计两步来计算。

$$n、T_1、V_1 \longrightarrow n、T_2、V_2$$
$$\text{等温可逆}\searrow \quad\quad \nearrow\text{等容可逆}$$
$$n、T_1、V_2$$

如果是理想气体的过程：

$$\Delta S = nR\ln\frac{V_2}{V_1} + nC_{V,m}\ln\frac{T_2}{T_1} \qquad (2\text{-}21)$$

② 如果已知的数据是 n、p、T，首先要判断该过程是否是等容过程，如果不是，一步无法计算，设计两步来计算。

$$n、p_1、T_1 \longrightarrow n、p_2、T_2$$
$$\text{等温可逆}\searrow \quad\quad \nearrow\text{等压可逆}$$
$$n、p_2、T_1$$

如果是理想气体的过程：

$$\Delta S = nR\ln\frac{p_1}{p_2} + nC_{p,m}\ln\frac{T_2}{T_1} \qquad (2\text{-}22)$$

利用以上哪个公式，要根据已知条件，若已知的是温度和体积，则设计成等容、等温过程；若已知的是温度和压力，则设计成等压、等温过程来计算。

2.6.3 相变化的熵变

可逆相变化：在一定温度、一定压力下两相平衡时所发生的相变化。可逆相变是等压过程，Q_R 等于 ΔH（相变热）。

$$\Delta S = \frac{\Delta H}{T} = \frac{n\Delta H_m}{T} \qquad (2\text{-}23)$$

不可逆变化的熵变不能直接计算，而设计成始终态相同的可逆过程才能计算。

【例题 2-8】试计算 $-10℃$、标准压力下，1mol 过冷水变成同温同压下的冰这一过程 ΔS。已知水和冰的定压热容分别为 4.184J/（K·g）和 2.092J/（K·g），0℃时冰的熔化热为 $\Delta_{fus}H^{\ominus} = 334.72$J/g。

解： 熔点时的物态变化是可逆相变化，$-10℃$ 不是冰的熔点，以上过程不是可逆相变化，是不可逆相变化，设计成始态、终态不变的可逆过程来计算。已知的是水和冰的定压热容，设计成等压、温度发生变化的过程。

$$-10℃,100kPa,H_2O(l) \longrightarrow -10℃,100kPa,H_2O(s)$$

$$\Delta S_1 \downarrow \qquad \uparrow \Delta S_3$$

$$0℃,100kPa,H_2O(l) \xrightarrow{\Delta S_2} 0℃,100kPa,H_2O(s)$$

$$\Delta S = \Delta S_1 + \Delta S_2 + \Delta S_3$$

$$\Delta S_1 = nC_{p,m}\ln\frac{T_2}{T_1} = \left(18 \times 4.184 \times \ln\frac{273}{263}\right)J/K = 2.81J/K$$

$$\Delta S_2 = \frac{\Delta H}{T} = \frac{-334.72 \times 18}{273}J/K = -22.07J/K$$

$$\Delta S_3 = nC_{p,m}(s)\ln\frac{T_2}{T_1} = \left(18 \times 2.092 \times \ln\frac{263}{273}\right)J/K = -1.41J/K$$

$$\Delta S = \Delta S_1 + \Delta S_2 + \Delta S_3 = -20.67J/K$$

【例题 2-9】已知 $H_2O(l)$ 在 100℃ 和 100kPa 下的汽化热为 2259J/g，求 1mol 100℃ 和 100kPa 下的 $H_2O(l)$ 蒸发为 100℃、5×10^4 Pa 的 $H_2O(g)$ 时的 ΔS。

解：

$$100℃,100kPa,H_2O(l) \longrightarrow 100℃,5\times10^4Pa,H_2O(g)$$

$$\Delta S_1 \searrow \qquad \nearrow \Delta S_2$$

$$100℃,100kPa,H_2O(g)$$

$$\Delta S_1 = \frac{\Delta H}{T} = \frac{2259 \times 18}{373}J/K = 109.01J/K$$

$$\Delta S_2 = nR\ln\frac{p_1}{p_2} = \left(1 \times 8.314 \times \ln\frac{100}{50}\right)J/K = 5.76J/K$$

$$\Delta S = \Delta S_1 + \Delta S_2 = (109.01 + 5.76)J/K = 114.77J/K$$

不可逆相变的 ΔS 的计算，首先设计始态和终态不变的可逆过程是关键，如已知的是定压热容，一般要设计成等压过程。设计过程中会涉及一步可逆相变，要根据已知条件变化为可逆相变的状态，具体问题，具体分析。

2.6.4　环境的熵变

环境可以当作大的恒温源（$T_{环境}$＝常数），大的物质源，环境体积的变化可忽略不计。在只做体积功的条件下，$W_{环境}=0$，则 $Q_{环境}=\Delta U_{环境}$。这说明环境吸热、放热无论其方式可逆与否均有 $Q_{R,环境}=Q_{I,环境}=\Delta U_{环境}$，所以可用实际过程中环境吸收或放出的热 $Q_{环境}$ 代替 $Q_{R,环境}$，其数据又等于 $-Q_{系统}$。故有：

$$\Delta S_{环境} = \frac{Q_{环境}}{T_{环境}} = \frac{-Q_{系统}}{T_{环境}} \tag{2-24}$$

【例题 2-10】系统经历一个不可逆循环后，则（　　　）。

A. 系统的熵增加；　　　　B. 系统吸热大于对外做功；

C. 环境的熵增加；　　　　D. 环境的内能减少。

解：对于循环过程，系统状态函数的变量等于零。系统内能改变量等于零；系统的熵变等于零。系统的内能不变，系统吸热不会大于对外做功，所以环境的内能也不会减少即不变。不可逆循环 $dS_{系统}=0 \geqslant \dfrac{\delta Q}{T}$，$dS_{环境}=-\dfrac{\delta Q}{T}>0$。$\delta Q$ 是系统的热效应，环境的热效应是 $-\delta Q$。所以环境的熵变大于零。选 C。

熵变计算的总结：

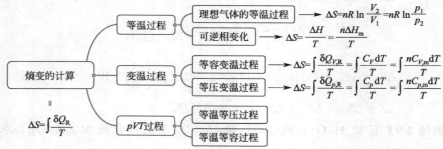

2.7 熵的物理意义和热力学第三定律的本质

2.7.1 熵的物理意义

热是分子无序运动的一种表现，而功是分子有序运动的结果。功转变成热是从有序运动转化为无序运动，混乱度增加，是自发的过程。而无序运动的热转化为有序运动的功就不可能自动发生。将 N_2 和 O_2 放在一盒内隔板的两边，抽去隔板，N_2 和 O_2 自动混合，直至平衡。这是混乱度增加的过程，是自发的过程，其逆过程绝不会自动发生。

热力学第二定律指出，凡是自发过程都是不可逆的，而其不可逆的根本原因都可以归结为热转换为功的不可逆性。一切不可逆过程都是向混乱度增加的方向进行，而熵函数是系统混乱度的一种度量，这就是热力学第二定律所阐明的不可逆过程的本质。统计热力学中系统的混乱度用符号 Ω 表示，并且与熵有下列函数关系：

$$S=k\ln\Omega \tag{2-25}$$

从以上公式可以看出，系统的混乱度越高，其熵值越高。

同一物质的固、液、气三态相比较，混乱度递增。

一个分子中原子数越多，其混乱度越大，熵值也越大。

同一物质当温度升高时，其分子热运动加快，混乱度增大，因此熵值也增大。

2.7.2 热力学第三定律及规定熵

热力学第三定律：在 0K 时，任何纯物质的完美晶体其熵值为零。

规定熵：任何纯物质在某温度 T 时的熵值。这是根据热力学第三定律，相对于 0K 定义的。

标准摩尔熵：298K，标准压力时的摩尔熵值。298K 时的规定熵。用符号 $S_m^{\ominus}$ 表示，单位为 $J/(K \cdot mol)$，其数据可查表。

2.7.3　化学反应熵变的计算

对任一 $a\text{A}+b\text{B}=\!=\!=c\text{C}+d\text{D}$ 反应，298K 时的熵变为：

$$\Delta_r S_m^{\ominus} = [cS_m^{\ominus}(\text{C})+dS_m^{\ominus}(\text{D})] - [aS_m^{\ominus}(\text{A})+bS_m^{\ominus}(\text{B})]$$

写成一般式：

$$\Delta_r S_m^{\ominus} = \sum \nu_i S_{m,i}^{\ominus}(产物) - \sum \nu_j S_{m,j}^{\ominus}(反应物) \tag{2-26}$$

2.8　亥姆霍兹自由能和吉布斯自由能

2.8.1　定义新的状态函数的意义

热力学第二定律导出了熵这个状态函数，但熵作为判据时，系统必须是孤立体系，也就是说必须同时考虑系统和环境的熵变，很不方便。通常反应总是在等温等压或等温等容条件下进行，有必要引入新的热力学函数，利用系统自身状态函数的变化，来判断自发变化的方向和限度。

2.8.2　亥姆霍兹自由能

热力学第二定律：

$$dS \geqslant \frac{\delta Q}{T}$$

热力学第一定律：

$$dU = \delta Q + \delta W$$

$$\delta Q = dU - \delta W$$

代入热力学第二定律的公式中，得到

$$dS \geqslant \frac{dU - \delta W}{T}$$

$$T dS - dU \geqslant -\delta W$$

等温过程：

$$dTS - dU \geqslant -\delta W$$

$$d(TS - U) \geqslant -\delta W$$

$$-d(U - TS) \geqslant -\delta W$$

亥姆霍兹（von Helmholtz，1821—1894，德国人）把 $U-TS$ 定义为一个新的状态函数：

$$A = U - TS \tag{2-27}$$

A 称为亥姆霍兹自由能（Helmholtz free energy），是状态函数，具有容量性质。

再回到以上的推导中，加进推导过程中的等温条件：

$$-dA_T \geqslant -\delta W \tag{2-28}$$

$$-\Delta A_T \geqslant -W \tag{2-29}$$

等式表示可逆。等温可逆过程中，系统亥姆霍兹自由能的减少等于系统所做的最大功。所以 A 又称为功函数（work function）。

$$-\Delta A_{T,R} = -W_{max} \qquad (2-30)$$

不等式表示不可逆。等温不可逆过程中，系统亥姆霍兹自由能的减少大于系统所做的功。

$$-\Delta A_T > -W \qquad (2-31)$$

学习亥姆霍兹自由能的注意事项：

① A 是在等温条件下推出来的，但并不说明只有等温条件下才有 A 的变化，因为 A 是状态函数，状态一定，就有确定的值。在任一其他条件下的状态变化也有 ΔA，不过这时的 ΔA 不再是系统所做的最大功。

② 如果在等温等容且不做非体积功：

$$-dA_{T,V,W_f=0} \geqslant 0 \qquad (2-32)$$

$$dA_{T,V,W_f=0} < 0 \qquad \text{表示自发过程}$$

$$dA_{T,V,W_f=0} = 0 \qquad \text{表示可逆过程,平衡态}$$

③ 如果在等温等容过程：

$$dA_{T,V} > 0 \qquad \text{系统不可能自动发生反应}$$

2.8.3 吉布斯自由能

热力学第二定律：

$$dS \geqslant \frac{\delta Q}{T}$$

$$T\,dS \geqslant \delta Q$$

热力学第一定律：

$$dU = \delta Q + \delta W$$

$$\delta Q = dU - \delta W = dU + p_外\,dV - \delta W_f$$

代入热力学第二定律的公式中，得到

$$T\,dS \geqslant dU + p_外\,dV - \delta W_f$$

等温等压过程：

$$d(TS) - dU - d(pV) \geqslant -\delta W_f$$

$$d(TS) - d(U + pV) \geqslant -\delta W_f$$

$$d(TS) - dH \geqslant -\delta W_f$$

$$-d(H - TS) \geqslant -\delta W_f$$

吉布斯（J. W. Gibbs，1839—1903）把 $H - TS$ 定义为一个新状态函数：

$$G = H - TS \qquad (2-33)$$

G 称为吉布斯自由能（Gibbs free energy），是状态函数，具有容量性质。

再回到以上的推导中，加进推导过程中的等温等压条件：

$$-dG_{T,p} \geqslant -\delta W_f$$

$$-\Delta G_{T,p} \geqslant -W_{f}$$

等式表示可逆。等温等压可逆过程中，系统吉布斯自由能的减少等于系统所做的最大有效功。

$$-dG_{T,p} = -\delta W_{R,f} \qquad (2\text{-}34)$$

$$-\Delta G_{T,p} = -W_{R,f} \qquad (2\text{-}35)$$

不等式表示不可逆。等温等压不可逆过程中，系统吉布斯自由能的减少大于系统所做的有效功。

$$-dG_{T,p} > -\delta W_{f} \qquad (2\text{-}36)$$

$$-\Delta G_{T,p} > -W_{f} \qquad (2\text{-}37)$$

学习吉布斯自由能的注意事项：

① 虽然吉布斯自由能是等温等压条件下推出的状态函数，但并不只是等温等压条件下才有吉布斯自由能的变化，只要有状态变化就有吉布斯自由能的改变，只不过 $-\Delta G$ 不等于系统的最大有效功。

② 如果等温等压不做有效功

$$-dG_{T,p,W_{f}=0} \geqslant 0$$

$$dG_{T,p,W_{f}=0} \leqslant 0$$

$$dG_{T,p,W_{f}=0} \leqslant 0 \qquad 表示自发过程$$

$$dG_{T,p,W_{f}=0} = 0 \qquad 表示可逆过程，平衡态$$

③ 如果在等温等容过程：

$$dG_{T,p} > 0 \qquad 系统不可能自动发生$$

在等温等压、可逆电池中

$$\Delta G_{T,p} = W_{R,f} = -nEF \qquad (2\text{-}38)$$

式中，n 为电池反应中得失电子的物质的量；E 为可逆电池的电动势；F 为法拉第常数，96500C/mol。这个公式是联系热力学和电化学的桥梁。

2.9　热力学函数间的重要关系式

2.9.1　热力学的四个基本公式

（1）$dU = TdS - pdV$

推导如下：

热力学第一定律

$$dU = \delta Q + \delta W$$

如果是可逆过程：

$$dU = \delta Q_{R} - pdV + \delta W_{f}$$

$$dS = \frac{\delta Q_{R}}{T}$$

代入上式得到

$$dU = TdS - pdV + \delta W_{f}$$

不做非体积功时：

$$dU = TdS - pdV \qquad (2\text{-}39)$$

这是热力学第一定律与第二定律的联合公式，适用于组成恒定、不做非体积功的封闭系统。虽然用到了可逆条件，但适用于任何可逆、不可逆过程，因为式中的物理量皆是状态函数，其变化值仅决定于始终态。式（2-39）是四个基本公式中最基本的一个。

（2）$dH = TdS + Vdp$

$$H = U + pV$$

等式两边进行微分

$$dH = dU + d(pV)$$

打开括号时会涉及三种情况：压力不变 pdV；体积不变 Vdp；两个都变 $dpdV$。

$$dH = dU + pdV + Vdp + dpdV$$

将 $dU = TdS - pdV$ 代入上式，得到

$$dH = TdS - pdV + pdV + Vdp + dpdV$$

抵消的消掉，两个微小的乘积忽略不计。

$$dH = TdS + Vdp \qquad (2\text{-}40)$$

（3）$dA = -SdT - pdV$

$$A = U - TS$$

等式的两边微分

$$dA = dU - d(TS)$$

打开括号

$$dA = dU - TdS - SdT - dSdT$$

将 $dU = TdS - pdV$ 代入上式，整理后得到

$$dA = -SdT - pdV \qquad (2\text{-}41)$$

（4）$dG = -SdT + Vdp$

$$G = H - TS$$

等式的两边微分

$$dG = dH - d(TS)$$

打开括号

$$dG = dH - TdS - SdT - dSdT$$

将 $dH = TdS + Vdp$ 代入上式，整理后得到

$$dG = -SdT + Vdp \qquad (2\text{-}42)$$

以上四个公式称为热力学的四个基本公式，适用于单组分或组成不变的多组分单相封闭系统及其变化，即无相变化、无化学变化的单相封闭系统。

【例题 2-11】热力学基本公式 $dG = -SdT + Vdp$ 可适用的过程是（　　）。

A. 298K，100kPa 的水蒸发；　B. 理想气体真空膨胀；

C. 电解水制取氢；　　　　　　D. $N_2(g) + 3H_2(g) \rightleftharpoons 2NH_3(g)$ 未达平衡。

解： 该公式适用于只做体积功、无化学变化、无相变化的过程。A 为相变化，C 做电功，D 是化学变化。选 B。

2.9.2　麦克斯韦关系式

设函数 z 的独立变量为 x，y。z 具有全微分性质。

$$z = f(x, y)$$

其全微分为（x、y 的变化会引起 z 的变化）：

$$dz = \left(\frac{\partial z}{\partial x}\right)_y dx + \left(\frac{\partial z}{\partial y}\right)_x dy = M dx + N dy$$

M 和 N 也是 x，y 的函数：

$$\left(\frac{\partial M}{\partial y}\right)_x = \frac{\partial^2 z}{\partial x \partial y}$$

$$\left(\frac{\partial N}{\partial x}\right)_y = \frac{\partial^2 z}{\partial y \partial x}$$

根据状态函数的特征，状态函数的二阶导数与求导次序无关，所以以上两个二阶导数相等。

$$\left(\frac{\partial M}{\partial y}\right)_x = \left(\frac{\partial N}{\partial x}\right)_y \tag{2-43}$$

热力学函数是状态函数，数学上具有全微分性质，将上述关系式用到四个基本公式中，就得到麦克斯韦（Maxwell）关系式：

（1）$dU = TdS - pdV$

上式中，$M = T$，$N = -p$，各求另一项的导数，结果相等。

$$\left(\frac{\partial T}{\partial V}\right)_S = -\left(\frac{\partial p}{\partial S}\right)_V \tag{2-44}$$

（2）$dH = TdS + Vdp$

$$\left(\frac{\partial T}{\partial p}\right)_S = \left(\frac{\partial V}{\partial S}\right)_p \tag{2-45}$$

（3）$dA = -SdT - pdV$

$$\left(\frac{\partial S}{\partial V}\right)_T = \left(\frac{\partial p}{\partial T}\right)_V \tag{2-46}$$

从该麦克斯韦关系式中可以直接看出其应用，例如在公式中有比较难的 $\left(\frac{\partial S}{\partial V}\right)_T$ 偏导数，可以用 $\left(\frac{\partial p}{\partial T}\right)_V$ 代替，对公式进行简化。

（4）$dG = -SdT + Vdp$

$$\left(\frac{\partial S}{\partial p}\right)_T = -\left(\frac{\partial V}{\partial T}\right)_p \tag{2-47}$$

利用该关系式可用实验可测偏微商来代替那些不易直接测定的偏微商。

2.10 △G 的计算

2.10.1 简单状态变化等温过程的 △G 的计算

简单状态变化指无相变化，无化学变化，只做体积功，只是温度、压力、体积等发生变化的过程。计算这种简单状态变化的 △G 就可以利用热力学基本公式。

$$dG = -SdT + Vdp$$

如果是等温过程（$dT = 0$）：

$$dG = Vdp$$

积分

$$\Delta G = \int Vdp$$

如果发生变化的物质是理想气体：

$$\Delta G = \int Vdp = \int \frac{nRT}{p}dp$$

$$\Delta G = nRT\ln\frac{p_2}{p_1} = -nRT\ln\frac{p_1}{p_2} \tag{2-48}$$

理想气体的等温过程中，△G 等于最大的体积功（等温可逆过程的体积功）。

【例题 2-12】1mol 理想气体自状态 p_1、V_1、T 等温可逆膨胀至 p_2、V_2、T。此过程的体积功 W 与 △G 有什么关系？（   ）。

A. $W > \Delta G$；　　　　　B. $W < \Delta G$；

C. $W = \Delta G$；　　　　　D. 无法确定关系。

解：是理想气体的只做体积功的等温过程，$\Delta G = -nRT\ln\frac{p_1}{p_2} = -nRT\ln\frac{V_2}{V_1} = W$。选 C。

其他简单状态过程的计算非常复杂，例如等压过程：

$$\Delta G = \int -SdT \tag{2-49}$$

因为熵是随温度变化的，并且变化比较复杂，所以以上积分不好计算。

2.10.2 相变过程的 △G 的计算

（1）等温等压可逆相变化的 △G

可逆相变化：在等温等压下两相平衡时所发生的相变化。在吉布斯自由能的判据中，因为 $dG_{T,p,W_f=0} = 0$，表示平衡态可逆过程。反过来，在等温等压只做体积功的可逆相变化：

$$\Delta G_{T,p,W_f=0} = 0$$

什么样的过程是可逆相变化？是两相平衡时候的变化。如沸点、熔点时候的物态变化；第三种情况是任一温度，饱和蒸气压下，液体或固体与蒸气间的变化。

气-液平衡：液体蒸发成气体时，当蒸发与液化的速度相等，这种动态平衡称为气-液平衡。

液体的饱和蒸气：气-液平衡时的蒸气称为该液体的饱和蒸气。

饱和蒸气压：饱和蒸气的压力称为该液体该温度下的饱和蒸气压。

温度不同饱和蒸气压的数值也不同，饱和蒸气压的值随着温度的上升而迅速增加，当蒸气压的值等于大气压力时，液体就沸腾，这时的温度称为该液体的沸点。

（2）不可逆相变化的 ΔG

如果是不可逆相变化，设计一个始态、终态相同的可逆变化来计算。

【例题 2-13】 已知 25℃ $H_2O(l)$ 的饱和蒸气压为 3168Pa，计算 1mol 25℃标准压力的过冷水蒸气变成 25℃标准压力的 $H_2O(l)$ 的 ΔG，并判断此过程是否自发。假设气体是理想气体。

解： 首先，要判断该过程是否可逆相变化。有三种情况是可逆相变化：沸点时的物态变化；熔点时的物态变化；饱和蒸气压时的物态变化。以上例题中的条件，不是沸点更不是熔点，也不是饱和蒸气压时的相变化，所以该过程是不可逆相变化。必须设计成可逆过程来计算。

始终态不变，根据已知条件来设计。已知条件是 25℃时 $H_2O(l)$ 的饱和蒸气压为 3168Pa。已知条件的温度和例题中的温度是相等的，因此设计成等温过程，压力要变。已知条件的压力是饱和蒸气压 3168Pa，例题中的压力是标准压力，因此标准压力变化要达到饱和蒸气压。

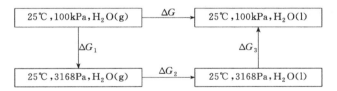

把例题的不可逆过程设计成始态、终态相同的三步来完成的可逆过程。第一步是简单状态变化，是理想气体的等温膨胀过程。

$$\Delta G_1 = nRT \ln \frac{p_2}{p_1} = -8585J$$

第二步是可逆相变化。

$$\Delta G_2 = 0$$

第三步是简单状态变化，等温过程。

$$\Delta G_3 = \int V dp = V_m(p_2 - p_1) = 18 \times 10^{-6} \times (10^5 - 3168) = 1.74J$$

$$\Delta G = \Delta G_1 + \Delta G_2 + \Delta G_3 = -8583.26J$$

像第三步的凝聚相（液体或固体）的等温过程的 ΔG_3 与第一步的气体的等温过程的 ΔG_1 相比很小，遇见类似问题可以忽略不计，不用计算，直接得到 $\Delta G_3 \approx 0$。

$$\Delta G \approx \Delta G_1 = -8585\text{J}$$

【例题 2-14】 请计算 1mol 过冷苯（液）在 268K、100kPa 时凝固过程的 ΔG。已知 268K 时固态苯和液态苯的饱和蒸气压分别为 2280Pa 和 2675Pa。

解： 设计如下可逆过程来计算。

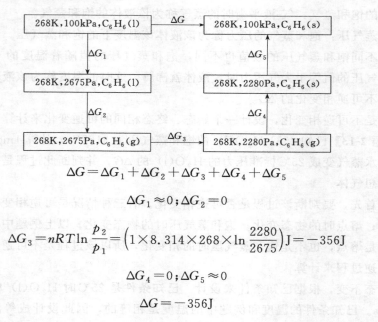

$$\Delta G = \Delta G_1 + \Delta G_2 + \Delta G_3 + \Delta G_4 + \Delta G_5$$

$$\Delta G_1 \approx 0 ; \Delta G_2 = 0$$

$$\Delta G_3 = nRT\ln\frac{p_2}{p_1} = \left(1 \times 8.314 \times 268 \times \ln\frac{2280}{2675}\right)\text{J} = -356\text{J}$$

$$\Delta G_4 = 0 ; \Delta G_5 \approx 0$$

$$\Delta G = -356\text{J}$$

2.10.3 化学反应的 ΔG 的计算

可以根据吉布斯自由能的定义式来求算。

$$G = H - TS$$

微分

$$\text{d}G = \text{d}H - \text{d}(TS)$$

等温变化：

$$\Delta G = \Delta H - T\Delta S$$

2.10.4 ΔG 随温度 T 的变化

表示 ΔA 和 ΔG 与温度的关系式都称为吉布斯-亥姆霍兹方程，用来从一个反应温度的 $\Delta G(T_1)$［或 $\Delta A(T_1)$］求另一反应温度时的 $\Delta G(T_2)$［或 $\Delta A(T_2)$］。推导温度对 ΔA 和 ΔG 关系，关键点是 ΔA 和 ΔG 随温度的变化率。这要利用热力学基本公式。

从基本公式 $\text{d}G = -S\text{d}T + V\text{d}p$ 得到

$$\left(\frac{\partial G}{\partial T}\right)_p = -S$$

$$\left[\frac{\partial(\Delta G)}{\partial T}\right]_p = -\Delta S$$

因为 $\Delta G = \Delta H - T\Delta S$，代入上式，得到

$$\left[\frac{\partial(\Delta G)}{\partial T}\right]_p = \frac{\Delta G - \Delta H}{T} \qquad (2\text{-}50)$$

在式(2-50)两边分别乘 $\frac{1}{T}$，得

$$\frac{1}{T}\left[\frac{\partial(\Delta G)}{\partial T}\right]_p = \frac{\Delta G - \Delta H}{T^2}$$

移项，

$$\frac{1}{T}\left[\frac{\partial(\Delta G)}{\partial T}\right]_p - \frac{\Delta G}{T^2} = -\frac{\Delta H}{T^2}$$

$$\left[\frac{\partial\left(\dfrac{\Delta G}{T}\right)}{\partial T}\right]_p = -\frac{\Delta H}{T^2} \qquad (2\text{-}51)$$

$\int\dfrac{\Delta G}{T} = \int -\dfrac{\Delta H}{T^2}\mathrm{d}T$ ，积分得到两个温度下的两个 ΔG。

ΔA 与温度的关系式依次类推得到对应的两个公式。

$$\left[\frac{\partial(\Delta A)}{\partial T}\right]_V = \frac{\Delta A - \Delta U}{T} \qquad (2\text{-}52)$$

$$\left[\frac{\partial\left(\dfrac{\Delta A}{T}\right)}{\partial V}\right]_V = -\frac{\Delta U}{T^2} \qquad (2\text{-}53)$$

ΔG 计算的总结：

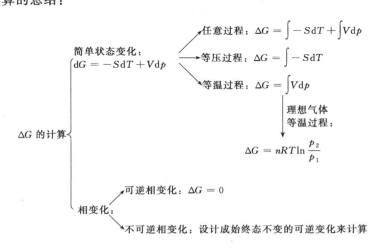

第 3 章

多组分系统

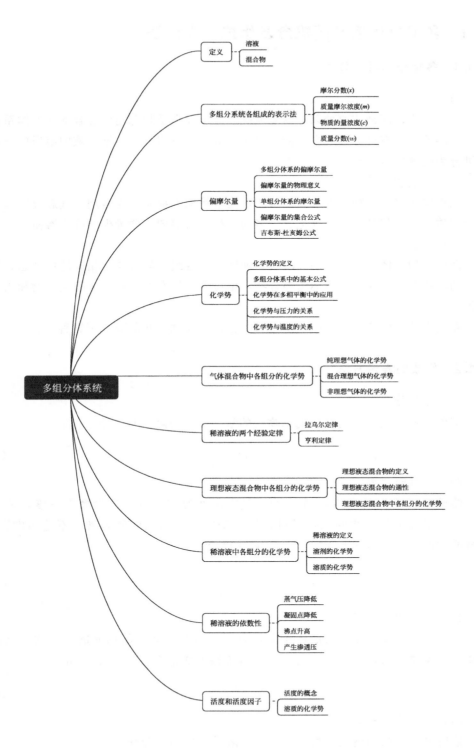

3.1 多组分体系基础概念及组成的表示法

3.1.1 多组分体系的分类

（1）溶液

广义地说，两种或两种以上物质彼此以分子或离子状态均匀混合形成的体系称为溶液。溶液以物态可分为气态溶液、固态溶液和液态溶液。根据溶液中溶质的导电性又可分为电解质溶液和非电解质溶液。

（2）溶剂和溶质

如果组成溶液的物质有不同的状态，通常将液态物质称为溶剂，气态或固态物质称为溶质。如果都是液态，则把含量多的一种称为溶剂，含量少的称为溶质。

（3）混合物

多组分均匀体系中，溶剂和溶质不加区分，各组分均可选用相同的标准态，使用相同的经验定律，这种体系称为混合物，也可分为气态混合物、液态混合物和固态混合物。

在液态的非电解质溶液中，溶质 B 的浓度表示法常用的有如下四种。

3.1.2 组成的表示方法

（1）摩尔分数 x_B

溶质 B 的物质的量与溶液的总物质的量之比称为溶质 B 的摩尔分数。

$$x_B \overset{\text{def}}{=\!=} \frac{n_B}{n_{总}} \tag{3-1}$$

（2）质量摩尔浓度 m_B

溶质 B 的物质的量与溶剂 A 的质量之比称为溶质 B 的质量摩尔浓度，单位是 mol/kg。这个表示方法的优点是可以用准确的称重法来配制溶液，不受温度影响。质量摩尔浓度的标准态为 $m^{\ominus}=1\text{mol/kg}$ 的状态。

$$m_B \overset{\text{def}}{=\!=} \frac{n_B}{m_A} \tag{3-2}$$

（3）物质的量浓度 c_B

溶质 B 的物质的量与溶液体积 $V_{总}$ 的比值称为溶质 B 的物质的量浓度，或称为溶质 B 的浓度，常用单位是 mol/dm^3。标准浓度通常取 $c^{\ominus}=1\text{mol/dm}^3$。

$$c_B \overset{\text{def}}{=\!=} \frac{n_B}{V_{总}} \tag{3-3}$$

（4）质量分数 w_B

溶质 B 的质量与溶液总质量之比称为溶质 B 的质量分数。

$$w_B \overset{\text{def}}{=\!=} \frac{m_B}{m_{总}} \tag{3-4}$$

3.2　偏摩尔量

3.2.1　偏摩尔量的定义

因为纯物质的封闭体系中只有两个状态函数是独立的，有两个状态函数确定时体系的状态是确定的，例如独立的两个状态函数是温度和压力，在一定温度、一定压力下，一定量的纯物质的体积是确定的。但对于多组分体系独立的状态函数的数目不止两个。例如，在标准压力、25℃、100mL 水中加入 100mL 乙醇，其总体积为 192mL。150mL 水中加入 50mL 乙醇其总体积为 195mL。显然混合物总体积不是混合前纯物质体积的简单加和。要确定乙醇-水混合物的总体积，除知道温度和压力外，必须分别知道水和乙醇的物质的量。

在多组分系统的任意容量性质 Z，可以看作是温度、压力及各物质的量的函数。

$$Z = f(T, p, n_1, n_2, \cdots)$$

当系统的状态发生无限小的变化时，全微分 dZ 可用下式表示：

$$dZ = \left(\frac{\partial Z}{\partial T}\right)_{p, n_C} dT + \left(\frac{\partial Z}{\partial p}\right)_{T, n_C} dp + \left(\frac{\partial Z}{\partial n_1}\right)_{T, p, n_{C(C \neq 1)}} dn_1 + \cdots$$

等温等压条件下：

$$dZ = \sum \left(\frac{\partial Z}{\partial n_B}\right)_{T, p, n_{C(C \neq B)}} dn_B$$

$$Z_B \stackrel{def}{=} \left(\frac{\partial Z}{\partial n_B}\right)_{T, p, n_{C(C \neq B)}} \tag{3-5}$$

所以，
$$dZ = Z_1 dn_1 + Z_2 dn_2 + \cdots = \sum Z_B dn_B \tag{3-6}$$

B 代表多组分体系中的任意组分。Z_B 为 B 物质的某种容量性质 Z 的偏摩尔量。如 Z 为体积 V，V_B 是 B 物质的偏摩尔体积。只要是容量性质都有偏摩尔量。

$$V_B = \left(\frac{\partial V}{\partial n_B}\right)_{T, p, n_{C(C \neq B)}}, U_B = \left(\frac{\partial U}{\partial n_B}\right)_{T, p, n_{C(C \neq B)}}$$

$$A_B = \left(\frac{\partial A}{\partial n_B}\right)_{T, p, n_{C(C \neq B)}}, G_B = \left(\frac{\partial G}{\partial n_B}\right)_{T, p, n_{C(C \neq B)}}$$

关于偏摩尔量的注意事项如下。

① 偏摩尔量的物理意义：在等温、等压条件下，往浓度保持不变的系统中加入 1mol B 物质所引起系统中某个热力学量 Z 的变化；在等温、等压条件下，往大量的组成不变的系统中加入单位物质的量的 B 物质所引起的容量性质 Z 的变化值。

② 只有容量性质才有偏摩尔量，而偏摩尔量是强度性质。

③ 任何偏摩尔量都是 T、p 和组成（浓度）的函数。

④ 对纯物质来说偏摩尔量就是摩尔量。

3.2.2　偏摩尔量的应用——偏摩尔量的集合公式

根据偏摩尔量可以计算多组分体系的容量性质。设一个均相体系由 $1, 2, \cdots, k$ 个组分组成，则体系任一容量性质 Z 应是 T、p 及各组分的物质的量的函数，即：

$$Z=f(T,p,n_1,n_2,\cdots,n_k)$$

在等温、等压条件下无限小的变化：

$$\mathrm{d}Z=\left(\frac{\partial Z}{\partial n_1}\right)_{T,p,n_{C(C\neq1)}}\mathrm{d}n_1+\left(\frac{\partial Z}{\partial n_2}\right)_{T,p,n_{C(C\neq2)}}\mathrm{d}n_2+\cdots+\left(\frac{\partial Z}{\partial n_k}\right)_{T,p,n_{C(C\neq k)}}\mathrm{d}n_k$$

$$=\Sigma\left(\frac{\partial Z}{\partial n_B}\right)_{T,p,n_{C(C\neq B)}}\mathrm{d}n_B$$

根据偏摩尔量的定义：

$$\mathrm{d}Z=Z_1\mathrm{d}n_1+Z_2\mathrm{d}n_2+\cdots+Z_k\mathrm{d}n_k=\Sigma Z_B\mathrm{d}n_B \tag{3-7}$$

在保持偏摩尔量不变的情况下，对上式积分

$$Z=Z_1\int_0^{n_1}\mathrm{d}n_1+Z_2\int_0^{n_2}\mathrm{d}n_2+\cdots+Z_k\int_0^{n_k}\mathrm{d}n_k$$

$$Z=\sum_{B=1}^{k}n_BZ_B \tag{3-8}$$

体系总的容量性质等于各物质的量与各物质的偏摩尔量乘积的加和，这是偏摩尔量的集合公式。偏摩尔量的集合公式计算多组分体系容量性质的总量。

例如有 A、B 组分来组成的二组分体系其容量性质 Z 的计算：

$$Z=n_AZ_A+n_BZ_B$$

如容量性质 Z 是体积 V

$$V=n_AV_A+n_BV_B$$

【例题 3-1】298K 和标准压力下，有一物质的量分数为 0.4 的甲醇-水混合物。如果往大量的此混合物中加 1mol 甲醇，混合物的体积增加 $39.01\mathrm{cm}^3$。如果往大量的此混合物中加 1mol 水，混合物的体积增加 $17.35\mathrm{cm}^3$。试计算将 0.4mol 的甲醇和 0.6mol 的水混合时，此混合物的体积是多少？此混合过程中体积的变化是多少？已知 298K 和标准压力下甲醇的密度为 $0.7911\mathrm{g/cm}^3$，水的密度为 $0.9971\mathrm{g/cm}^3$。

解：根据偏摩尔量的物理意义，大量的混合中分别加入 1mol 甲醇和 1mol 水，增加的体积就是甲醇和水的偏摩尔体积。

混合之后的总体积：

$$V=n_{甲醇}V_{甲醇}+n_水V_水=(39.01\times0.4+17.35\times0.6)\mathrm{cm}^3=26.01\mathrm{cm}^3$$

混合之前的体积之和：

$$\left(\frac{0.4\times32}{0.7911}+\frac{0.6\times18}{0.9971}\right)\mathrm{cm}^3=27.01\mathrm{cm}^3$$

混合前后体积的变化：$1\mathrm{cm}^3$。

3.2.3 吉布斯-杜亥姆公式

如果在溶液中不按比例地添加各组分，则溶液浓度会发生改变，这时各组分的物质的量和偏摩尔量均会改变。

根据偏摩尔量的集合公式：

$$Z = n_1 Z_1 + n_2 Z_2 + \cdots + n_k Z_k$$

对 Z 进行微分，

$$dZ = n_1 dZ_1 + Z_1 dn_1 + \cdots + n_k dZ_k + Z_k dn_k \tag{3-9}$$

在等温、等压下某均相体系任一容量性质的全微分为［式(3-7)］：

$$dZ = Z_1 dn_1 + Z_2 dn_2 + \cdots + Z_k dn_k$$

式(3-7) 和式(3-9) 比较，得到

$$n_1 dZ_1 + n_2 dZ_2 + \cdots + n_k dZ_k = 0 \tag{3-10}$$

或

$$\sum_{B=1}^{k} n_B dZ_B = 0$$

式(3-10) 称为吉布斯-杜亥姆（Gibbs-Duhem）公式，说明偏摩尔量之间是具有一定联系的。某一偏摩尔量的变化可从其他偏摩尔量的变化中求得。如在只有两个组分的混合物中 $n_1 dZ_1 + n_2 dZ_2 = 0$，一个的偏摩尔量增加，另一个的偏摩尔量一定降低。

【例题 3-2】 等温、等压下，在 A 和 B 组成的均相系统中，若 A 的偏摩尔体积随温度的改变而增加时，则 B 的偏摩尔体积将（　　　）。

A. 增加；　　B. 减少；　　C. 不变；　　D. 不一定。

解：如在只有两个组分的混合物中，一个的偏摩尔量增加，另一个的偏摩尔量一定降低。选 B。

偏摩尔量的总结：

偏摩尔量
- 定义
  - 文字：多组分体系中加入 1mol 物质 B 所引起系统中某个容量性质 Z 的变化。
  - 公式：$Z_B \xlongequal{def} \left(\dfrac{\partial Z}{\partial n_B} \right)_{T, p, n_C}$
- 应用 → 计算多组分体系某个容量性质 Z 的总量 ← $Z = \sum\limits_{B=1}^{k} n_B Z_B$（偏摩尔量的集合公式）
- 影响 ← 温度、压力和浓度

3.3　化学势

3.3.1　化学势的定义

热力学的特征函数内能 U 的特征变量为 S 和 V；特征函数焓 H 的特征变量为 S 和 p；特征函数亥姆霍兹自由能 A 的特征变量为 T 和 V；特征函数吉布斯自由能 G 的特征变量为 T 和 p。保持特征变量和除 B 以外其他组分不变，特征函数随其物质的量 n_B 变化的变化率称为化学势 μ_B。

$$\mu_B = \left(\frac{\partial U}{\partial n_B} \right)_{S, V, n_{C(C \neq B)}} = \left(\frac{\partial H}{\partial n_B} \right)_{S, p, n_{C(C \neq B)}} = \left(\frac{\partial A}{\partial n_B} \right)_{T, V, n_{C(C \neq B)}} = \left(\frac{\partial G}{\partial n_B} \right)_{T, p, n_{C(C \neq B)}}$$

$$\tag{3-11}$$

其中

$$\mu_B = \left(\frac{\partial G}{\partial n_B}\right)_{T,p,n_{C(C \neq B)}} = G_B \tag{3-12}$$

狭义上化学势是偏摩尔吉布斯自由能，对于纯物质化学势就是摩尔吉布斯自由能。

通过偏摩尔吉布斯自由能和摩尔吉布斯自由能都可以计算出吉布斯自由能 G 或吉布斯自由能的改变量 ΔG。$\Delta G_{T,p}$ 可以判断过程的方向和限度，所以化学势 μ_B 是决定物质传递方向和限度的强度性质，尤其对判断相变和化学变化的方向和限度有重要作用。

3.3.2 多组分体系中热力学的基本公式

对于多组分均相系统：

$$G = f(T, p, n_1, n_2, \cdots)$$

进行全微分得到，

$$dG = \left(\frac{\partial G}{\partial T}\right)_{p,n_k} dT + \left(\frac{\partial G}{\partial p}\right)_{T,n_k} dp + \left(\frac{\partial G}{\partial n_1}\right)_{T,p,n_{B \neq C}} dn_1 + \cdots + \left(\frac{\partial G}{\partial n_k}\right)_{T,p,n_{B \neq C}} dn_k$$

$$dG = -SdT + Vdp + \sum \mu_B dn_B \tag{3-13}$$

同理得到：

$$dU = TdS - pdV + \sum \mu_B dn_B \tag{3-14}$$

$$dH = TdS + Vdp + \sum \mu_B dn_B \tag{3-15}$$

$$dA = -SdT - pdV + \sum \mu_B dn_B \tag{3-16}$$

3.3.3 化学势在多相平衡中的应用

$$dG = -SdT + Vdp + \sum \mu_B dn_B$$

在等温、等压条件下：

$$dG_{T,p} = \sum \mu_i dn_i \tag{3-17}$$

在相变化中：

$dG_{T,p} = \sum \mu_i dn_i < 0$，自发过程；

$dG_{T,p} = \sum \mu_i dn_i = 0$，可逆过程，平衡态；

$dG_{T,p} = \sum \mu_i dn_i > 0$，非自发过程。

在化学反应中：

$dG_m = \sum \nu_i \mu_i = \sum \nu_i \mu_i$（产物）$- \sum \nu_j \mu_j$（反应物）$< 0$，正向反应自发进行；

$dG_m = \sum \nu_i \mu_i = \sum \nu_i \mu_i$（产物）$- \sum \nu_j \mu_j$（反应物）$> 0$，逆向反应自发进行；

$dG_m = \sum \nu_i \mu_i = \sum \nu_i \mu_i$（产物）$- \sum \nu_j \mu_j$（反应物）$= 0$，达到平衡态。

【例题 3-3】 在 373.15K 和 100kPa 下水的化学势和水蒸气化学势的关系为（　　）。

A. μ(水)$=\mu$(气)；　　　　　　　　B. μ(水)$<\mu$(气)；

C. $\mu(水) > \mu(气)$；　　　　　　D. 无法确定。

解：把 373.15K 和 100kPa 下水看成始态，373.15K 和 100kPa 下水蒸气看成终态，计算始态到终态的 ΔG_m。因为以上的变化是沸点时候的相变化，是可逆性变化，$\Delta G_m = G_m(气) - G_m(水) = \mu(气) - \mu(水) = 0$，两个状态的化学势相等。选 A。

3.3.4　化学势与温度、压力的关系

（1）化学势与压力的关系

$$\mu_B = \left(\frac{\partial G}{\partial n_B}\right)_{T,p,n_{C \neq B}}$$

两边求压力的偏导数，得到：

$$\left(\frac{\partial \mu_B}{\partial p}\right)_{T,n_B,n_C} = \left[\frac{\partial}{\partial p}\left(\frac{\partial G}{\partial n_B}\right)_{T,p,n_{C \neq B}}\right]_{T,n_B,n_C}$$

状态函数的二阶导数与求导次序无关。改变求导顺序得到：

$$\left(\frac{\partial \mu_B}{\partial p}\right)_{T,n_B,n_C} = \left[\frac{\partial}{\partial n_B}\left(\frac{\partial G}{\partial p}\right)_{T,n_B,n_C}\right]_{T,p,n_{C \neq B}}$$

$$\left(\frac{\partial \mu_B}{\partial p}\right)_{T,n_B,n_C} = \left[\frac{\partial V}{\partial n_B}\right]_{T,p,n_{C \neq B}}$$

$$\left(\frac{\partial \mu_B}{\partial p}\right)_{T,n_B,n_C} = V_B \tag{3-18}$$

对于纯组分体系，根据基本公式：

$$\left(\frac{\partial G_m}{\partial p}\right)_T = V_m \tag{3-19}$$

对于多组分体系，把 G_m 换为 μ_B，则摩尔体积 V_m 变为偏摩尔体积 V_B。

（2）化学势与温度的关系

$$\mu_B = \left(\frac{\partial G}{\partial n_B}\right)_{T,p,n_{C \neq B}}$$

两边求温度的偏导数，得到：

$$\left(\frac{\partial \mu_B}{\partial T}\right)_{p,n_B,n_C} = \left[\frac{\partial}{\partial T}\left(\frac{\partial G}{\partial n_B}\right)_{T,p,n_{C \neq B}}\right]_{p,n_B,n_C}$$

$$\left(\frac{\partial \mu_B}{\partial T}\right)_{p,n_B,n_C} = \left[\frac{\partial}{\partial n_B}\left(\frac{\partial G}{\partial T}\right)_{p,n_B,n_C}\right]_{T,p,n_{C \neq B}}$$

$$\left(\frac{\partial \mu_B}{\partial T}\right)_{p,n_B,n_C} = \left[\frac{-\partial S}{\partial n_B}\right]_{T,p,n_{C \neq B}}$$

$$\left(\frac{\partial \mu_B}{\partial T}\right)_{p,n_B,n_C} = -S_B \tag{3-20}$$

根据纯组分的基本公式：

$$\left(\frac{\partial G_m}{\partial T}\right)_{p,n_B,n_C} = -S_m \tag{3-21}$$

对于多组分体系，将 μ_B 代替 G_m，则得到的摩尔熵 S_m 换为偏摩尔熵 S_B。

【例题 3-4】 保持压力不变，在稀溶液中溶剂的化学势随温度降低而（ ）。

A. 降低； B. 不变； C. 增大； D. 不确定。

解：

$$\left(\frac{\partial \mu_B}{\partial T}\right)_{p,n_B,n_C} = -S_B$$

根据偏摩尔量的物理意义，大量的多组分体系中增加单位物质的量的某物质，其混乱度提高，熵提高，即偏摩尔熵是大于零，$S_B > 0$，$-S_B < 0$。化学势随温度降低而提高。选 C。

化学势的总结：

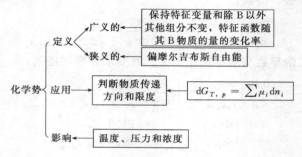

3.4 气体物质的化学势

3.4.1 纯理想气体的化学势

对于纯物质来说，物质的化学势，即偏摩尔吉布斯自由能等于摩尔吉布斯自由能。

$$dG = -SdT + Vdp$$

等温过程：

$$dG = Vdp$$

发生变化的物质的量为 1mol 时：

$$dG_m = V_m dp$$

积分：

$$\int dG_m = \int_{p^\ominus}^{p} V_m dp$$

是理想气体，积分得到：

$$G_m(T,p) - G_m(T,p^\ominus) = RT\ln\frac{p}{p^\ominus}$$

$$G_m(T,p) = G_m(T,p^\ominus) + RT\ln\frac{p}{p^\ominus}$$

对于纯物质来说，化学势就是摩尔吉布斯自由能 $\mu = G_m$。

$$\mu(T,p)=\mu^{\ominus}(T,p^{\ominus})+RT\ln\frac{p}{p^{\ominus}} \tag{3-22}$$

这是理想气体化学势的表达式，是 T、p 的函数。$\mu^{\ominus}(T,p^{\ominus})$ 是纯理想气体的标准态化学势，压力为 $p^{\ominus}$，所以只是 T 的函数。理想气体化学势的表达式是其他物质化学势表达式的基础。

3.4.2　混合理想气体的化学势

理想气体的分子体积可以忽略不计、相互作用力也可以忽略不计。混合理想气体分子之间除弹性碰撞之外没有其他作用力，所以混合理想气体中某一组分 B 的行为应该等同于 B 组分独立存在并占有相同体积的行为，那么混合理想气体中 B 组分的化学势就应与纯态时 B 组分的化学势相等。

$$\mu_B(T,p)=\mu_B^{\ominus}(T,p^{\ominus})+RT\ln\frac{p_B}{p^{\ominus}} \tag{3-23}$$

这是混合理想气体中 B 组分的化学势的表达式，是 T、p 的函数。

根据道尔顿分压定律 $p_B=p_总 x_B$，代入上式得到

$$\mu_B(T,p)=\mu_B^{\ominus}(T,p^{\ominus})+RT\ln\frac{p_总}{p^{\ominus}}+RT\ln x_B$$

前两项合并得到：

$$\mu_B(T,p)=\mu_B^*(T,p)+RT\ln x_B \tag{3-24}$$

$\mu_B^*(T,p)$ 是纯理想气体 B 在 T、p 时的化学势，显然这不是标准态下的量。

3.4.3　非理想气体的化学势

对理想气体的压力进行校正得到实际气体的逸度 $f_B=\gamma_B p_B$。式中，f_B 为逸度，又叫有效压力；γ_B 为逸度系数。在理想气体化学势的表达式中，把压力换成逸度就可以得到实际气体化学势的表达式：

$$\mu_B(T,p)=\mu_B^{\ominus}(T,p^{\ominus})+RT\ln\frac{f_B}{p^{\ominus}} \tag{3-25}$$

3.5　稀溶液的两个经验定律

3.5.1　拉乌尔定律

1887 年，法国化学家拉乌尔在多次实验的基础上总结得出：定温下，在稀溶液中，溶剂的蒸气压等于纯溶剂的饱和蒸气压乘以溶液中溶剂的物质的量分数。

用公式表示为：

$$p_A=p_A^* x_A \tag{3-26}$$

如果只有 A、B 两个组分：

$$p_A = p_A^*(1-x_B)$$

$$\frac{p_A^* - p_A}{p_A^*} = x_B \tag{3-27}$$

所以拉乌尔定律也可描述为：溶剂蒸气压的降低值与纯溶剂饱和蒸气压之比等于溶质的摩尔分数。

实际上只有溶液很稀时才能遵守拉乌尔定律。因为只有在溶液很稀时，溶质的分子数很少，溶质分子与溶剂分子之间的作用力才能很低，以致可以忽略，只有这样，溶剂的蒸气压才能与它本身在溶液中的分子数成正比，而与溶质的本性无关。

3.5.2 亨利定律

1803 年英国化学家 Henry 根据实验总结出另一条经验定律：定温下，稀溶液中挥发性溶质的平衡分压与溶液中溶质的物质的量分数成正比。

用公式表示为：

$$p_B = k_{x,B} x_B \tag{3-28}$$

式中，$k_{x,B}$ 称为亨利定律常数，其数值与温度、压力、溶剂和溶质的性质有关。若浓度的表示方法不同，则其值亦不等，即：

$$p_B = k_{m,B} b_B \tag{3-29}$$

$$p_B = k_{c,B} c_B \tag{3-30}$$

亨利定律使用中的注意事项：

① 亨利定律中 p_B 为挥发性溶质的平衡分压。若有几种气体溶于某一溶剂，在总压不大时，亨利定律分别适用于每一种气体。

② 溶质在气相和在溶液中的分子状态必须相同。如 HCl，在气相为 HCl 分子，在水溶液中为 H^+ 和 Cl^-，则亨利定律不适用。HCl 溶于苯时，在苯中仍以 HCl 分子存在，则亨利定律适用。

③ 溶液浓度越稀，越符合亨利定律。对气体溶质，升高温度或降低压力，都可降低溶解度，所以能更好地符合亨利定律。

3.6 理想液态混合物中各组分的化学势

3.6.1 理想液态混合物的定义

在一定的温度、压力下，液态混合物中任一组分在全部浓度范围内都符合拉乌尔定律的液态混合物叫理想液态混合物。

3.6.2 理想液态混合物中各组分的化学势

设温度 T 时，纯液体 B 与其蒸气平衡，两者化学势相等。

$$\mu_B^*(T,p,l) = \mu_B^*(T,g) = \mu_B^\ominus(T,g) + RT\ln\frac{p_B^*}{p^\ominus}$$

$\mu_B^*(T,p,l)$ 是纯液体 B 的化学势，$\mu_B^*(T,g)$ 是纯液体 B 的蒸气的化学势，p_B^* 是纯液体 B 的蒸气的压力。

设 A 和 B 形成理想液态混合物，理想液态混合物中，每个组分都是挥发的，当液态混合物与蒸气混合物成平衡时，混合物中任意组分在两相中的化学势相等。

$$\mu_B^{sln}(T,p,l) = \mu_B^g(T,g) = \mu_B^\ominus(T,g) + RT\ln\frac{p_B}{p^\ominus}$$

$\mu_B^{sln}(T,p,l)$ 是理想液态混合物中 B 组分的化学势，$\mu_B^g(T,g)$ 是蒸气混合物中 B 的化学势，p_B 是蒸气混合物中 B 的分压。

每一组分遵守拉乌尔定律：$p_B = p_B^* x_B$ 代入上式，得到

$$\mu_B^{sln}(T,p,l) = \mu_B^g(T,g) = \mu_B^\ominus(T,p^\ominus) + RT\ln\frac{p^*}{p^\ominus} + RT\ln x_B$$

与纯态的化学势比较：

$$\mu_B^{sln}(T,p,l) = \mu_B^g(T,g) = \mu_B^*(T,p,l) + RT\ln x_B$$

理想液态混合物中，任意组分的化学势：

$$\mu_B^{sln}(T,p,l) = \mu_B^*(T,p,l) + RT\ln x_B \tag{3-31}$$

通常在化学势的表达式中第一项为标准态，但上式中的 $\mu_B^*(T,p,l)$ 不是标准态，是纯液体 B 在温度 T、压力 p 时的化学势，纯液体标准态的化学势是 $\mu_B^\ominus(T, p^\ominus,l)$，$\mu_B^*(T,p,l)$ 和 $\mu_B^\ominus(T,p^\ominus,l)$ 差别在压力上，要考虑压力对化学势的影响。

$$\left(\frac{\partial \mu_B}{\partial p}\right)_{T,n_i} = V_B$$

积分，得到：

$$\mu_B(T,p,l) - \mu_B^\ominus(T,p^\ominus,l) = \int V_B dp$$

代入式(3-31) 整理得到，

$$\mu_B(T,p,l) = \mu_B^\ominus(T,p,l) + RT\ln x_B + \int V_B dp \tag{3-32}$$

对于液态来说，压力对体积的影响很小，$\int V_B dp$ 可以忽略不计。得到理想液态混合物的化学势的表达式：

$$\mu_B(T,p,l) = \mu_B^\ominus(T,p,l) + RT\ln x_B \tag{3-33}$$

总结起来，不同状况下，理想液态混合物中任意组分的化学势的三种表达式分别为：

$$\mu_B(T,p,l)=\mu_B^*(T,p,l)+RT\ln x_B$$

$$\mu_B(T,p,l)=\mu_B^\ominus(T,p,l)+RT\ln x_B+\int V_B \mathrm{d}p$$

$$\mu_B(T,p,l)=\mu_B^\ominus(T,p,l)+RT\ln x_B$$

3.6.3 理想液态混合物的通性

理想液态混合物混合过程中：

$$\Delta mixV=0 \tag{3-34}$$

$$\Delta mixH=0 \tag{3-35}$$

$$\Delta mixS=nR\sum n_i \ln x_i \tag{3-36}$$

$$\Delta mixG=-nRT\sum n_i \ln x_i \tag{3-37}$$

能够形成理想液态混合物的先决条件是组分 1 与组分 1、组分 2 与组分 2 以及组分 1 与组分 2 分子之间的作用力相等。只有这样才能保证偏摩尔焓等于摩尔焓，偏摩尔体积等于摩尔体积，即几种物质混合构成理想液态混合物时无热效应，且体积具有加和性。有机光学异构体的混合物、苯＋甲苯、正己烷＋正庚烷等都可组成理想液态混合物，其根本原因就是它们的化学性质及分子内部结构非常相似。

3.7 稀溶液中各组分的化学势

3.7.1 稀溶液的定义

化学热力学中的稀溶液并不仅仅是指浓度很低的溶液。在一定的温度、压力下，溶剂遵守拉乌尔定律，溶质遵守亨利定律的溶液称为稀溶液。

3.7.2 稀溶液溶剂化学势的表达式

溶剂遵守拉乌尔定律，其化学势的表达式与理想液态混合物中各组分化学势表达式是相同的。

$$\mu_A(T,p,l)=\mu_A^*(T,p,l)+RT\ln x_A$$

或

$$\mu_A(T,p,l)=\mu_A^\ominus(T,p,l)+RT\ln x_A$$

$\mu_A^*(T,p,l)$ 物理意义：温度为 T、压力为 p 时，纯溶剂 A 在 $x_A=1$ 的化学势，它不是标准态下的量。

3.7.3 稀溶液溶质化学势的表达式

溶质遵守亨利定律，根据挥发性的溶质达到平衡时，溶液中溶质的化学势等于气相中溶质的化学势。气相看成混合理想气体，其化学势为

$$\mu_B(T,p,l)=\mu_B(T,p,g)=\mu_B^\ominus(T,p^\ominus)+RT\ln\frac{p_B}{p^\ominus}$$

$p_B=k_{x,B}x_B$ 代入公式中得到

$$\mu_B(T,p,l)=\mu_B^\ominus(T,p^\ominus)+RT\ln\frac{k_{x,B}}{p^\ominus}+RT\ln x_B$$

前两项合并，

$$\mu_B(T,p,l)=\mu_B^*(T,p)+RT\ln x_B \tag{3-38}$$

其中 $\mu_B^*(T,p)=\mu_B^\ominus(T,p^\ominus)+RT\ln\dfrac{k_{x,B}}{p^\ominus}$，化学势的状态从以上的表达式中还分辨不出。从 $\mu_B(T,p,l)=\mu_B^*(T,p)+RT\ln x_B$ 中来看，$\mu_B^*(T,p)$ 是 $x_B=1$ 时的化学势，但它不是纯溶质的化学势，因为 $p_B^*\neq k_{x,B}$，又要遵守亨利定律的假想态的化学势，因为只有浓度很低时才遵守亨利定律，$x_B=1$ 时不符合亨利定律，所以该状态叫作实际不存在的假想态。

浓度用其他浓度项来表达时，化学势的表达式也不同。例如浓度用质量摩尔浓度表示时，其化学势为

$$\mu_B(T,p,l)=\mu_B^\ominus(T,p^\ominus)+RT\ln\frac{k_{m,B}}{p^\ominus}+RT\ln\frac{m_B}{m^\ominus}$$

$$=\mu_B^{*\prime}(T,p)+RT\ln\frac{m_B}{m^\ominus} \tag{3-39}$$

浓度用物质的量浓度表示，其化学势为

$$\mu_B(T,p,l)=\mu_B^\ominus(T,p^\ominus)+RT\ln\frac{k_{c,B}}{p^\ominus}+RT\ln\frac{c_B}{c^\ominus}$$

$$=\mu_B^{*\prime\prime}(T,p)+RT\ln\frac{c_B}{c^\ominus} \tag{3-40}$$

$\mu_B^{*\prime}(T,p)$ 是 $m_B=m^\ominus=1\text{mol/kg}$，又要遵守亨利定律的假想态的化学势；$\mu_B^{*\prime\prime}(T,p)$ 是 $c_B=c^\ominus=1\text{mol/cm}^3$，又要遵守亨利定律的假想态的化学势。

3.8　活度、活度因子和实际溶液各组分化学势的表达式

3.8.1　活度和活度因子

既不是理想溶液也不是稀溶液的溶液统称为非理想溶液，即实际溶液。和实际气体用逸度来校正偏差一样，对于实际溶液路易斯提出，保持稀溶液的化学势表达式，把偏差放在浓度项上，引入"活度"的概念。

$$a_{x,A}=\gamma_{x,A}x_A \tag{3-41}$$

$a_{x,A}$ 称为相对活度，是量纲为 1 的量。$\gamma_{x,A}$ 称为活度因子，又叫活度系数，它表示实际溶液与理想溶液的偏差，量纲为 1。

显然，这是浓度用 x_A 表示的活度和活度系数，若浓度用 m_B、c_B 表示，则对应

有 $a_{m,B}$、$a_{c,B}$ 和 $\gamma_{m,B}$、$\gamma_{c,B}$，显然它们彼此不相等。

3.8.2 实际溶液溶剂化学势的表达式

在实际溶液中拉乌尔定律修正为

$$p_A = p_A^* a_{x,A} \tag{3-42}$$

在实际溶液中溶剂的化学势表示为

$$\mu_A(T,p,l) = \mu_A^*(T,p,l) + RT\ln a_{x,A} \tag{3-43}$$

3.8.3 实际溶液溶质化学势的表达式

非理想稀溶液溶质遵守修正的亨利定律

$$p_B = k_{x,B} a_{x,B} \tag{3-44}$$

非理想溶液中溶质 B 的化学势表达式，由于浓度的表达式不同，化学势表达式也略有差异。

（1）浓度用摩尔分数表示的化学势

$$\mu_B(T,p,l) = \mu_B^{\ominus}(T,p^{\ominus}) + RT\ln\frac{k_{x,B}}{p^{\ominus}} + RT\ln a_{x,B}$$

$$= \mu_B^*(T,p) + RT\ln a_{x,B} \tag{3-45}$$

$\mu_B^*(T,p)$ 是在 T、p 时，当 $x_B=1$、$\gamma_{x,B}=1$、$a_{x,B}=1$ 时假想状态的化学势。因为在 x_B 从 $0\sim1$ 的范围内不可能始终服从亨利定律，这个状态实际上不存在，但不影响 $\Delta\mu_B$ 的计算。

（2）浓度用质量摩尔浓度表示的化学势

$$\mu_B = \mu_B^{\ominus}(T) + RT\ln\frac{k_m m^{\ominus}}{p^{\ominus}} + RT\ln a_{m,B}$$

$$\mu_B = \mu_B^{\triangle}(T,p) + RT\ln a_{m,B} \tag{3-46}$$

$\mu_B^{\triangle}(T,p)$ 是在 T、p 时，当 $m_B=m^{\ominus}$、$\gamma_{m,B}=1$、$a_{m,B}=1$ 时仍服从亨利定律假想状态的化学势。

（3）浓度用物质的量浓度表示的化学势

$$\mu_B = \mu_B^{\ominus}(T) + RT\ln\frac{k_c c^{\ominus}}{p^{\ominus}} + RT\ln a_{c,B}$$

$$\mu_B = \mu_B^{\ominus}(T,p) + RT\ln a_{c,B} \tag{3-47}$$

$\mu_B^{\ominus}(T,p)$ 是在 T、p 时，当 $c_B=c^{\ominus}$、$\gamma_{c,B}=1$、$a_{c,B}=1$ 时仍服从亨利定律假想状态的化学势。

不同浓度表示时其值不同，所以 $\gamma_{x,B}\neq\gamma_{m,B}\neq\gamma_{c,B}$，$a_{x,B}\neq a_{m,B}\neq a_{c,B}$。$\mu_B^*(T,p)\neq\mu_B^{\triangle}(T,p)\neq\mu_B^{\ominus}(T,p)$，但是，最终表达的化学势相等。

【例题 3-5】在等温、等压下，溶剂 A 和溶质 B 形成一定浓度的稀溶液，采用不同浓度表示的话，则（　　　）。

A. 溶液中 A 和 B 的活度不变；　　B. 溶液中 A 和 B 的标准化学势不变；

C. 溶液中 A 和 B 的活度因子不变；D. 溶液中 A 和 B 的化学势值不变。

解： 同一个溶液，用不同形式的浓度表示时浓度的值不同，活度也不同，活度系数不同，假想态的化学势不同，但化学势是状态函数，故相同。选 D。

3.9　稀溶液的依数性

当把一种非挥发性物质溶于某一溶剂，组成稀溶液时，该溶液的某些性质只与溶质的质点数（多少）有关，而与溶质本身性质无关，把稀溶液的这种特性称为稀溶液的"依数性"。

3.9.1　蒸气压降低

非挥发性溶质 B 的稀溶液中溶剂 A 遵守拉乌尔定律，其蒸气压会下降。

$$\Delta p = p_A^* - p_A = p_A^* - p_A^* x_A = p_A^* x_B \tag{3-48}$$

溶剂的蒸气压下降是造成凝固点下降、沸点升高和渗透压的根本原因。

【例题 3-6】 一封闭的钟罩内放一杯纯水 A 和一杯糖水 B，静置足够长时间后发现（　　）。

A. A 杯水减少，B 杯水满后不再变化；

B. A 杯水减少至空杯，B 杯水满后溢出；

C. B 杯水减少，A 杯水满后不再变化；

D. B 杯水减少至空杯，A 杯水满后溢出。

解： 一杯纯水 A 和一杯糖水 B 都蒸发，蒸气压逐渐增加。形成稀溶液的糖水 B 与纯水 A 比较，蒸气压降低，所以先饱和，但纯水 A 还没饱和，继续蒸发，蒸气压增加，对 B 来说已经过饱和，液化速度增加，蒸气压降下来，继续蒸发，蒸气压增加，如此循环，最终 A 杯水减少至空杯，B 杯水满后溢出。选 B。

3.9.2　凝固点降低

溶液中析出固态溶剂，固态纯溶剂与溶液呈平衡时的温度称为溶液的凝固点（T_f）。溶液在凝固点时，固态纯溶剂与溶液中溶剂呈平衡态。所以，固态纯溶剂的化学势等于溶液中溶剂的化学势。

$$\mu_{A(s)}^* = \mu_{A(l)} = \mu_{A(l)}^* + RT\ln x_A$$

$$\ln x_A = \frac{\mu_{A(s)}^* - \mu_{A(l)}^*}{RT} = \frac{\Delta G_m}{RT}$$

ΔG_m 是液态纯溶剂变固态纯溶剂时摩尔吉布斯自由能的改变量。

$$\left(\frac{\partial \ln x_A}{\partial T}\right) = \frac{1}{R}\left[\frac{\partial}{\partial T}\left(\frac{\Delta G_m}{T}\right)\right] = \frac{1}{R}\left(-\frac{\Delta H_m}{T^2}\right) = -\frac{\Delta H_m}{RT^2}$$

ΔH_m 是纯溶剂的凝固热，$-\Delta H_m = \Delta_{fus} H_m$（熔化热）

$$\left(\frac{\partial \ln x_A}{\partial T}\right) = \frac{\Delta_{fus} H_m}{RT^2}$$

积分：

$$\int_{x_A=1}^{x_A} d\ln x_A = \int_{T_f^*}^{T_f} \frac{\Delta_{fus} H_m}{RT^2} dT$$

$$\ln x_A = -\frac{\Delta_{fus} H_m}{R}\left(\frac{1}{T_f} - \frac{1}{T_f^*}\right)$$

$$\ln x_A = \frac{\Delta_{fus} H_m}{R}\left(\frac{1}{T_f^*} - \frac{1}{T_f}\right) \tag{3-49}$$

为了得到 ΔT_f，做三个近似。

① 稀溶液 x_A 很大，x_B 很小。

$$\ln x_A = \ln(1 - x_B) = -\left(x_B + \frac{x_B^2}{2} + \frac{x_B^3}{3} + \frac{x_B^4}{4} + \cdots\right) = -x_B$$

② $x_B = \dfrac{n_B}{n_A + n_B} \approx \dfrac{n_B}{n_A}$。

③ T_f^* 和 T_f 差距不大，$T_f^* T_f \approx T_f^{*2}$：

$$\ln x_A = \frac{\Delta_{fus} H_m}{R}\left(\frac{1}{T_f^*} - \frac{1}{T_f}\right)$$

$$-x_B = \frac{\Delta_{fus} H_m}{R}\left(\frac{T_f - T_f^*}{T_f^* T_f}\right)$$

$$-x_B = -\frac{\Delta_{fus} H_m}{R}\left(\frac{\Delta T_f}{T_f^{*2}}\right)$$

其中，$\Delta T_f = T_f^* - T_f$

$$x_B = \frac{\Delta_{fus} H_m \Delta T_f}{RT_f^{*2}}$$

$$\Delta T_f = \frac{RT_f^{*2}}{\Delta_{fus} H_m} x_B \tag{3-50}$$

可见凝固点降低值只与溶质的摩尔分数呈正比，与其本性无关。

$$x_B \approx \frac{n_B}{n_A} = \frac{n_B M_A}{m_A} = m_B M_A$$

式中，m_A 为 A 物质的质量，kg；m_B 为 B 物质的质量摩尔浓度，mol/kg；M_A 是 A 物质的摩尔质量，kg/mol；n_A，n_B 为 A，B 物质的量。

$$\Delta T_f = \frac{RT_f^{*2}}{\Delta_{fus} H_m} x_B = \frac{RT_f^{*2} M_A}{\Delta_{fus} H_m} m_B = k_f m_B \tag{3-51}$$

式中，k_f 为凝固点降低常数，其数值只与溶剂的性质有关，kg·K/mol。表 3.1 列出了几种常用溶剂的 k_f 值。

表 3.1　几种溶剂的 k_f 和 k_b 值

溶剂	水	醋酸	苯	二硫化碳	萘	四氯化碳	苯酚
$k_f/(\text{kg} \cdot \text{K/mol})$	1.86	3.90	5.12	3.80	6.94	30	7.27
$k_b/(\text{kg} \cdot \text{K/mol})$	0.51	3.07	2.53	2.37	5.8	4.95	3.04

可以利用凝固点降低法测定物质的分子量。称取一定量的溶剂和溶质，测定溶剂、溶液的凝固点，查出溶剂的凝固点降低常数 k_f，计算溶质的摩尔质量 M_B。

$$\Delta T_f = k_f b_B$$

$$\Delta T_f = k_f \frac{n_B}{m_A} = k_f \frac{m_B}{M_B m_A}$$

$$M_B = k_f \frac{m_B}{\Delta T_f m_A} \tag{3-52}$$

式中，m_B 为溶质的质量；m_A 为溶剂的质量；M_B 为溶质的摩尔质量，kg/mol。

【例题 3-7】两只各装有 1kg 水的烧杯，一只溶有 0.01mol 蔗糖，另一只溶有 0.01mol NaCl，按同样速度降温冷却，则（　　）。

A. 溶有蔗糖的杯子先结冰；　　　B. 两杯同时结冰；

C. 溶有 NaCl 的杯子先结冰；　　　D. 视外压而定。

解：NaCl 电离，与相同摩尔数的蔗糖比较浓度大，凝固点降低得更多。选 A。

3.9.3　沸点升高

沸点：液体的蒸气压等于外压时的温度。含有非挥发性溶质的稀溶液的蒸气压比纯溶剂低，溶液的沸点比纯溶剂的高。沸点时气、液两相平衡。按照凝固点降低值的计算思路推导得到类似公式。

$$\ln x_A = \frac{\Delta_{vap} H_{m,A}}{R} \left(\frac{1}{T_b} - \frac{1}{T_b^*} \right) \tag{3-53}$$

$$\Delta T_b = k_b m_B \tag{3-54}$$

$$\Delta T_b = T_b - T_b^*$$

$$k_b = \frac{R T_b^{*2} M_A}{\Delta_{vap} H_{m,A}}$$

式中，k_b 为沸点升高常数，kg · K/mol。常用溶剂的 k_b 值列在表 3.1。测定 ΔT_b 值，查出 k_b，就可以计算溶质的摩尔质量。

【例题 3-8】有一稀溶液质量摩尔浓度为 m_B，沸点升高值为 ΔT_b，凝固点降低值为 ΔT_f，则（　　）。

A. $\Delta T_f > \Delta T_b$；　　B. $\Delta T_f < \Delta T_b$；　　C. $\Delta T_f = \Delta T_b$；　　D. 无法确定。

解：通过表 3.1 常用溶剂的 k_f 和 k_b 值的比较，一般溶剂的 k_f 大于 k_b 值。

$$\Delta T_f = k_f m_B$$

$$\Delta T_b = k_b m_B$$

所以 $\Delta T_f > \Delta T_b$。选 A。

3.9.4 产生渗透压

如图 3.1 所示，在半透膜左边放溶剂，右边放溶液。只有溶剂能透过半透膜。由于纯溶剂的化学势大于溶液中溶剂的化学势，所以溶剂有自左向右渗透的倾向。

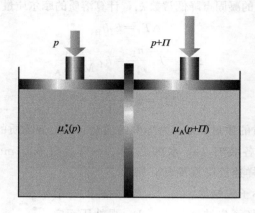

图 3.1 渗透示意

为了阻止溶剂渗透，在右边施加额外压力，使半透膜两边溶剂的化学势相等而达到平衡。这个额外施加的压力就叫渗透压 Π。

左边纯溶剂的化学势：

$$\mu_A^* = \mu_A^\ominus + RT\ln\frac{p_A^*}{p^\ominus}$$

右边溶液中溶剂的化学势：

$$\mu_A = \mu_A^\ominus + RT\ln\frac{p_A}{p^\ominus}$$

因为 $p_A^* > p_A$，所以 $\mu_A^* > \mu_A$。产生渗透压就是因为两边的 A 物质的化学势不相等，不让渗透，右边加压使其化学势增加。

$$\mu_A^* = \mu_A + \int_{p_1}^{p_2}\left(\frac{\partial \mu_A}{\partial p}\right)_T \mathrm{d}p$$

$$\mu_A^* = \mu_A + \int_{p_1}^{p_2} V_A \mathrm{d}p$$

式中，V_A 为 A 的偏摩尔体积。凝聚相（液体或固体）的体积受压力的影响很小，在以上压力范围之内可看成 V_A 不变，是常数。

$$\mu_A^* = \mu_A + V_A(p_2 - p_1)$$
$$V_A \Pi = \mu_A^* - \mu_A$$

$$V_A \Pi = RT \ln \frac{p_A^*}{p_A}$$

因为 $p_A = p_A^* x_A$ 代入上式，得到：

$$V_A \Pi = RT \ln \frac{1}{x_A}$$

$$V_A \Pi = -RT \ln x_A$$

$$V_A \Pi = -RT \ln(1 - x_B)$$

$$V_A \Pi \approx RT x_B \approx RT \frac{n_B}{n_A}$$

$$\Pi = RT \frac{n_B}{V_A n_A}$$

对于稀溶液，偏摩尔体积约等于摩尔体积，$V_A \approx V_{m,A}$。

$$\Pi = RT \frac{n_B}{V(A)}$$

由于是稀溶液，溶剂体积等于溶液的体积。

$$\Pi = RT \frac{n_B}{V}$$

$$\Pi = RT c_B \tag{3-55}$$

这是适用于稀溶液渗透压的 van't Hoff 公式。

渗透压法也常被用于测定溶质的分子量。

$$\Pi = RT \frac{n_B}{V} = RT \frac{m_B}{V M_B}$$

$$M_B = RT \frac{m_B}{\Pi V} \tag{3-56}$$

一般来说用凝固点降低法测定分子量，实验较为简单，但不够灵敏，渗透压法则灵敏准确，但半透膜的选择和制作比较困难。

【例题 3-9】 298K 和标准压力下，苯（组分 1）和甲苯（组分 2）混合组成 $x_1 = 0.8$ 的理想液态混合物，将 1mol 苯从 $x_1 = 0.8$ 的状态用甲苯稀释到 $x_1' = 0.6$ 的状态，求此过程所需最小的功？

解： 加溶剂稀释过程环境做有效功，其最小的功为可逆有效功。

$$\Delta G_{T,p} = W_{R,f}$$

计算最小可逆有效功，即计算稀释过程中的 $\Delta G_{T,p}$。

$$\Delta G_{T,p} = G(终态) - G(始态)$$

根据偏摩尔量的集合公式

$$Z = \sum_{B=1}^{k} n_B Z_B$$

$$G = \sum_{B=1}^{k} n_B G_B$$

G_B 为多组分体系中的偏摩尔吉布斯自由能，也就是化学势。

始态：1mol 苯＋1/4mol 甲苯的溶液（$x_1 = 0.8$），y(mol) 甲苯做稀释剂；

终态：1mol 苯＋2/3mol 甲苯的溶液（$x_1' = 0.6$）。

所以：$y = (2/3 - 1/4)\text{mol} = 5/12\text{mol}$。

$$\Delta G_{T,p} = \sum n_i \mu_i(\text{终态}) - \sum n_j \mu_j(\text{始态})$$

理想液态混合物中任意组分的化学势：

$$\mu_B = \mu_B^{\ominus}(T, l) + RT \ln x_B$$

$$\sum n_i \mu_i(\text{始态}) = 1 \times (\mu_1^{\ominus} + RT \ln x_1) + \frac{1}{4} \times (\mu_2^{\ominus} + RT \ln x_2) + \frac{5}{12} \times \mu_2^{\ominus}$$

$$= \mu_1^{\ominus} + \frac{8}{12} \times \mu_2^{\ominus} + \frac{1}{4} RT \ln 0.2 + RT \ln 0.8$$

$$\sum n_j \mu_j(\text{终态}) = 1 \times (\mu_1^{\ominus} + RT \ln x_1') + \frac{2}{3} \times (\mu_2^{\ominus} + RT \ln x_2')$$

$$= \mu_1^{\ominus} + \frac{2}{3} \times \mu_2^{\ominus} + \frac{2}{3} RT \ln 0.4 + RT \ln 0.6$$

$$\Delta G_{T,p} = \frac{2}{3} RT \ln 0.4 + RT \ln 0.6 - \frac{1}{4} RT \ln 0.2 - RT \ln 0.8$$

$$= -1238.8 \text{J}$$

第 4 章

相平衡

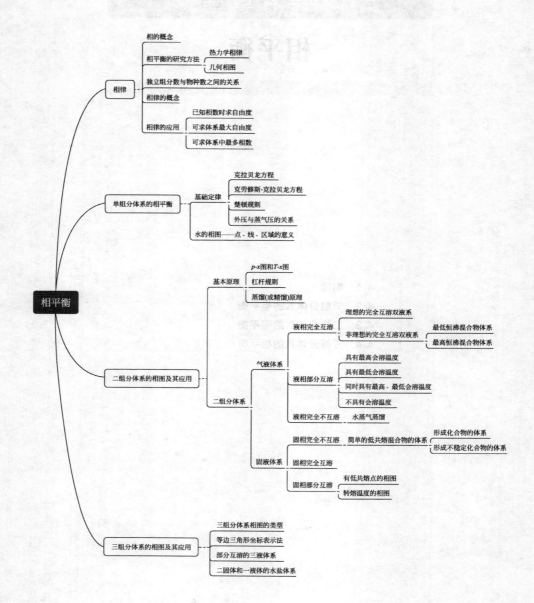

4.1　相律

相平衡与热平衡和化学平衡一样，都属于化学热力学的范畴。热平衡问题是在第 1 章的热化学中讨论的，化学平衡是第 5 章的内容，本章我们讨论相平衡问题，而且将主要讨论多相系统的多相平衡问题。研究多相体系的相平衡在化学、化工的科研和生产中有重要的意义，例如：溶解、蒸馏、重结晶、萃取、提纯及金相分析等方面都要用到相平衡的知识。

4.1.1　相的概念

相：系统内部物理性质和化学性质相同的均匀部分称为相。相与相之间有明显的界面。相在化学成分上可以是纯物质，也可以由多种物质组成。多种物质组成一相时，各物质的分散度必须达到分子大小数量级。系统中相的总数称为相数，用 Φ 表示。系统中只有一个相，称为均相系统，$\Phi = 1$；如果系统中有多个相平衡共存，则称为多相系统。

【例题 4-1】区别单相系统和多相系统的主要根据是（　　）。

A. 化学性质是否相同；　　　　B. 物理性质是否相同；

C. 物质组成是否相同；　　　　D. 物理性质和化学性质是否都相同。

解：系统内部物理性质和化学性质相同的均匀部分称为一个相。选 D。

在相的概念中要注意以下几个问题：

① 相是均匀的但不一定连续。同一相可以分散成许多颗粒或者液滴，分散在其他相中。例如：烧杯中放入水和冰块，水是一相，冰块是一相。此时 $\Phi = 2$。由此可见，不同的相之间一定有明显的界面，但是有界面不一定就是不同的相。

② 均匀但性质不同不是一相。例如，将铁粉和硫黄粉加在一起可以磨得很细，肉眼看起来是均匀的，但用显微镜观察仍有二相，因为无论磨得多么细，铁粉和硫黄粉也不可能以分子大小混合，即分散度达不到分子大小数量级，因此它们仍然是二相。

③ 一般气体只有一相。因为无论有几种气体都可以按任何比例以分子大小相互混合，它们之间没有界面。

④ 液体按互溶程度可以是一相或者二相。二种液体若完全互溶为一相，部分互溶则为二相。例如，苯和水体系为二相（溶有少量苯的水层和溶有少量水的苯层），乙醇和水体系为一相。

⑤ 一般体系内有几种固体就有几种固相，固溶体除外。同一元素的不同形态单质，形成的固体具有不同的晶体结构，属于不同的相。例如，碳元素的石墨、金刚石和 C_{60} 等。合金为一相，因为合金是一种元素的原子溶入另一种元素的晶格中，形成的固溶体。

【例题 4-2】以下各系统中属单相的是（　　）。

A. 极细的斜方硫和单斜硫混合物；　　　　B. 漂白粉；

C. 大小不一的一堆单斜硫碎粒；　　　　D. 墨汁。

解：同一元素的不同晶体结构的单质是不同的相。漂白粉是固体混合物，墨汁是炭微粒分散于水中的悬浮液，匀存在多相。选 C。

4.1.2　相平衡的研究方法

多相平衡的研究方法有两种。

（1）热力学方法

用热力学基本原理阐明相平衡体系的规律，即相律，用相律来解决相平衡的本质问题。

（2）几何方法

用几何图形，即相图来研究相平衡体系的状态和变化规律，此方法的优点是比较直观。表达多相体系的状态如何随温度、压力、组成等强度性质的变化而变化的图形，称为相图。

在一个封闭的多相体系中，相与相之间有热的交换、功的传递和物质的交换。对具有多个相的体系的热力学平衡，实际上包含了如下四个平衡条件。

① 热平衡条件：达到平衡时，各相的温度相等。

② 压力平衡条件：达到平衡时，各相的压力相等。

③ 相平衡条件：任一物质 B 在各相中的化学势相等，相变达到平衡。

④ 化学平衡条件：正反应与逆反应速率相同，达到平衡。

4.1.3　物种数和独立组分数的关系

（1）物种数

系统中能够单独存在的化学物质的数叫物种数，用 S 表示。例如：乙醇水溶液，$S=2$（乙醇，水）；水和水蒸气系统，$S=1$（水）。

（2）独立组分数

在平衡系统所处的条件下，足以确定系统中各相组成所需要的最少的独立物种数称为独立组分数，用"C"表示。

（3）独立组分数 C 与物种数 S 之间的关系

如果无限制条件时 $C=S$，例如：NaCl 和 H_2O 体系，$S=2$，$C=2$。

如果有限制条件时 $C \neq S$，所谓限制条件指以下两种条件：体系中各物质间存在独立的化学反应平衡条件 R；同一相内物质间有浓度限制条件 R'。

① 体系中物质间存在独立的化学反应平衡条件 R。例如，合成氨时体系内有 N_2、H_2、NH_3，物种数 $S=3$，由于存在化学平衡 $N_2+3H_2 \rightleftharpoons 2NH_3$，该反应有平衡常数 $K_p = p_{NH_3}^2/(p_{N_2} \cdot p_{H_2}^3)$，并且已知。在以上三个物质中只要确定任意两个物质的浓度（或分压），另一个物质的分压随之而定，那么确定体系组成的最少的独立

组分数是 $C=2$。因为平衡常数已知，独立组分数比物种数减少一个，即 $C=S-R=3-1=2$。

注意：R 表示独立的化学平衡数。有时体系中可以存在很多化学平衡，但 R 必须是独立存在的化学平衡数。

② 同一相内物质间有浓度限制条件 R'，例如，氨分解反应

$$2NH_3(g) \rightleftharpoons N_2(g)+3H_2(g)$$

$$K_p = p_{N_2} \cdot p_{H_2}^3 / p_{NH_3}^2 \qquad S=3, R=1$$

若一开始只有 $NH_3(g)$ 存在，则平衡时 $p_{N_2} : p_{H_2} = 1:3$。此时只要知道任意一个物质的浓度（或分压）就可以确定体系的组成了。如知道 p_{N_2}，就可知 p_{H_2}，可计算得到 p_{NH_3}。独立组分数 $C=1$：$C=S-R-R'=3-1-1=1$。

注意 1：浓度限制条件必须是在同一相内，不同相之间不存在浓度限制条件。

【例题 4-3】$CaCO_3$ 分解达到平衡，$CaCO_3(s) \rightleftharpoons CaO(s)+CO_2(g)$，如果反应开始时只有 $CaCO_3$（s）存在，计算 C。

解：物种数 $S=3$，独立的化学平衡数 $R=1$，$R'=0$，$C=S-R-R'=3-1-0=2$。

虽然 CaO 和 CO_2 摩尔比为 1:1，但是它们不在同一个相内，没有浓度的相关性，即没有浓度限制条件。CaO 是纯固体，用活度来表示的话，活度等于 1，CO_2 用分压来表示，其分压不可能等于 1。

C 的数值等于体系物种数 S 减去体系中独立的化学平衡数 R，再减去同一相内各物种间的浓度限制条件 R'。

$$C=S-R-R' \qquad\qquad (4-1)$$

注意 2：对于同一系统由于数法不同，物种数 S 可以变，但是独立组分数 C 不变。

【例题 4-4】计算 $NaCl+H_2O$ 体系的物种数和独立组分数？

解：第一种数法：$S=2(NaCl+H_2O)$，$C=2-0-0=2$。

第二种数法：$S=4(NaCl+H_2O+H^++OH^-)$，考虑 H_2O 一部分电离成 H^+ 和 OH^-。

$$R=1, H_2O=H^++OH^-, R'=1, c(H^+)=c(OH^-),$$
$$C=4-1-1=2。$$

第三种数法：$S=6(NaCl+H_2O+H^++OH^-+Na^++Cl^-)$，

$$R=2, NaCl=Na^++Cl^-, H_2O=H^++OH^-,$$

$$R'=2, c(H^+)=c(OH^-), c(Na^+)=c(Cl^-), C=6-2-2=2。$$

物种数怎么数？以列出的物质的数量来数就可以。上例中的 NaCl 和 H_2O，$S=2$。但第二、第三种数法中，每增加两个离子时，就增加了平衡和浓度限制条件。如果光增加了离子而想不到平衡和浓度限制条件，结果肯定是错误的。数法不同物种数可以变，但是独立组分数不变。

（4）自由度

系统内独立可变因素的数目称为自由度，用 f 表示。独立可变因素包括压力、温度和浓度。独立可变因素是指在一定范围内这些可变因素变化时，不会引起相的改变，既不会使原有相消失，也不会增加新的相。

例如，对于纯水系统，在液体单相区要维持液相不变，则温度、压力都可以在一定范围内做适当的改变，$f=2$。如果要维持气、液两相平衡，保持两个相态都不变，则只有一个自由度，$f=1$。因为压力与温度之间存在函数关系，即在某个温度下水有确定的饱和蒸气压。

4.1.4 相律的概念

相律是用来揭示相平衡体系中相数 Φ、独立组分数 C 和自由度 f 之间关系的规律。相律最早是由 Gibbs 在 1876 年推导得出的，所以又称为 Gibbs 相律。

相律的推导：

$$自由度 \; f=体系变量总数-平衡关系数-其他限制条件$$

（1）体系变量总数

设体系的物种数为 S、相数为 Φ，只要知道体系温度、压力以及每种物质在每一相中的浓度，就可以确定体系的状态。用"x"表示浓度，下脚标表示物种序数，上角标表示相的序数，$x_1^{(1)}$ 表示物质 1 在（1）相中的浓度。

$$x_1^{(1)} \; x_1^{(2)} \; x_1^{(3)} \cdots x_1^{(\Phi)}$$
$$x_2^{(1)} \; x_2^{(2)} \; x_2^{(3)} \cdots x_2^{(\Phi)}$$
$$\cdots$$
$$x_s^{(1)} \; x_s^{(2)} \; x_s^{(3)} \cdots x_s^{(\Phi)} \quad 共计 \; S\Phi \; 个变量$$
$$T^{(1)} \; T^{(2)} \; T^{(3)} \cdots T^{(\Phi)}$$
$$p^{(1)} \; p^{(2)} \; p^{(3)} \cdots p^{(\Phi)}$$

因为各相的温度、压力相等，共有 2 个变量。

$$体系变量总数 = S\Phi + 2$$

（2）平衡关系数

相平衡条件：

$$\mu_1^{(1)} = \mu_1^{(2)} = \mu_1^{(3)} = \cdots = \mu_1^{(\Phi)}$$
$$\mu_2^{(1)} = \mu_2^{(2)} = \mu_2^{(3)} = \cdots = \mu_2^{(\Phi)}$$
$$\cdots$$
$$\mu_S^{(1)} = \mu_S^{(2)} = \mu_S^{(3)} = \cdots = \mu_S^{(\Phi)}$$

任意物质在各相中化学势相等，才能达相平衡。

上面第一横行包含 $\mu_1^{(1)} = \mu_1^{(2)}$，$\mu_1^{(1)} = \mu_1^{(3)}$，$\cdots$，$\mu_1^{(1)} = \mu_1^{(\Phi)}$（$\Phi-1$）个条件，共有 S 行。相平衡条件 $=(\Phi-1)S$。

浓度关系式：

$$x_1^{(1)}+x_2^{(1)}+x_3^{(1)}+\cdots+x_S^{(1)}=1$$
$$x_1^{(2)}+x_2^{(2)}+x_3^{(2)}+\cdots+x_S^{(2)}=1$$
$$\cdots$$
$$x_1^{(\Phi)}+x_2^{(\Phi)}+x_3^{(\Phi)}+\cdots+x_S^{(\Phi)}=1$$

每一行是一个关系式，关系式数共 Φ 个。

$$平衡关系数 = (\Phi-1)S+\Phi$$

（3）其他限制条件

独立的化学平衡数 R，同一相中浓度限制条件 R'。

$$自由度 f = 体系变量总数 - 平衡关系数 - 其他限制条件$$
$$f = (S\Phi+2)-[(\Phi-1)S+\Phi]-R-R'$$
$$=S\Phi+2-S\Phi+S-\Phi-R-R'$$
$$=S-R-R'-\Phi+2$$
$$=C-\Phi+2$$

相律：

$$f+\Phi=C+2 \tag{4-2}$$

关于相律的两点说明：

① 相律中的 2 是指温度和压力两个影响相平衡的外界因素，如果温度或压力固定，那么相律表示为 $f^*=C-\Phi+1$，f^* 叫条件自由度，如果压力和温度都固定，$f^{**}=C-\Phi$，f^{**} 也叫条件自由度。有些体系，外界因素除温度、压力外，还涉及其他影响因素，如磁场、电场、重力场等，则 $f=C-\Phi+n$，n 是影响体系的外界因素的个数。

② 推导过程中没有给体系限定任何条件，所以相律有普遍适用性。

【例题 4-5】$NH_4HS(s)$ 和任意量的 $NH_3(g)$ 及 $H_2S(g)$ 达平衡时，有（　　）。

A. $C=2$，$\Phi=2$，$f=2$；　　　　B. $C=1$，$\Phi=2$，$f=1$；

C. $C=2$，$\Phi=3$，$f=2$；　　　　D. $C=3$，$\Phi=2$，$f=3$。

解：$S=3$，$R=1$，任意量的 $NH_3(g)$ 及 $H_2S(g)$，没有浓度限制，$C=2$，$\Phi=2$。选 A。

【例题 4-6】H_2 与 O_2 在 1000K 下，以 1∶1/2 的体积比通入反应器中进行反应，$H_2(g)+\dfrac{1}{2}O_2(g)\Longrightarrow H_2O(g)$，当达到化学平衡时，系统的自由度等于（　　）。

A. 0；　　　　B. 1；　　　　C. 2；　　　　D. 3。

解：$S=3$，$R=1$，1∶1/2 的体积比反应，$R'=1$，$C=S-R-R'=1$，$\Phi=1$，温度确定，$f^*=C-\Phi+1=1-1+1=1$。选 B。

4.1.5　相律的应用

① Φ 已知，求 f。

② 可求体系最大自由度 f_{max}。自由度最大，相数目最小 $\Phi=1$。

③ 可求体系中最多共存的相数 Φ_{max}。相数目最大，自由度最小 $f=0$。

4.2 单组分体系的相平衡

4.2.1 克拉贝龙方程

某物质的 α 相和 β 相在温度 T 和压力 p 下达到平衡（$\Delta G=0$），温度发生 dT 的变化，压力发生 dp 的变化，相平衡被破坏，重新进入平衡态。压力 dp 随温度 dT 的变化率如何？

$$
\begin{array}{ccc}
T,p\cdots\cdots\alpha\text{ 相} & \xrightarrow{\Delta G_1} & \beta\text{ 相} \\
\downarrow dG(\alpha) & & \downarrow dG(\beta) \\
T+dT,p+dp\cdots\cdots\alpha\text{ 相} & \xrightarrow{\Delta G_2} & \beta\text{ 相}
\end{array}
$$

在以上的设计中出现了温度 T 和压力 p 的 α 相（始态）到温度 $T+dT$ 和压力 $p+dp$ 的 β 相（终态）的两种途径，两种途径的 ΔG 相等。

$$\Delta G_1+dG(\beta)=\Delta G_2+dG(\alpha)$$
$$\Delta G_1=0,\Delta G_2=0$$
$$dG(\beta)=dG(\alpha)$$

$dG(\alpha)$ 和 $dG(\beta)$ 分别是 T、p 状态的 α 相和 β 相变成 $T+dT$、$p+dp$ 的 α 相和 β 相简单状态变化的吉布斯自由能的改变量，该过程中无化学和相变化。可以利用热力学基本公式：

$$dG=-SdT+Vdp$$
$$-S(\alpha)dT+V(\alpha)dp=-S(\beta)dT+V(\beta)dp$$
$$[S(\beta)-S(\alpha)]dT=[V(\beta)-V(\alpha)]dp$$
$$\frac{dp}{dT}=\frac{[S(\beta)-S(\alpha)]}{[V(\beta)-V(\alpha)]}$$
$$\frac{dp}{dT}=\frac{\Delta S}{\Delta V}=\frac{\Delta H}{T\Delta V} \tag{4-3}$$

式中，ΔS 是 α 相变成 β 相的熵的改变量：

$$\Delta S=\frac{\Delta H}{T}$$

在一定温度和压力下，任何纯物质达到两相平衡时，压力随温度的变化率 $\dfrac{dp}{dT}$（是单组分体系相图上两相平衡线的斜率）可用上式表示，ΔH 为相变时的熵的变化值（相变热），ΔV 为相应的体积变化值，该方程叫克拉贝龙方程。

克拉贝龙方程，适用于任何纯物质的任何两相平衡。由克拉贝龙方程可以计算纯物质在两相平衡时压力随温度的变化率或温度随压力的变化率。

4.2.2 克劳修斯-克拉贝龙方程

对于气-液两相平衡，$\dfrac{dp}{dT}$ 指的是液体饱和蒸气压随温度的变化率，ΔH 就是液体蒸发成气体的蒸发热 $\Delta_{\text{vap}}H$。

$$\frac{\mathrm{d}p}{\mathrm{d}T} = \frac{\Delta_{\text{vap}}H}{T\Delta_{\text{vap}}V}$$

对于液-固两相平衡，$\dfrac{\mathrm{d}p}{\mathrm{d}T}$ 指的是固体饱和蒸气压随温度的变化率，ΔH 就是固体的融化热 $\Delta_{\text{fus}}H$。

$$\frac{\mathrm{d}p}{\mathrm{d}T} = \frac{\Delta_{\text{fus}}H}{T\Delta_{\text{fus}}V}$$

对于气-液（或固）两相平衡，并假设气体为 1mol 理想气体，将液体（或固体）体积与气体的体积比较忽略不计，把气相假设成理想气体，则：

$$\frac{\mathrm{d}p}{\mathrm{d}T} = \frac{\Delta_{\text{vap}}H_{\text{m}}}{TV_{\text{m}}(\text{g})}$$

$$\frac{\mathrm{d}p}{\mathrm{d}T} = \frac{\Delta_{\text{vap}}H_{\text{m}}}{T\left(\dfrac{RT}{p}\right)}$$

$$\frac{\mathrm{d}p}{p\,\mathrm{d}T} = \frac{\Delta_{\text{vap}}H_{\text{m}}}{RT^2}$$

$$\frac{\mathrm{d}\ln p}{\mathrm{d}T} = \frac{\Delta_{\text{vap}}H_{\text{m}}}{RT^2} \tag{4-4}$$

以上是克劳修斯-克拉贝龙方程的微分式。

假设 ΔH 的值与温度无关，积分得：

$$\int \mathrm{d}\ln p = \int \frac{\Delta_{\text{vap}}H_{\text{m}}}{RT^2}\mathrm{d}T$$

$$\ln \frac{p_2}{p_1} = \frac{\Delta_{\text{vap}}H_{\text{m}}}{R}\left(\frac{1}{T_1} - \frac{1}{T_2}\right) \tag{4-5}$$

以上是克劳修斯-克拉贝龙方程的积分式。

该公式可用来计算不同温度下的蒸气压，不同压力下的沸点或摩尔蒸发热。

【例题 4-7】呼和浩特市地区大气压一般在 670mmHg 左右（8.93×10^4Pa），求此地水的沸点。已知水的汽化热为 2259J/g。

解：

$$\ln \frac{p_2}{p_1} = \frac{\Delta_{\text{vap}}H_{\text{m}}}{R}\left(\frac{1}{T_1} - \frac{1}{T_2}\right)$$

$$\ln \frac{89.3}{100} = \frac{2259 \times 18}{8.314}\left(\frac{1}{373} - \frac{1}{T_2}\right)$$

$$T_2 = 369.7\text{K}$$

【例题 4-8】单组分系统相图可以根据克拉贝龙-克劳修斯方程和克拉贝龙方程来绘制，其中克拉贝龙-克劳修斯方程适合下列过程的是（　　）。

A. $I_2(\text{s}) \longleftrightarrow I_2(\text{g})$;　　　　　　B. C(石墨)$\longleftrightarrow$C(金刚石);

C. $Hg_2Cl_2(s) \Longleftrightarrow 2HgCl(g)$；　D. $N_2(g, T_1, p_1) \Longleftrightarrow N_2(g, T_2, p_2)$。

解：克拉贝龙方程、克拉贝龙-克劳修斯方程应用于纯物质的两相平衡，其中克拉贝龙-克劳修斯方程应用于气-液（或固）两相平衡。选 A。

4.2.3　外压与蒸气压的关系

某一温度下，液体与其蒸气达平衡时，液体上方只有其蒸气，液体的外压就是其饱和蒸气压。如果没有抽去空气，此时液体上方为蒸气和空气。蒸气压将会受外压的影响，外压改变，蒸气压也改变。

气液两相平衡时，液体受到的压力是 p_e，其蒸气的压力为 p_g，当液体受到的压力变成 $p_e + dp_e$ 时，液体上方蒸气的压力为 $p_g + dp_g$。

$$
\begin{array}{ccc}
T, p_e \text{——液体} & \xrightarrow{\Delta G_1} & \text{气体——} T, p_g \\
\downarrow dG_1 & & \downarrow dG_g \\
T, p_e + dp_e \text{——液体} & \xrightarrow{\Delta G_2} & \text{气体——} T, p_g + dp_g
\end{array}
$$

$$\Delta G_1 + dG_g = \Delta G_2 + dG_1$$

$$\Delta G_1 = 0 \text{（平衡态）}, \Delta G_2 = 0 \text{（平衡态）}$$

$$dG_g = dG_1$$

利用热力学基本公式：
$$dG = -SdT + Vdp$$

等温过程，热力学基本公式变成：
$$dG = Vdp$$

$$V(g)dp_g = V(l)dp_e$$

$$\frac{dp_g}{dp_e} = \frac{V(l)}{V(g)}$$

把气相假设成理想气体：

$$\frac{dp_g}{dp_e} = \frac{V(l)}{nRT/p_g}$$

$$\frac{dp_g}{p_g dp_e} = \frac{V_m(l)}{RT}$$

$$\frac{d\ln p_g}{dp_e} = \frac{V_m(l)}{RT}$$

$$d\ln p_g = \frac{V_m(l)}{RT}dp_e \tag{4-6}$$

从以上微分式可以看出，液体的蒸气压 p_g 将随外压 p_e 的改变而改变。通常是外压 p_e 升高，液体的蒸气压 p_g 也升高。假设液体的体积 $V_m(l)$ 受压力的影响很小，随压力不变。对以上微分式进行积分，得到：

$$\ln \frac{p_g}{p_g^*} = \frac{V_m(l)}{RT}(p_e - p_g^*) \tag{4-7}$$

式中，p_g 为有惰气存在、外压为 p_e 时的蒸气压；p_g^* 为无惰气存在时液体饱和蒸气压。当 $p_e > p_g^*$ 时，则 $p_g > p_g^*$。

4.2.4　单组分体系的相图

根据相律 $f+\Phi=C+2$ 研究单组分体系相平衡，$C=1$，最小的相数 $\Phi=1$，$f_{max}=2$，最大自由度 2，即温度和压力，用平面图来表示单组分体系的相平衡。

$\Phi_{min}=1$ 时，$f_{max}=2$，即温度和压力在一定范围之内可以任意发生变化，互相之间没有任何的限制。单组分单相时，是平面区域。

$\Phi=2$ 时，$f=1$，温度或压力只有一个独立可变，任何一个确定，另外一个随着它确定。单组分两相共存时，用线来表示。

$\Phi_{max}=3$ 时，$f_{min}=0$，单组分体系相图中最多有三相共存，并且这时自由度等于零，即温度和压力都确定，用点来表示。

图 4.1 是水的相图，3 条线交叉在一个点把平面区分成 3 个区域。

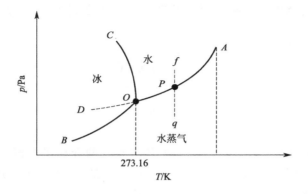

图 4.1　水的相图

区域中自由度为 2，用画等温线（或等压线）的方法来确定自由度。任意选择一个区域，画等温线，即温度确定，对应的压力无数，说明温度确定压力未随温度确定，温度不能限制压力，压力独立可变；反之，画等压线，压力确定，温度未确定，温度独立可变。区域中独立可变的因素为温度和压力，$f=2$，$\Phi=C+2-f=1+2-2=1$，是单相区。

三个区域可通过温度和压力的大小来区分相区。AOB 区域，低压、高温，是气相；AOC 区域，高压、高温，是液相；COB 区域，低温，是固态。

水的相图中，两个区域的分界线，跟两相都有关系，叫两相平衡线，有三个两相平衡线。在两相平衡线上 $\Phi=2$、$f=1$，即压力、温度只有一个独立可变。压力确定了，温度随之而定；反之，温度确定了，压力随之而定。温度与压力的关系由克拉贝龙方程或克劳修斯-克拉贝龙方程来描述。

OA 线：是气-液两相的分界线，叫作气-液两相平衡线，即水的蒸气压曲线。它不能任意延长，终止于临界点 A。水的临界点，$T=647K$，$p=2.2\times10^{7}\,Pa$。在临界点液体的密度与蒸气的密度相等，气-液界面消失。

OA 线用克劳修斯-克拉贝龙方程解释：

$$\frac{\mathrm{d}\ln p}{\mathrm{d}T} = \frac{\Delta_{vap}H_m}{RT^2}$$

$$\Delta_{vap}H_m > 0$$

OA 线的斜率为正，随着温度的增加饱和蒸气压增加。

OB 线：是气-固两相的分界线，叫作气-固两相平衡线，即冰的升华曲线，理论上可延长至 0K 附近。OB 线用克劳修斯-克拉贝龙方程解释：

$$\frac{\mathrm{d}\ln p}{\mathrm{d}T} = \frac{\Delta_{sub}H_m}{RT^2}$$

$$\Delta_{sub}H_m > 0$$

OB 线的斜率为正。

OC 线：是液-固两相平衡线，当 C 点延长至压力大于 $2 \times 10^8 \mathrm{Pa}$，温度为 253K 时，有其他晶型的冰生成，相图变得复杂，在此不予讨论。OC 线用克拉贝龙方程解释：

$$\frac{\mathrm{d}p}{\mathrm{d}T} = \frac{\Delta_{fus}H}{T\Delta_{fus}V}$$

$$\Delta_{fus}H > 0$$

$$\Delta_{fus}V < 0$$

OC 线的斜率为负。

OD 线是 AO 的延长线，是过冷水和其水蒸气的介稳平衡线。因为在相同温度下，过冷水的蒸气压大于冰的蒸气压，所以 OD 线在 OB 线之上。过冷水处于不稳定状态，一旦有凝聚中心出现，就立即全部变成冰。

O 点：是三条两相平衡线相交的点，气-液-固三相共存，是三相点。$\Phi=3$，$f=0$，三相点的温度和压力皆由体系确定。H_2O 的三相点温度为 273.16K，压力为 610.62Pa。

【例题 4-9】 用相律和克拉贝龙方程分析常压下水的相图所得出的下述结论中不正确的是（　　　）。

A. 在每条曲线上，自由度 $f=1$；

B. 在每个单相区，自由度 $f=2$；

C. 在水的凝固点曲线上，ΔH_m（相变）和 ΔV_m 的正负号相反；

D. 在水的沸点曲线上任一点，压力随温度的变化率都小于零。

解：在水的沸点曲线上，随着温度的增加饱和蒸气压增加，不是压力随温度的变化率大于零。选 D。

单组分体系相图的总结：区域，单相，线，两相平衡，交叉点是三相平衡。

4.3　二组分体系的相平衡

对于二组分体系 $C=2$，$f=4-\Phi$。$\Phi_{min}=1$ 则 $f_{max}=3$。最大的自由度为 3，是

温度、压力和浓度。用立体图来表示温度、压力和浓度之间的关系，比较复杂。如固定某一个变量，$f^* = 3 - \Phi$，最大的 $f^* = 2$，就可以用平面图来描述体系相平衡状态。

① 保持温度不变，得 $p\text{-}x$ 图，较常用；② 保持压力不变，得 $T\text{-}x$ 图，常用；③ 保持组成不变，得 $T\text{-}p$ 图，不常用。

4.3.1　理想的完全互溶双液系

气液二组分体系指的是有两个液体组分，相区有液相区、气相区和气液两相区的相图。根据两个液体的互溶程度分成完全互溶的、部分互溶和不互溶的三部分。完全互溶的双液系又分成理想的和非理想的两种。

两个纯液体可按任意比例互溶，每个组分都服从拉乌尔定律，组成了理想的完全互溶双液系，或称为理想液态混合物。如苯和甲苯，正己烷与正庚烷等结构相似的化合物的混合物可看成这种双液系统。

（1）$p\text{-}x$ 图的制作

设 p_A^* 和 p_B^* 分别为液体 A 和 B 在指定温度时的饱和蒸气压，p 为体系的总蒸气压。

$$p_A = p_A^* x_A, \quad p_B = p_B^* x_B$$
$$p = p_A + p_B = p_B^* + (p_A^* - p_B^*) x_A$$

这是理想液态混合物液相组成与总压之间的关系，具有线性关系，叫液相线。作图得到图 4.2。

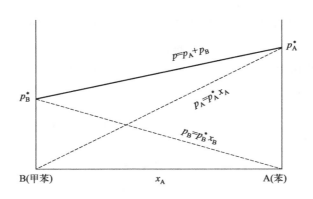

图 4.2　苯和甲苯的 $p\text{-}x$ 图

这是 $p\text{-}x$ 图的一部分，表示了液相组成 x 与总压之间的关系，还要把气相组成 y 与总压之间的关系画在同一张图上。

A 和 B 的气相组成 y_A 和 y_B 的求法如下：$y_A = \dfrac{p_A}{p}$，$y_B = 1 - y_A$。显然气相组成和总压之间没有线性关系，是曲线，如图 4.3 所示。

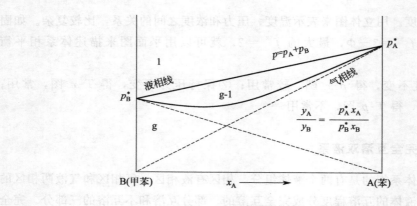

图 4.3 苯和甲苯的 $p\text{-}x\text{-}y$ 图

等温条件下，$p\text{-}x$ 图分为三个区域。在液相线之上，体系压力高于任一混合物的饱和蒸气压，气相无法存在，是液相区；在气相线之下，体系压力低于任一混合物的饱和蒸气压，液相无法存在，是气相区；在液相线和气相线之间的梭形区内，是气-液两相平衡。

看相图的方法如下。以图 4.3 为例，该图由三个区域和两条线组成。每一个区域画等压线。上下两个区域，等压线与两边的物质（纵坐标）交叉，说明这个区域是两个物质的混合物，又能看出自由度等于 2，所以可以确定是二组分的单相区。最上面的区域高压区，气相无法存在，是液相；最下面的区域低压区，是气相区。中间区域画等压线与气相区和液相区的边界线（即液相线和气相线）交叉，在这个区域气相、液相都存在，是两相区。

（2）气相组成与液相组成的关系

由于纯液体 A 的蒸气压 p_A^* 与纯液体 B 的蒸气压 p_B^* 不同，会导致液相组成与气相组成不相等，即因为 $p_A^* \neq p_B^*$ 可推出 $x_B \neq y_B$。

根据道尔顿分压定律 $p_A = p y_A$，$p_B = p y_B$。p 为总压。

根据拉乌尔定律 $p_A = p_A^* x_A$，$p_B = p_B^* x_B$。

所以：
$$p y_A = p_A^* x_A \qquad\qquad p y_B = p_B^* x_B$$

以上两式相除得：

$$\frac{y_A}{y_B} = \frac{p_A^* x_A}{p_B^* x_B}$$

如果
$$p_B^* > p_A^*$$

$$\frac{y_A}{y_B} < \frac{x_A}{x_B}$$

$$\frac{1 - y_B}{y_B} < \frac{1 - x_B}{x_B}$$

$$\frac{1}{y_B} - 1 < \frac{1}{x_B} - 1$$

$$\frac{1}{y_B} < \frac{1}{x_B}$$

$$y_B > x_B$$

在假设 $p_B^* > p_A^*$ 的条件下得到 $y_B > x_B$。蒸气压较高的组分在气相中的浓度大于在液相中的浓度，这叫柯诺瓦洛夫-吉布斯定律，也叫气液相组成差定律，这是通过蒸馏分离两种物质的基础。

【例题 4-10】 两液体的饱和蒸气压分别为 p_A^*，p_B^*，它们混合形成理想溶液，液相组成为 x，气相组成为 y，若 $p_A^* > p_B^*$，则（　　）。

A. $y_A > x_A$；　　　B. $y_A > y_B$；　　　C. $x_B > y_B$；　　　D. $y_B > y_A$。

解： 饱和蒸气压大的组分更容易蒸发，其蒸气中的浓度大于液相中的浓度。该规律叫气液相组成差定律。参照气液相组成差定律。选 A。

【例题 4-11】 在 50℃ 时，液体 A 的饱和蒸气压是液体 B 的饱和蒸气压的 3 倍，A 和 B 形成理想液体混合物。达气-液平衡时，液相中 A 的摩尔分数为 0.5，则气相中 B 的摩尔分数为（　　）。

A. 0.15；　　　B. 0.25；　　　C. 0.5；　　　D. 0.65。

解： 根据气液相组成差定律，气相中饱和蒸气压大的组成大于其液相中的组成。

$p_A = 0.5 p_A^*$，$p_B = 0.5 p_B^*$，$p = 0.5(p_A^* + p_B^*) = 0.5 \times 4 p_B^*$，$y_B = \dfrac{p_B}{p} = \dfrac{0.5 p_B^*}{0.5 \times 4 p_B^*} = 0.25$。选 B。

（3）$T\text{-}x$ 图的制作

外压为大气压力，当溶液的蒸气压等于外压时，溶液沸腾，这时的温度称为沸点。某组分的蒸气压越高，越易达到外压，其沸点越低，反之亦然。定压下，测定不同浓度的溶液（不同 x_A）的沸点及气相和液相的组成可以得到沸点-组成（$T\text{-}x$）图（图 4.4）。$T\text{-}x$ 图在讨论蒸馏时十分有用，因为蒸馏通常在等压条件下进行。

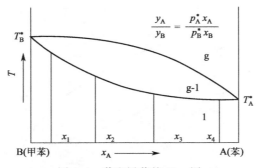

图 4.4　苯和甲苯的 $T\text{-}x$ 图

蒸气压大，沸点低；蒸气压小，沸点高。$T\text{-}x$ 图的趋势与 $p\text{-}x$ 图正好相反。

在 $T\text{-}x$ 图上，气相线在上，液相线在下。高温时以气相存在，所以上面是气相区；温度低时以液相存在，下面是液相区；中间的梭形区是气-液两相区。在相图（$T\text{-}x$ 图）

上判断是单相还是两相的时候最简单的方法是画等温线，例如在中间的梭形区画等温线，与两边的区域都有联系，梭形区中这两相都有，是两相区。在梭形区上边画等温线直接与纵坐标的两个物质交叉，是两个组分以气体混合的单相区；在梭形区下边画等温线直接与纵坐标的两个物质交叉，是两个组分以液体完全互溶的单相区。

【例题 4-12】 对 A、B 二组分理想液态混合物系统中，下列说法不正确的是（　　）。

A. 在全部组成范围之内均服从拉乌尔定律；

B. 该系统的沸点-组成（T-x）图中，液相线为一直线；

C. 任一组分的化学势表达式为 $\mu_B = \mu_B^{\ominus} + RT\ln x_B$；

D. 对任一组分均有 $V_B = V_m$，$G_B < G_m$。

解： 二组分理想液态混合物系统 T-x 图中液相线不是一条直线，在 p-x 图中的液相线是一条直线，因为 $p = p_A + p_B = p_B^* + (p_A^* - p_B^*)x_A$。选 B。

（4）杠杆规则

相点：一定温度、压力下代表某一相组成的点称为相点。

物系点（体系点）：一定温度、压力下代表体系总组成的点称为物系点。在单相区，物系点与相点重合；在两相区，物系点和相点不重合，物系点只表示体系总组成，其两相的组成由等温连结线顶端的两个相点来表示。

如图 4.5 中的 C 点是两相区中的点，是物系点，表示体系总的情况。通过 C 点做平行于横坐标的等温线，与液相和气相线分别交于 D 点和 E 点，DE 线称为等温连结线。D 和 E 是 C 点的两个相点。D 点表示 C 点中存在的液相的组成，E 点表示 C 点中存在的气相的组成。D 点和 E 点不仅表示 C 点的相点，还可以表示落在 DE 线上所有物系点所对应的液相和气相组成。但物系点在 DE 线上的位置不同，其液相和气相的量不同，可借助力学中的杠杆规则来求算。以物系点为支点，支点两边连结线的长度为力矩，计算液相和气相的物质的量或质量。

设一定量的 A 和 B 混合，得到 A 的摩尔分数为 x_A 的混合物，如图 4.5 中的 C

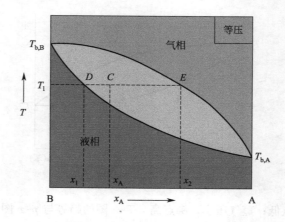

图 4.5　二组分体系的 T-x 图

点。平衡后混合物分成气、液两相。气、液相的组成用等温连接线 DE 来表示，D 点表示液相组成，E 点表示气相组成。气、液两相中 A 的组成分别为 x_2 和 x_1。液相的物质的量为 n_1，气相的物质的量为 n_g。

气相和液相中 A 的物质的量的加和等于总混合物中 A 的物质的量。

$$n_总 x_A = n_g x_2 + n_1 x_1$$

$$(n_g + n_1) x_A = n_g x_2 + n_1 x_1$$

打开括号，整理得到：

$$n_1(x_A - x_1) = n_g(x_2 - x_A)$$

$$n_1 CD = n_g CE \tag{4-8}$$

以物系点为支点，支点两边连结线的长度为力矩，每一相的物质的量与其力矩的乘积相等。

如果相图横坐标的浓度用质量分数（质量百分比）来表示的话，杠杆规则的表达式为：

$$m_1 CD = m_g CE \tag{4-9}$$

杠杆规则适用于所有的两相区，包括气-液，固-液，固-气，固-固两相区，可以用来求两相平衡时各相的相对量（总量未知）或绝对量（总量已知）。温度决定两相的组成，物系点的位置则决定两相的相对量。

【例题 4-13】关于杠杆规则的适用对象，下面的说法中不正确的是（　　　）。

A. 不适用于单组分系统；　　　　　B. 适用于二组分系统的任何相区；

C. 适用于二组分系统的两个平衡相；D. 适用于三组分系统的两个平衡相。

解：杠杆规则适用于两相平衡区。单组分系统中两相共存时是一条线，不能使用杠杆规则，选 B。

【例题 4-14】40g 庚烷和 60g 苯胺组成的体系，在 298K 时分为两层，第一层含苯胺 17.2%，第二层含苯胺 74.4%，求二层的重量各是多少？

解：物系点是苯胺的浓度为 60%（40g 庚烷和 60g 苯胺组成的体系）的点；相点表示某一相的组成，其中一相的浓度为 17.2%，另一相的浓度为 74.4%。假设浓度为 17.2% 一相的质量为 W_1，另一相的质量为 W_2。

$$W_1 + W_2 = 100g$$

$$W_1(60\% - 17.2\%) = W_2(74.4\% - 60\%)$$

$$W_1 = 25.2g$$

$$W_2 = 74.8g$$

以上体系的总量是已知的，能求出每一相的绝对量。

4.3.2　非理想的完全互溶双液系

（1）对拉乌尔定律发生偏差

非理想的双液系，对拉乌尔定律产生偏差，分为正偏差和负偏差。正偏差是真实的蒸气压大于按拉乌尔定律算出来的理论值。负偏差是真实的蒸气压小于理论计算值。

【例题 4-15】 在 298K 时，纯丙酮的饱和蒸气压为 43kPa，在氯仿摩尔分数为 0.30 的丙酮-氯仿二元溶液上丙酮的蒸气压为 26.77kPa，则此溶液（　　）。

A. 理想液态混合物；　　　　　　B. 对丙酮为正偏差；

C. 对丙酮为负偏差；　　　　　　D. 以上都不对。

解：假设丙酮-氯仿二元溶液形成理想液态混合物，按照拉乌尔定律计算混合物上方丙酮的蒸气为 43kPa×(1−0.30)＝30.1kPa，实际丙酮的蒸气为 26.77kPa，比理论值小，是产生负偏差，不是理想液态混合物。选 C。

(2) 正偏差在 $p\text{-}x$ 图上有最高点

在 $p\text{-}x$ 图上有最高点者，在 $T\text{-}x$ 图上就有最低点（图 4.6），这一最低点称为最低恒沸点。最低恒沸点的物质是混合物，叫最低恒沸点混合物。因为最低恒沸点是气相线和液相线交叉在一个点上，气相和液相的组成相等。沸腾过程中蒸发的气相的浓度和液相的浓度相等，所以液相的浓度在沸腾过程中不变，其沸点也像纯物质一样不变，所以叫恒沸点。但恒沸点的温度和组成随着压力而发生变化。

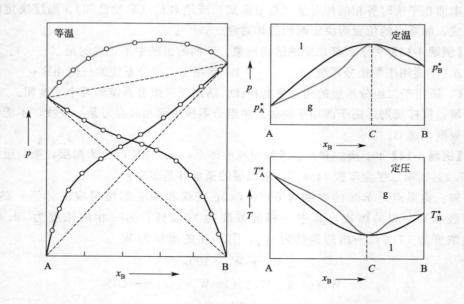

图 4.6　二组分体系的相图(1)

(3) 负偏差在 $p\text{-}x$ 图上有最低点

负偏差在 $p\text{-}x$ 图上有最低点，在 $T\text{-}x$ 图上就有最高点（图 4.7），最高点称为最高恒沸点。具有最高恒沸点的混合物称为最高恒沸混合物。它是混合物而不是化合物，它的组成在定压下有定值。改变压力，最高恒沸点的温度会改变，其组成也随之

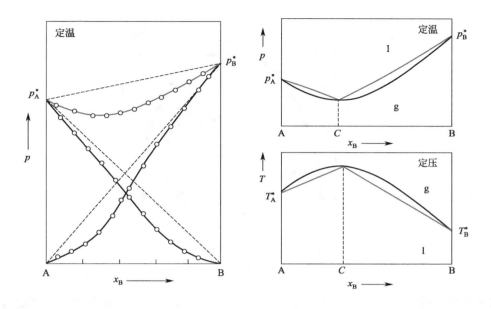

图 4.7　二组分体系的相图（2）

改变。

【例题 4-16】二元恒沸混合物的组成（　　　）。

A. 固定；　　　B. 随温度而变；　　　C. 随压力而变；　　　D. 无法判断。

解：二元恒沸混合物是 $T\text{-}x$ 图中一个特殊点，其组成会随压力而变。选 C。

4.3.3　部分互溶的双液系

（1）具有最高会溶温度

因为一部分互溶，在相图中出现类似帽子的帽形区。一部分互溶相图要重点研究互溶程度，所以 $T\text{-}x$ 图是温度和溶解度的相平衡，又叫溶解度图。如 H_2O-$C_6H_5NH_2$ 体系在常温下只能部分互溶，分为两层。测定不同温度时苯胺在水中的溶解度得到一条曲线，测定不同温度时水在苯胺中的溶解度得到另一条曲线，两条溶解度曲线在某 B 点相交，B 点温度称为最高会溶温度。下层是水中饱和了苯胺，溶解度情况如图 4.8 中左半支所示；上层是苯胺中饱和了水，溶解度如图 4.8 中右半支所示。升高温度，彼此的溶解度都增加。到达 B 点，界面消失，成为单一液相。温度高于 T_B，水和苯胺可完全互溶。帽形区外，溶液为单一液相。帽形区内，溶液分为两相，即两种溶液分层。在某一温度下，两个平衡共存的溶液叫共轭溶液，也叫共轭层。

在 373K 时，两层（共轭层）的组成分别为 A′ 和 A″，A′ 和 A″ 称为共轭配对点。A_n 是共轭层组成的平均值。共轭溶液组成的平均值连起来的线近似直线，此线与溶解度曲线相交的点是会溶温度。会溶温度的高低反映了一对液体间的互溶能力，可以

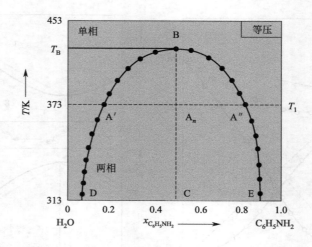

图 4.8　水-苯胺的溶解度图

用来选择合适的萃取剂。会溶温度越高互溶程度越低，会溶温度越低互溶程度越高。

（2）具有最低会溶温度

水-三乙基胺形成部分互溶，具有最低会溶温度的系统，其相图如图 4.9 所示。

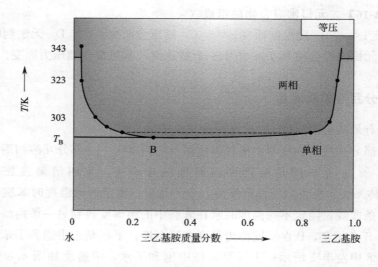

图 4.9　水-三乙基胺的溶解度图

（3）同时具有最高、最低会溶温度

水-烟碱形成部分互溶，同时具有最高、最低会溶温度的系统，其相图如图 4.10 所示。

（4）不具有会溶温度

水-乙醚形成部分互溶，没有会溶温度的系统，其相图如图 4.11 所示。

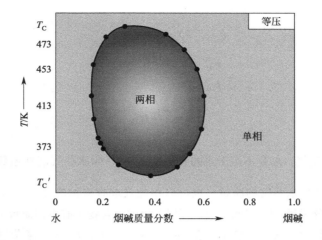

图 4.10　水-烟碱的溶解度图

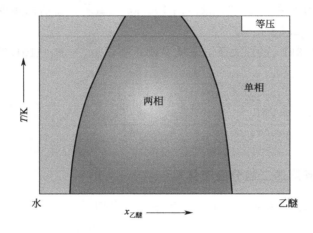

图 4.11　水-乙醚的溶解度图

4.3.4　不互溶的双液系

如果 A，B 两种液体彼此互溶程度极小，以致可忽略不计，则 A 与 B 共存时，各组分的蒸气压与单独存在时一样，液面上的总蒸气压等于两纯组分饱和蒸气压之和。当不互溶的两种液体共存时，不管其相对数量如何，其总蒸气压恒大于任一组分的蒸气压，而沸点则恒低于任一组分的沸点。例如：$p^{\ominus}$ 下，氯苯的沸点是 $130℃$，水的沸点是 $100℃$，氯苯和水混合后沸点为 $91℃$。溴苯的正常沸点为 $156℃$，溴苯和水混合后沸点为 $95℃$。在溴苯中通入水蒸气后，双液系的沸点比两个纯物的沸点都低，很容易蒸馏。据此原理，在蒸馏或分离提纯沸点较高且易分解的有机物时，采用水蒸气蒸馏的方法。水蒸气蒸馏时馏出物中两组分的质量比计算如下：

$$p_{B}^{*} = p y_{B} = p\,\frac{n_{B}}{n_{A}+n_{B}}$$

$$p_A^* = p y_A = p \frac{n_A}{n_A + n_B}$$

$$\frac{p_B^*}{p_A^*} = \frac{n_B}{n_A} = \frac{m_B}{M_B} \times \frac{M_A}{m_A}$$

$$\frac{m_B}{m_A} = \frac{p_B^*}{p_A^*} \times \frac{M_B}{M_A} \tag{4-10}$$

如果 B 是水蒸气，A 是不溶于水的有机物，则 $\frac{m_B}{m_A}$ 叫水蒸气消耗系数，即蒸出单位质量的有机物所需要的水蒸气的质量。也可以用此式求有机物的分子量 M_A。虽然 p_A^* 小，但由于有机物的分子量 M_A 都比较大，所以蒸出的混合物中有机物质量 m_A 并不低。

【例题 4-17】 水（A）与氯苯（B）的互溶度极小，故可对氯苯进行水蒸气蒸馏。在 101.3kPa 的空气中，系统的共沸点为 365K，这时氯苯的蒸气压为 29kPa。试求：(1) 气相中氯苯的含量 y_B；(2) 欲蒸出 1000kg 纯氯苯，需消耗多少水蒸气？已知氯苯的摩尔质量为 112.5g/mol。

解：（1）101.3kPa 的压力下，系统共沸，所以 $p_A + p_B = 101.3$kPa

$$y_B = \frac{p_B}{p_B + p_A} = \frac{29}{101.3} = 0.286$$

（2）$\dfrac{p_A}{p_B} = \dfrac{n_A}{n_B} = \dfrac{m_A M_B}{m_B M_A}$　　　$m_A = \dfrac{p_A}{p_B} \times \dfrac{m_B M_A}{M_B} = 398.9$kg

4.3.5　固相不互溶的二组分固液体系

二组分固液体系的相图总结起来有以下几种类型。

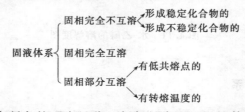

固液二组分体系中研究的两个组分一般都是常温下以固体存在的二组分或一个是水，另外一个是盐的二组分体系。一般研究随着温度的提高熔化或溶解的情况或熔化物在降温过程中的相变化。研究方法有热分析法和溶解度法。

热分析法：此法适用于熔盐、合金等温度较高的体系。利用相变时的热效应来确定相平衡时的温度。因为有相变发生时，步冷曲线会出现转折点或平台，这些转折点或平台就是相图中相区的交界点。

溶解度法：适用于水盐体系。

（1）热分析法绘制简单低共熔二组分相图

具体实验步骤如下。

第一步：配料，将二组分按不同比例放在硬质试管中。

第二步：熔融，将试管放入炉中加热熔融。

第三步：冷却，将试管拿出，放入保温套中慢慢冷却，同时测定温度与时间的关系，作 T-t 关系图（称为步冷曲线）。

第四步：根据步冷曲线，把拐点和平台的点画在 T-x 图上，把类似的点用平滑的曲线连起来，画出相图。

如制作 Cd-Bi 的固液二组分相图：首先，标出纯 Bi 和纯 Cd 的熔点。将 100％Bi 加热熔化，冷却，画步冷曲线，如图 4.12 的曲线 a 所示。液态 Bi 冷却，随着时间温度降低，如步冷曲线 a 的 O-A 段，$C=1$，$\varPhi=1$，$f^*=1-1+1=1$（因为加热或冷却过程中压力恒定），可变的因素有 1 个。浓度也确定（纯物质），该独立可变因素只是温度，液态 Bi 的冷却过程中（O-A 段）温度降低。到达 A 点（546K）时已到 Bi 的凝固点，有 Bi(s) 析出，体系变成两相，$C=1$，$\varPhi=2$，$f^*=1-2+1=0$，体系没有可变的因素，包括温度。通过热效应来分析，凝固热抵消了自然散发的热，温度不变，步冷曲线出现平台（A-A' 段）。整个凝固过程中液体的量慢慢减少，固体的量慢慢增加，最后一滴液体变成固体，凝固过程结束（A' 点）。液体全部变成固体，体系又变成一相，$C=1$，$\varPhi=1$，$f^*=1-1+1=1$，温度又可以降下去，是 Bi(s) 的冷却过程（A'-B 段及以下）。100％Cd 冷却，步冷曲线如 e 所示。情况与 100％Bi 类似，只是凝固点温度不同。把 100％Cd 和 100％Bi 步冷曲线的特殊点标在 T-x 图上。冷却过程的步冷曲线类似直线，直线出现平台或拐点就叫特殊点。

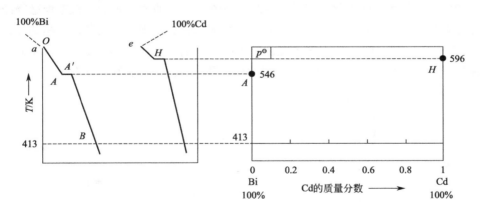

图 4.12　Cd-Bi 二组分相图的绘制（1）

第二组样品是含 20％ Cd、80％Bi 的混合物，将混合物加热熔化，记录步冷曲线如图 4.13 的曲线 b 所示。曲线 b 中，温度降到 C 点液态混合物的冷却过程。在 C 点，固体析出，混合物中含量多的组分先析出，Bi(s) 析出。Bi(s) 凝固析出过程中，放出凝固热，凝固热补充一部分自然散发的热量（冷却），降温速度与凝固之前液态混合物的降温速度相比，更慢，曲线发生转折。用相律来分析 $f^*=C+1-\varPhi=2+1-2=1$，条件自由度等于 1，还有一个因素可以变，这个因素是温度，混合物中析出 Bi(s) 时，温度同样降低，只是降温速度与液态混合物的降温速度相比更慢。因为凝固过程中放出凝固热，凝固热会补充一部分自然散发的热量。到 D 点，Cd(s) 也开始析出，出现第二个固相，体系共有三相，出现平台，温度不变。因为 $f^* = C+1-\Phi = 2+1-3 = 0$，条件自由度为 0，没有可变因素，温度不变，步冷出现上平台。凝固过程缓慢进行到 D' 点，最后一滴液体全部变成固体，是 Bi(s) 和 Cd(s) 的两相。$f^* = C+1-\Phi = 2+1-2 = 1$，温度又降低，如 D' 点以下，是 Bi(s) 和 Cd(s) 固态混合物的冷却过程。

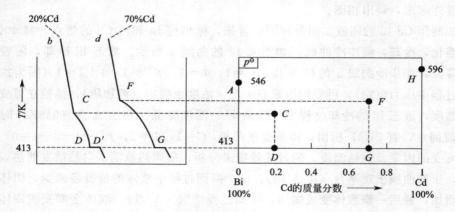

图 4.13　Cd-Bi 二组分相图的绘制（2）

含 70%Cd 的步冷曲线 d 情况类似，只是转折点 F 处先析出 Cd(s)。将转折点和出现平台的温度分别标在 T-x 图上。再一组样品是含 40%Cd，做其步冷曲线。将含 40%Cd、60%Bi 的体系加热熔化，记录步冷曲线如图 4.14 中曲线 c 所示。液态熔融物冷却，温度匀速下降，到达 E 点时，Bi(s)、Cd(s) 同时析出，出现水平线段，三相共存。$f^* = C-\Phi+1 = 2-3+1 = 0$，温度不变。$E'$ 点时液相消失，E' 点以下 Bi(s) 和 Cd(s) 固态混合物冷却。当熔液全部凝固，温度又继续下降。将 E 点标在 T-x 图上。

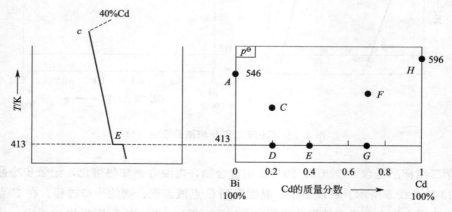

图 4.14　Cd-Bi 二组分相图的绘制（3）

将类似的点连起来，完成 Cd-Bi 的 T-x 相图。将开始析出固体的 A、C、E 点连接，得到 Bi(s) 与熔液两相共存的液相组成线；将 H、F、E 点连接，得到 Cd(s) 与熔液两相共存的液相组成线。将开始析出第二个固体的 B、D、E、G、M 点连接，得到 Bi(s)、Cd(s) 与熔液共存的三相线，如图 4.15 所示。

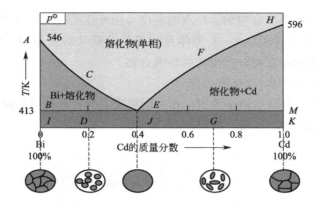

图 4.15　Cd-Bi 二组分相图的绘制（4）

相图中有四个区域，三条线，三个特殊的点。

图 4.15 中四个区域具体如下。

① AEH 线之上，还没析出固体，是熔液（l）单相区。$f^* = C - \Phi + 1 = 2 - 1 + 1 = 2$。温度和组成两个因素独立发生变化，物系点和相点重合。

② ABE 之内，Bi(s)＋熔化物（l），是两相区。$f^* = C - \Phi + 1 = 2 - 2 + 1 = 1$。温度和组成两个因素中只有一个独立发生变化，用物系点和相点来表示。通过物系点的等温线表示两相的组成，用杠杆规则表示两相的量。

③ HEM 之内，Cd(s)＋熔化物（l），两相区。$f^* = C - \Phi + 1 = 2 - 2 + 1 = 1$。温度和组成两个因素中只有一个独立发生变化，用物系点和相点来表示。通过物系点的等温线表示两相的组成，用杠杆规则表示两相的量。

④ BEM 线以下，Bi(s)＋Cd(s) 两相区。$f^* = C - \Phi + 1 = 2 - 2 + 1 = 1$。温度和组成两个因素中只有一个独立发生变化，用物系点和相点来表示。通过物系点的等温线表示两相的组成，用杠杆规则表示两相的量。

图 4.15 中三条线具体如下。

① ACE 线，Bi(s)＋熔化物（l），熔液组成线，因为可以表示液相组成，也叫液相线。

② HFE 线，Cd(s)＋熔化物（l），熔液组成线，也叫液相线。

③ BEM 线，Bi(s)＋Cd(s)＋熔化物（l），三相平衡线，$f^* = C - \Phi + 1 = 2 - 3 + 1 = 0$，因为条件自由度等于零，所以三相的组成是确定的，分别由 B、E 和 M 三个点表示。

图 4.15 中三个特殊的点具体如下。

① A 点，纯 Bi(s) 的熔点。

② H 点，纯 Cd(s) 的熔点。

③ E 点，Bi(s)＋Cd(s)＋熔化物（l）三相共存点。因为 E 点温度均低于 A 点和 H 点的温度，称为低共熔点。有低共熔点的相图也叫作低共熔相图。低共熔点析出的混合物称为低共熔混合物，有时以 E_{Bi}^{Cd} 表示。它不是化合物，由 Bi(s) 和 Cd(s)

两相组成，只是混合得非常均匀。E 点的温度会随外压的改变而改变。除 Cd-Bi 体系外，还有 Si-Al、KCl-AgCl、Be-Si 等体系均属简单低共熔物类型，它们的共同特点是：液相互熔，固相不互熔，产生低共熔混合物。

（2）溶解度法绘制水-盐相图

以 H_2O-$(NH_4)_2SO_4$ 体系为例，在不同温度下测定盐的溶解度，根据大量实验数据，绘制出水-盐的 T-w 图，如图 4.16 所示。

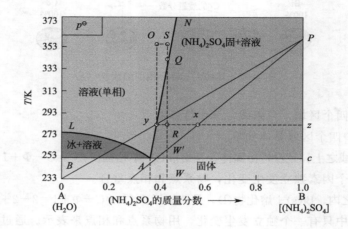

图 4.16　$(NH_4)_2SO_4$-H_2O 的相图

图 4.16 中四个相区具体如下。

① LAN 以上，是相图的左边部分，$(NH_4)_2SO_4$ 含量相对少一些，是不饱和溶液单相区。$f^* = C - \Phi + 1 = 2 - 1 + 1 = 2$。

② LAB 之内，温度低于水的凝固点，LA 线是稀溶液凝固点降低曲线，温度降低析出的是冰，是冰和溶液的两相区。

③ NAC 以上，是 $(NH_4)_2SO_4(s)$ 和溶液两相区。该区域靠近相图的右边，$(NH_4)_2SO_4$ 含量相对高一些，AN 线是 $(NH_4)_2SO_4$ 的溶解度曲线。

④ BAC 线以下，是冰与 $(NH_4)_2SO_4(s)$ 两相区。

图 4.16 中三条曲线具体如下。

① LA 线，冰+溶液两相共存时，溶液的组成曲线，也称为冰点下降曲线。

② AN 线，$(NH_4)_2SO_4(s)$ 和溶液两相共存时，溶液的组成曲线，也称为盐的溶解度曲线。

③ BAC 线，冰、$(NH_4)_2SO_4(s)$ 和溶液三相共存线。$f^* = C - \Phi + 1 = 2 - 3 + 1 = 0$。三相的组成确定，分别由 B、A 和 C 三个点来表示。

图 4.16 中两个特殊点具体如下。

① L 点：冰的熔点。盐的熔点极高，受溶解度和水的沸点限制，在图上未标出。

② A 点：冰、$(NH_4)_2SO_4(s)$ 和溶液三相共存点。溶液组成在 A 点以左者冷却，先析出冰；在 A 点以右者冷却，先析出 $(NH_4)_2SO_4(s)$。

在化工生产和科学研究中常要用到低温浴，配制合适的水-盐体系，可以得到不同的低温冷冻液。在冬天，为防止路面结冰，撒上盐，实际用的就是冰点下降原理。例如：

水盐体系	低共熔温度
水-NaCl	252K
水-$CaCl_2$	218K
水-KCl	262.5K
水-NH_4Cl	257.8K

（3）形成化合物的二组分固液相图

A 和 B 两个物质可以形成稳定化合物和不稳定化合物两类。

① 稳定化合物：包括稳定的水合物，它们有自己的熔点，在熔点时液相和固相的组成相同。属于这类体系的有：CuCl(s)-$FeCl_3$(s)、Au(s)-2Fe(s)、$CuCl_2$(s)-KCl(s)、酚-苯酚、$FeCl_3$-水的四种化合物、H_2SO_4-水的三种化合物。

图 4.17 是形成稳定化合物的 CuCl 和 $FeCl_3$ 的相图，形成的稳定化合物是 C，H 是 C 的熔点。在 C 中加入 A 或 B 组分都会导致熔点的降低。这张相图可以看作 A 与 C 和 C 与 B 的两张简单的低共熔相图合并而成，所有的相图分析与简单的低共熔混合物相图类似。

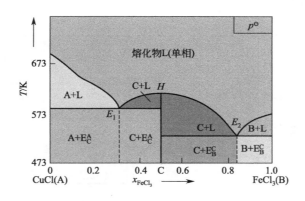

图 4.17　CuCl-$FeCl_3$ 的相图

H_2SO_4-水能形成三种稳定化合物，见图 4.18。形成的化合物有 $H_2SO_4 \cdot H_2O$（C_3）、$H_2SO_4 \cdot 2H_2O$（C_2）、$H_2SO_4 \cdot 4H_2O$（C_1），它们都有自己的熔点。

这张相图可以看作由 4 张简单的二元低共熔相图合并而成。如需得到某一种水合物，溶液浓度必须控制在某一范围之内。纯硫酸的熔点在 283K 左右，而与一水化合物的低共熔点在 235K，所以在冬天用管道运送硫酸时应适当稀释，防止硫酸冻结。

② 不稳定化合物：没有自己的熔点，在熔点温度以下就分解为与化合物组成不同的液相和固相。属于这类体系的有：CaF_2(s)-$CaCl_2$(s)、Au(s)-Sb_2(s)、2KCl(s)-$CuCl_2$(s)、K(s)-Na(s)。

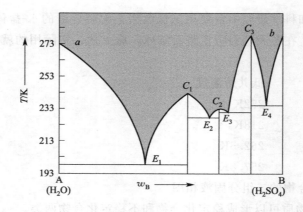

图 4.18　H_2O-H_2SO_4 的相图

图 4.19 是 CaF_2-$CaCl_2$(s) 的相图。CaF_2 和 $CaCl_2$ 形成一个不稳定化合物 C，C 没有熔点。将 C 加热到 O 点温度时分解成 CaF_2(s) 和组成为 N 的熔液，所以将 O 点的温度称为转熔温度（peritectic temperature）。FON 线也称为三相线，由 CaF_2 (s)、$CaCl_2$(s) 和组成为 N 的熔液三相共存，与一般三相线不同的是：组成为 N 的熔液在端点，而不是在中间。相区分析与简单二元相图类似，在 $OIDN$ 范围内是 C (s) 与熔液（L）两相共存。

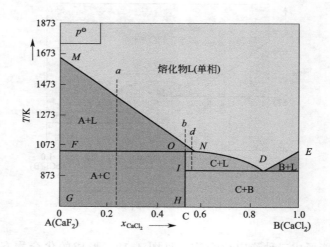

图 4.19　CaF_2-$CaCl_2$ 的相图

画相图中某个浓度组分的步冷曲线方法如下。图 4.19 中的曲线 a 表示组分的步冷曲线：曲线 a 从上开始温度以几乎匀速降低，到达 MN 线，出现 CaF_2 的固相，体系变成两相，$f^* = C - \Phi + 1 = 2 - 2 + 1 = 1$，可变的因素是温度，$CaF_2$ 凝固放出的凝固热补充一部分自然散发的热量，这时降温速度与凝固之前相比更慢，出现转折点。降温到 FON 线，出现第二个固相 C，体系变成三相，$f^* = 0$。哪个因素都不会变，即温度不随时间发生变化，步冷曲线出现平台，该平台上是两种固相慢慢析出，熔化物的量慢慢减少，最后一滴熔化物全部变成固相，体系变成两相，$f^* = 1$，温度又开始下降。

曲线 b 表示组分降温到 MN 线，出现 CaF_2 的固相，降温速度变慢，出现转折点，到达 FON 线，体系变成三相，出现平台，FON 线以下，体系变成一相，继续降温。

曲线 d 表示组分降温到 MN 线，出现 CaF_2 的固相，降温速度变慢，出现转折点，到达 FON 线，体系变成三相，出现平台，FON 线以下，体系变成两相，继续降温，到达 ID 线，体系变成三相，温度不变，出现平台，ID 线以下，体系变成两相，继续降温。

画步冷曲线总结：相图中只要遇见斜线，步冷曲线就出现转折；只要遇见三相线（水平线），步冷曲线就出现平台。

4.3.6　完全互溶固溶体的二组分固液体系

（1）完全互溶固溶体无极点相图

两个组分在固态和液态时能彼此按任意比例互溶而不生成化合物，也没有低共熔点，称为完全互溶固溶体。Au-Ag、Cu-Ni、Co-Ni 体系就属于生成完全互溶固溶体而且无极点这一类型。

以 Au-Ag 相图为例，如图 4.20 所示。梭形区之上是熔液单相区，之下是固体溶液（简称固溶体）单相区，梭形区内是固-液两相共存，上面是液相组成线，下面是固相组成线。当物系从 A 点冷却，进入两相区，析出组成为 B 的固溶体。因为 Au 的熔点比 Ag 高，固相中含 Au 较多，液相中含 Ag 较多。继续冷却，液相组成沿 AA_1A_2 线变化，固相组成沿 BB_1B_2 线变化，在 B_2 点对应的温度以下，液相消失。

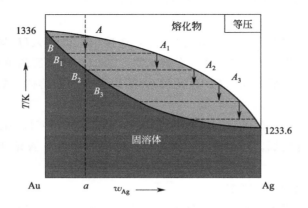

图 4.20　Au-Ag 完全互溶固溶体的相图

（2）完全互溶固溶体出现最低点或最高点相图

图 4.21 的相图类似非理想完全互溶双液系偏差较大的情况，当两种组分的粒子大小和晶体结构不完全相同时，它们的 T-x 图上会出现最低点或最高点。完全互溶固溶体会出现最低点的有 K_2CO_3- Na_2CO_3、KCl-KBr、Ag-Sb、Cu-Au 等体系。但出现最高点的体系较少。

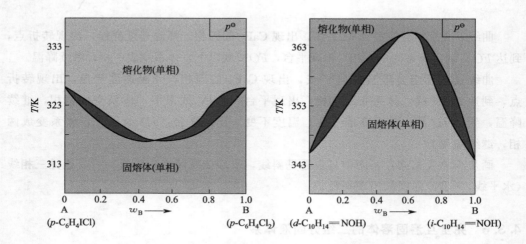

图 4.21　完全互溶固溶体出现最低（或最高）点相图

4.3.7　部分互溶固溶体的二组分固液体系

两个组分在液态可无限混溶，而在固态只能部分互溶，形成类似于部分互溶双液系的帽形区。在帽形区外，是固溶体单相，在帽形区内，是两种固溶体两相共存。属于这种类型的相图形状各异。现介绍两种类型：有一低共熔点；有一转熔温度。

（1）有一低共熔点

如图 4.22 二组分具有低共熔点相图，在相图上有六个相区。

高温区为 AEB 线以上区，温度较高，相区比较简单，是互熔的熔化物（L）的单相区。

AEJ 区，画等温线，右边以熔化物（L）连接，左边以 AJF 区连接，二组分相图中的区域最多两相，所以该区域中有熔化物（L）和 AJF 区的单相物质。

AJF 区：温度较低（与 AEB 区比较），固态存在的固溶体，靠左边的固溶体习惯叫作 α 固溶体。AEJ 区：熔化物（L）和固溶体 α 两相。

BEC 区：同样画等温线，与熔化物和 BCG 区有联系。所以 BCG 区是单相。

BCG 区：温度较低，还是单相，固态存在的固溶体，是 A 溶于 B 的固溶体，又叫 β 固溶体。

BEC 区：熔化物和 β 固溶体。

$FJECG$ 区：α 固溶体和 β 固溶体不互溶的两相区，类似帽形区。

E 点：最低共熔点，低于纯 A 和纯 B 的熔点。

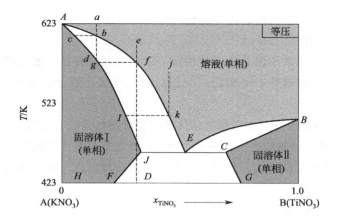

图 4.22 二组分具有低共熔点相图

属于生成部分互溶固溶体，且具有低共熔温度的体系有：Ag-Cu、Pb-Sb、AgCl-CuCl 等。

（2）有一转熔温度

如图 4.23 部分互溶固溶体具有转熔温度的相图。相图上有六个相区，其中有三个单相区和三个两相区。看二组分相图的相区尤其是像这样复杂的相图，首先看最上面的高温区。BCA 线以左算是高温区是熔化物的单相区。紧挨着单相区的 BCE 和 ACD 区与单相区有联系，右边还与其他区域有联系，所以都是两相区。那么 ADF 区和 BEG 以右为单相区，温度又低，所以是固溶体

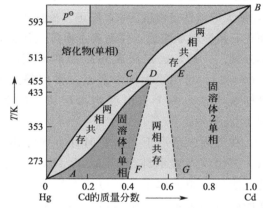

图 4.23 部分互溶固溶体具有转熔温度的相图

的单相区。ADF 区：B 溶于 A 的固溶体（1）α；BEG 以右：A 溶于 B 的固溶体（2）β。BCE 区：熔化物和固溶体 β 的两相区。ACD 区：熔化物和固溶体 α 的两相区。

FDEG 区：固溶体 α 和固溶体 β 的两相区。因这种平衡组成曲线实验较难测定，故用虚线表示。

CDE 是三相线：熔液（组成为 C）＋固溶体 α（组成为 D）＋固溶体 β（组成为 E）三相共存。CDE 对应的温度称为转熔温度，温度升到 455K 时，固溶体 α 消失，转化为组成为 C 的熔液和组成为 E 的固溶体 β。属于此类相图的有 Cd-Hg、Ni-Cd、Ag-Sn 体系。

关于二组分固液体系相图的小结如下。

（1）由相图画步冷曲线

① 冷却过程中体系从一个相区到另一个相区发生转折。

② 体系到达三相平衡线时出现平台。

（2）相图的规律

① 二组分固液体系相图总是由单相区、二相区和三相区平衡线组成。

② 三相线总是连接处于平衡的三个相点的水平线，两个端点所代表的相上下都存在。

③ 三个二相区的分布，对于低共熔体系来说低共熔线以上有两个，线以下有一个。对于转熔体系来说，转熔线之上有一个二相区，线之下有两个二相区。

④ 水平穿过时总是单相、二相、单相、二相交替出现，相图越复杂符合得越好。

4.4　三组分体系的相平衡

4.4.1　等边三角形坐标

三组分体系 $C=3$，$f=C-\Phi+2$，$f=5-\Phi$，所以最大的自由度为 4，无法用图来表示。确定温度、压力中某个因素 $f^*=3-\Phi+1$，最大的条件自由度为 3，用正三棱柱体表示，底面正三角形表示组成，柱高表示温度或压力，但很不方便。一般，确定温度和压力都不变，$f^{**}=2$（$\Phi=1$），可用平面图形表示。常用等边三角形坐标表示法，两个自由度均为组成（浓度），如图 4.24 所示。

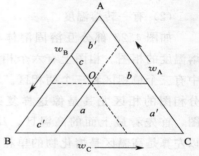

图 4.24　等边三角形坐标

在等边三角形上，沿逆时针方向标出三个顶点。三个顶点表示纯组分 A、B 和 C；三条边上的点表示二组分体系，相应两个组分的质量分数逆时针方向表示；三角形内任一点都代表三组分体系。例如 O 点表示的三组分体系，三个组分的组成表示方法：通过 O 点，引平行于各边的平行线，在各边上的截距就代表对应顶点组分的含量，即 a' 代表 A 在 O 点的含量，同理 b'，c' 分别代表 B 和 C 在 O 点代表的物系中的含量。显然 $a'+b'+c'=$ 边长 $=1$。

等边三角形坐标的特点如下（图 4.25）。

① 在平行于底边的任意一条线上，所有代表物系的点中，含顶角组分的质量分数相等。例如：d、e、f 物系点，含 A 的质量分数相同。

② 在通过顶点的任一条线上，其余两组分之比相等。例如：AD 线上 $c''/b''=c'/b'$。

③ 通过顶点的任一条线上，离顶点越近，代表顶点组分的含量越多；越远，含量越少。例如：AD 线上，D' 中含 A 多，D 中含 A 少。

④ 设 S 为三组分液相体系（图 4.26），当 S 中析出 A 组分，剩余液相组成沿 AS 延长线变化。设到达 b，析出 A 的质量可以用杠杆规则（只能应用于两相区）求算：若在 b 中加入 A 组分，物系点延 bA 连线向顶点 A 移动。

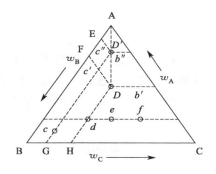

图 4.25 等边三角形坐标的特点

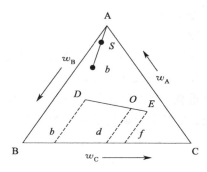

图 4.26 三组分体系的杠杆规则

4.4.2 部分互溶的三液体体系

（1）有一对部分互溶体系

醋酸（A）和氯仿（B）以及醋酸（A）和水（C）都能无限混溶，但氯仿（B）和水（C）只能部分互溶。在它们组成的三组分体系相图上出现一个帽形区（图4.27），在 a 和 b 之间，溶液分为两层，一层是在醋酸存在下，水在氯仿中的饱和溶液，如一系列 a 点所示；另一层是在醋酸存在下氯仿在水中的饱和溶液，如一系列 b 点所示。a_1b_1、a_2b_2……溶液称为共轭溶液。在物系点为 c 的体系中加醋酸，物系点延 cA 直线向 A 移动，到达 c_1 时，对应的两相组成为 a_1 和 b_1。由于醋酸在两层中含量不等，所以连结线 a_1b_1 不一定与底边平行。继续加醋酸，使 B、C 两组分互溶度增加，连结线缩短，最后缩为一点，O 点称为等温会溶点，这时两层溶液界面消失，成单相。组成帽形区的 aOb 曲线称为双结线。

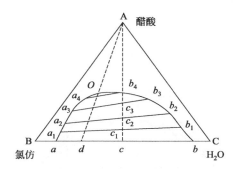

图 4.27 三液体有一对部分互溶的相图

（2）有两对部分互溶体系

丙烯腈（A）与水（B），丙烯腈（A）与乙醇（C）只能部分互溶，而水（B）与乙醇（C）可无限混溶，在相图上出现了两个溶液分层的帽形区，各相的组成由连结线读出，连结线要由实验确定。帽形区之外是溶液单相区。帽形区的大小会随温度的上升而缩小。当降低温度时，帽形区扩大，甚至发生叠合。重叠的区域是两相区，是由原来的两个帽形区叠合而成。重叠区以上或以下，是溶液单相区，两个区中乙烯腈

（A）含量不等。如图 4.28 所示。

（3）有三对部分互溶体系

丙烯腈（A）-水（B）-乙醚（C）彼此都只能部分互溶，因此正三角形相图上有三个溶液分层的两相区。在帽形区以外，是完全互溶单相区。降低温度，三个帽形区扩大以至重叠。重叠区是三个彼此不互溶的三个液相区（图 4.29），这三个液相的组成在等温、等压下是确定的，因为：$f^{**} = C - \Phi$，$f^{**} = 3 - 3 = 0$。

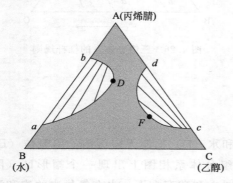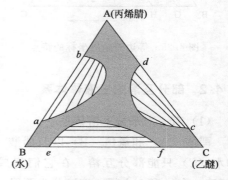

图 4.28　三液体有两对部分互溶的相图　　　　图 4.29　三液体有三对部分互溶的相图

4.4.3　二固体和一液体的水盐体系

这类相图很多，很复杂，但在盐类的重结晶、提纯、分离等方面有实用价值。由于人们对两种有共同离子的盐和 H_2O 组成的体系研究较多，所以在此只讨论这种类型。

（1）固相是纯组分的体系

由图 4.30 可观察到如下内容。

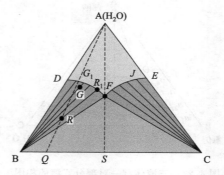

图 4.30　水和两种盐的水盐三组分相图

一个单相区：ADFE 是不饱和溶液单相区。

两个两相区：BDF 是 B(s) 与其饱和溶液两相共存；CEF 是 C(s) 与其饱和溶液两相共存。在扇形的两相区，连结线决定两相的组成，连结线由实验得出。

一个三相区：BFC 是 B(s)、C(s) 与组成为 F 的饱和溶液三相共存。三相的组成由三个顶点确定，$f^{**} = 3 - 3 + 0 = 0$，F 点对应的组成是同时饱和 B 和 C 的饱和溶液的组成。

两条特殊线：DF 线是 B 在含有 C 的水溶液中的溶解度曲线；EF 线是 C 在含有 B 的水溶液中的溶解度曲线；D 点是 B 在水中的溶解度，E 点是 C 在水中的溶解度。

一个三相点：F 是三相点，饱和溶液＋B(s)＋C(s) 三相共存。

（2）有复盐生成的体系

当 B、C 两种盐可以生成稳定的复盐 D，则相图如图 4.31 所示。

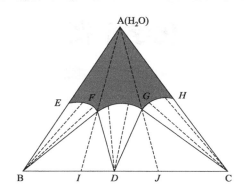

图 4.31　水盐三组分产生复合盐的相图

如果用 AD 连线将相图一分为二，则变为两个二盐一水体系。

一个单相区：AEFGH 为不饱和溶液；

三个两相区：BEF，DFG 和 CGH；

两个三相区：BFD，DGC；

三条溶解度曲线：EF，FG，GH；

两个三相点：F 和 G。

（3）有水合物生成的体系

组分 B 与水（A）可形成水合物 D。对 ADC 范围内讨论与以前相同，只是 D 表示水合物组成，E 点是 D(s) 在纯水中的饱和溶解度，当加入 C(s) 时，溶解度沿 EF 线变化。BDC 区是 B(s)、D(s) 和 C(s) 的三固相共存区（图 4.32）。

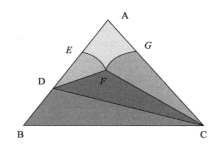

图 4.32　水盐三组分产生水合盐的相图

属于这种体系的有 Na_2SO_4-$NaCl$-H_2O 体系，水合物为芒硝 $Na_2SO_4 \cdot 10H_2O$。

第 5 章

化学平衡

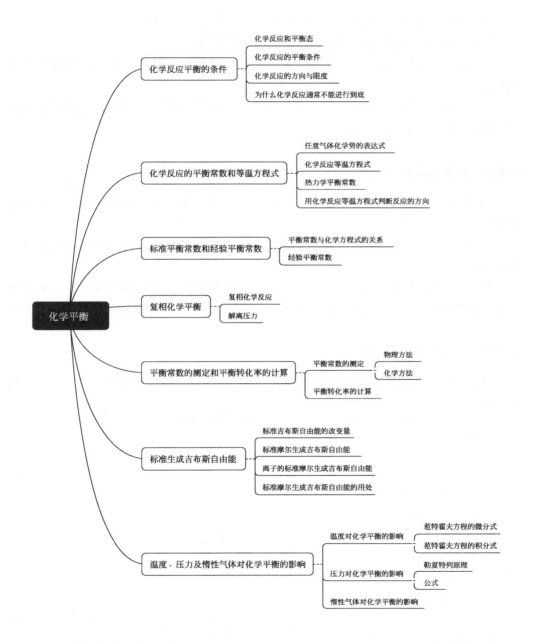

5.1 化学反应平衡的条件

5.1.1 化学反应和平衡态

归纳已有的知识，可以总结出化学反应都具有以下三个特点：

① 化学反应都是体系从不平衡状态趋向平衡状态；

② 化学反应都可以向正、反两个方向进行，可是在一开始，在一定条件下总有确定的方向；

③ 大多数化学反应不能进行到底，即反应物不能全部变为产物，当反应进行到一定限度就会达到平衡。

5.1.2 化学反应的平衡态

① 平衡态从宏观上看是平衡了（处于静态），从微观上看是动态平衡，即正、逆反应的反应速率相等。

② 平衡态是有条件的，如果条件改变，则原有的平衡被破坏，会在新的条件下达到新的平衡。

③ 平衡时反应物和产物的浓度不变，平衡浓度之间的关系由平衡常数来联系和限定，这点是化学反应平衡态的重要特点，即存在一个平衡常数。

5.1.3 化学反应的平衡条件

设在不做非体积功的单相封闭体系中发生了一个化学反应，利用多组分体系的基本公式：

$$dG = -SdT + Vdp + \sum \mu_B dn_B$$

在等温等压条件下：

$$dG = \sum \mu_B dn_B$$

其中，反应进度 ξ：$d\xi = \dfrac{dn_B}{\nu_B}$，$dn_B = \nu_B d\xi$

代入上式得到

$$(dG)_{T,p} = \sum \mu_B dn_B = \sum \nu_B \mu_B d\xi$$

$$\left(\frac{\partial G}{\partial \xi}\right)_{T,p} = \sum \nu_B \mu_B \tag{5-1}$$

反应进度 $\xi = 1 \text{mol}$ 时：

$$(\Delta_r G_m)_{T,p} = \sum \nu_B \mu_B \tag{5-2}$$

以上两个公式的适用条件是：等温等压，不做非体积功，化学势不变。

式(5-1)表示在有限体系中发生微小的变化，此时可以认为反应前后每种物质的浓度不变，化学势不变；式(5-2)表示在大量的体系中发生了反应进度 $\xi = 1 \text{mol}$ 的化学反应。这时各物质的浓度基本不变，化学势也保持不变。

以上两个公式中，$\left(\dfrac{\partial G}{\partial \xi}\right)_{T,p}$ 是反应进度 ξ 为横坐标、吉布斯自由能 G 为纵坐标，ξ-G 关系曲线的斜率，如图 5.1 所示。

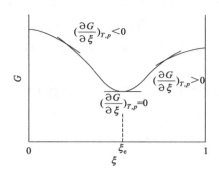

图 5.1　体系吉布斯自由能 G 和反应进度 ξ 的关系

$\left(\dfrac{\partial G}{\partial \xi}\right)_{T,p} < 0$ 时，ξ 增加，G 下降，反应可以自发正向进行。

当 G 降低到最低值，$\left(\dfrac{\partial G}{\partial \xi}\right)_{T,p}$ 不再变，$\left(\dfrac{\partial G}{\partial \xi}\right)_{T,p} = 0$，反应进入平衡态。化学反应的平衡态，$G$ 是最低值，$\left(\dfrac{\partial G}{\partial \xi}\right)_{T,p} = 0$，$(\Delta_r G_m)_{T,p} = \sum \nu_B \mu_B = 0$。

$\left(\dfrac{\partial G}{\partial \xi}\right)_{T,p} > 0$ 时，ξ 增加，G 也增加，反应不能自发进行。

通过 $\left(\dfrac{\partial G}{\partial \xi}\right)_{T,p}$、$(\Delta_r G_m)_{T,p}$ 和 $\sum \nu_B \mu_B$ 来判断反应的方向和限度是等同的。

反应达到平衡态，吉布斯自由能 G 达到最低值。反应不能彻底进行的根本原因是反应最低吉布斯自由能的状态不是产物，原因如下。

如气相反应 $A(g) \longrightarrow B(g)$，体系中 A 的物质的量为 n_A，B 的物质的量为 n_B。根据偏摩尔量的集合公式 $Z = \sum n_B Z_B$，体系总的吉布斯自由能为：$G = n_A G_A + n_B G_B = n_A \mu_A + n_B \mu_B$（对于多组分体系化学势就是偏摩尔吉布斯自由能，对于单组分体系化学势是摩尔吉布斯自由能）。

A、B 可看成理想气体，在同一个体系中，是混合理想气体。其化学势为

$$\mu_B = \mu_B^{\ominus} + RT \ln \frac{p_B}{p^{\ominus}}$$

根据道尔顿分压定律：$p_B = p x_B$，代入上式得到

$$\mu_B = \mu_B^{\ominus} + RT \ln \frac{p}{p^{\ominus}} + RT \ln x_B$$

前两项合并，得到：$\mu_B = \mu_B^{*} + RT \ln x_B \left(\text{其中，} \mu_B^{*} = \mu_B^{\ominus} + RT \ln \dfrac{p}{p^{\ominus}}\right)$。

μ_B^{*} 是纯的 B 在 T，p 条件下的化学势。把化学势的表达式带进体系总的吉布斯自由能的公式中，得到

$$G = n_A \mu_A^* + n_B \mu_B^* + n_A RT \ln x_A + n_B RT \ln x_B$$

前两项分别是物质的量为 n_A 的 A 物质的吉布斯自由能 G_A^* 和物质的量为 n_B 的 B 物质的吉布斯自由能 G_B^*（ $*$ 表示是纯物质）。后两项分别是：

A、B 混合之前纯态时的吉布斯自由能的和：$G_{混合前} = G_A^* + G_B^*$；

A、B 混合后的吉布斯自由能：$G_{混合后} = G_A^* + G_B^* + n_A RT \ln x_A + n_B RT \ln x_B$。

混合后的减去混合前的就是混合过程中吉布斯自由能的改变量 $\Delta G_{混合}$：

$$\Delta G_{混合} = n_A RT \ln x_A + n_B RT \ln x_B$$

因为 $x_A < 1$、$x_B < 1$，所以 $\Delta G_{混合} < 0$。

$$G_{混合后} < G_{混合前}$$

混合后吉布斯自由能降低，产物产生后总是跟反应物混合在一起，吉布斯自由能降低，降低到最低值进入平衡态，吉布斯自由能最低不是产物的状态，而是产物与反应物混合的状态，所以一般反应不能彻底进行。

5.2 化学反应的等温方程式和平衡常数

5.2.1 化学反应的等温方程式

对于任意气相反应 $d D + e E + \cdots \longrightarrow g G + h H + \cdots$，在等温等压下，反应的 $(\Delta_r G_m)_{T,p} = \sum \nu_B \mu_B$，展开为

$$(\Delta_r G_m)_{T,p} = (g \mu_G + h \mu_H) - (d \mu_D + e \mu_E)$$

$\mu_B = \mu_B^\ominus + RT \ln \dfrac{f_B}{p^\ominus}$，代入上式，整理得到

$$(\Delta_r G_m)_{T,p} = (g \mu_G^\ominus + h \mu_H^\ominus - d \mu_D^\ominus - e \mu_E^\ominus) + RT \ln \frac{\left(\dfrac{f_G}{p^\ominus}\right)^g \left(\dfrac{f_H}{p^\ominus}\right)^h \cdots}{\left(\dfrac{f_D}{p^\ominus}\right)^d \left(\dfrac{f_E}{p^\ominus}\right)^e \cdots} \tag{5-3}$$

命令：$\Delta_r G_m^\ominus = \sum \nu_B \mu_B^\ominus$

$\Delta_r G_m^\ominus$ 称为化学反应标准摩尔吉布斯自由能的变化值，是标准态化学势的组合，只是温度的函数，温度确定，$\Delta_r G_m^\ominus$ 值就确定。

令 $Q_f = \dfrac{\left(\dfrac{f_G}{p^\ominus}\right)^g \left(\dfrac{f_H}{p^\ominus}\right)^h \cdots}{\left(\dfrac{f_D}{p^\ominus}\right)^d \left(\dfrac{f_E}{p^\ominus}\right)^e \cdots}$，代入式（5-3）得到

$$(\Delta_r G_m)_{T,p} = \Delta_r G_m^\ominus + RT \ln Q_f \tag{5-4}$$

式（5-4）为化学反应等温方程式。Q_f 称为"逸度商"，可以通过各物质的逸度求算。$\Delta_r G_m^\ominus$ 值也可通过多种方法计算，从而可得 $(\Delta_r G_m)_{T,p}$ 的值。

5.2.2　化学反应的平衡常数

化学反应达到平衡态时，$(\Delta_r G_m)_{T,p}=0$，Q_f 改写成 $Q_f=K_f^{\ominus}$

$$\Delta_r G_m^{\ominus}=-RT\ln K_f^{\ominus} \tag{5-5}$$

$K_f^{\ominus}$ 在数值上等于平衡时的"逸度商"，是量纲为 1 的量。因为它与 $\Delta_r G^{\ominus}$ 有关，所以称为热力学平衡常数。因为它与标准态化学势有关，所以又称为标准平衡常数，它仅是温度的函数。

【例题 5-1】任何一个化学反应，影响标准平衡常数的因素是（　　　）。

A. 反应物浓度；B. 催化剂；C. 产物浓度；D. 温度。

解：标准平衡常数只是温度的函数，只有温度影响标准平衡常数。选 D。

5.2.3　化学反应等温方程式判断反应的方向

因为 $\Delta_r G_m^{\ominus}=-RT\ln K_f^{\ominus}$，所以化学反应等温方程式又可以表示为：

$$(\Delta_r G_m^{\ominus})_{T,p}=-RT\ln K_f^{\ominus}+RT\ln Q_f=RT\ln\frac{Q_f}{K_f^{\ominus}} \tag{5-6}$$

参与反应的气体看成理想气体，Q_f 又可以写成 Q_p。

$Q_p<K_p^{\ominus}$，$(\Delta_r G_m)_{T,p}<0$，反应自发向正反应方向进行；

$Q_p>K_p^{\ominus}$，$(\Delta_r G_m)_{T,p}>0$，反应自发向逆反应方向进行；

$Q_p=K_p^{\ominus}$，$(\Delta_r G_m)_{T,p}=0$，反应达到平衡态。

【例题 5-2】反应 $A(g)+2B(g)\Longrightarrow 2D(g)$ 在温度 T 时 $K_p^{\ominus}=1$。若温度恒定为 T，在一真空容器中，通入 A、B、D 三种理想气体，它们的分压恰好皆为 $100kPa$。在此条件下，反应（　　　）。

A. 从右向左进行；B. 从左向右进行；

C. 处于平衡状态；D. 条件不全，无法判断。

解：$Q_p=\dfrac{\left(\dfrac{p_D}{p^{\ominus}}\right)^2}{\left(\dfrac{p_B}{p^{\ominus}}\right)^2\times\dfrac{p_A}{p^{\ominus}}}=\dfrac{\left(\dfrac{100}{100}\right)^2}{\left(\dfrac{100}{100}\right)^2\times\dfrac{100}{100}}=1$，$Q_p=K_p^{\ominus}$，反应达到平衡态。选 C。

$K_p^{\ominus}$ 或者 $K_f^{\ominus}$ 是与 $\Delta_r G^{\ominus}$ 热力学函数紧密相关的，所以都叫热力学标准平衡常数，它们仅是温度的函数，没有量纲。

$$\Delta_r G_m^{\ominus}=-RT\ln K_f^{\ominus}$$

等式左右的物理意义不同，等式左边是参与反应的物质都处于标准状态下进行反应进度为 1mol 时的吉布斯自由能的变化值；等式右边对应的是平衡态。该公式是联系热力学与化学平衡的桥梁，我们用热力学去解决化学平衡的问题时，总是要利用这个桥梁公式。

5.3　标准平衡常数和经验平衡常数

5.3.1　平衡常数与化学方程式的关系

$\Delta_r G_m^{\ominus}$ 的下标 m 表示反应进度为 1mol 时的标准吉布斯自由能的变化值。显然，化学反应方程中计量系数呈倍数关系，$\Delta_r G_m^{\ominus}$ 的值也呈倍数关系，而 $K_f^{\ominus}$ 值则呈指数关系。

如反应(1)：$\frac{1}{2}H_2(g) + \frac{1}{2}I_2(g) \Longrightarrow HI(g)$，反应进度为 1mol 时，分别消耗 0.5mol 的 H_2 和 0.5mol 的 I_2，产生 1mol 的 HI。反应(2)的反应计量系数为反应 (1) 的 2 倍：$H_2(g) + I_2(g) \Longrightarrow 2HI(g)$，反应进度为 1mol 时，分别消耗 1mol 的 H_2 和 1mol 的 I_2，产生 2mol 的 HI。所以容量性质 $\Delta_r G_m^{\ominus}$ 成倍增加，平衡常数则变成指数关系：

$$\Delta_r G_m^{\ominus}(2) = 2\Delta_r G_m^{\ominus}(1)$$
$$\Delta_r G_m^{\ominus}(2) = -RT\ln K_p^{\ominus}(2)$$
$$\Delta_r G_m^{\ominus}(1) = -RT\ln K_p^{\ominus}(1)$$
$$-RT\ln K_p^{\ominus}(2) = -2RT\ln K_p^{\ominus}(1)$$
$$K_p^{\ominus}(2) = K_p^{\ominus}(1)^2$$

其他情况以此类推。进行总结：

① 反应方程式乘以 n，K 变成 n 次方；

② 反应方程式反向，K 成倒数；

③ 反应方程式相加，K 相乘；

④ 反应方程式相减，K 相除。

【例题 5-3】已知 25℃ 时，反应 $N_2(g) + 3H_2(g) \Longrightarrow 2NH_3(g)$ 的 $\Delta_r G_m^{\ominus} = -33kJ/mol$。则反应 $NH_3(g) \Longrightarrow \frac{1}{2}N_2(g) + \frac{3}{2}H_2(g)$ 的标准平衡常数 $K_p^{\ominus}$ 为（　　）。

A. 6.4×10^{-4}；B. 3.2×10^{-4}；C. 1.29×10^{-3}；D. 2.6×10^{-3}。

解：$NH_3(g) \Longrightarrow (1/2)N_2(g) + (3/2)H_2(g)$ 的 $\Delta_r G_m^{\ominus} = 16.5kJ/mol$，$K_p^{\ominus} = \exp\left(-\frac{\Delta_r G_m^{\ominus}}{RT}\right) = 1.29 \times 10^{-3}$。选 C。

5.3.2　经验平衡常数

反应达平衡时，用反应物和生成物的实际压力、摩尔分数或浓度代入计算，得到的平衡常数称为经验平衡常数，一般有单位。

例如对任意理想气体的反应：$dD + eE \longrightarrow gG + hH$

当反应达平衡时：

（1）用压力表示的经验平衡常数 K_p

$$K_p^{\ominus} = \frac{\left(\dfrac{p_G}{p^{\ominus}}\right)^g \left(\dfrac{p_H}{p^{\ominus}}\right)^h}{\left(\dfrac{p_D}{p^{\ominus}}\right)^d \left(\dfrac{p_E}{p^{\ominus}}\right)^e}$$

$$= \frac{p_G^g p_H^h}{p_D^d p_E^e}(p)^{-g-h+d+e}$$

$$= \frac{p_G^g p_H^h}{p_D^d p_E^e}(p^{\ominus})^{-\Sigma \nu_B}$$

$$= K_p(p^{\ominus})^{-\Sigma \nu_B}$$

$$K_p = \frac{p_G^g p_H^h}{p_D^d p_E^e} = \prod_B p_B^{\nu_B} \tag{5-7}$$

式中，$\Sigma \nu_B$ 是反应方程式中计量系数的代数和，产物的系数取正的，反应物的系数取负的。

K_p 称为经验平衡常数，简称平衡常数，温度变，$K_p^{\ominus}$ 变，等式的右边的 K_p 变，K_p 是温度的函数；压力变，$K_p^{\ominus}$ 不变，等式的右边也保持不变，所以压力变，K_p 不变，K_p 与压力无关；只是温度的函数。$\Sigma \nu_B = 0$ 时，K_p 的单位为 1。

（2）用摩尔分数表示的经验平衡常数 K_x

$$K_p = \frac{p_G^g p_H^h}{p_D^d p_E^e} = \prod_B p_B^{\nu_B}$$

根据道尔顿分压定律，$p_B = p x_B$，代入上式得到，

$$K_p = \prod_B (p x_B)^{\nu_B}$$

$$= \left[\prod_B (x_B)^{\nu_B}\right] p^{\Sigma \nu_B}$$

$$= K_x p^{\Sigma \nu_B}$$

$$K_x = K_p p^{-\Sigma \nu_B}$$

$$K_x = \frac{x_G^g x_H^h}{x_D^d x_E^e} \tag{5-8}$$

式中，x 是摩尔分数，无量纲；K_x 也无量纲。K_p 只受温度的影响，而 K_x 不仅受温度的影响，还受压力的影响。因为压力变，K_p 不变，但是 p 变，K_x 要变。

（3）用物质的量浓度表示的经验平衡常数 K_c

$$K_c = \frac{c_G^g c_H^h}{c_D^d c_E^e} \tag{5-9}$$

对于理想气体：

$$p_B = \frac{n_B}{V}RT$$

$$=c_B RT$$

$$c_B = \frac{p_B}{RT}$$

代入 K_c 公式中得到，

$$K_c = \left(\frac{p_G^g p_H^h}{p_D^d p_E^e}\right)(RT)^{-\Sigma\nu_B}$$

$$K_c = K_p (RT)^{-\Sigma\nu_B}$$

K_c 只是温度的函数。

【例题 5-4】 在温度为 T，压力为 p 时，反应 $3O_2 \Longrightarrow 2O_3$ 的 K_p 与 K_x 的比值为（　　）。

A. RT；B. p；C. $(RT)^{-1}$；D. p^{-1}。

解： $K_x = K_p p^{-\Sigma\nu_B}$，$\dfrac{K_p}{K_x} = p^{\Sigma\nu_B} = p^{-1}$。选 D。

对于实际气体的反应体系：

$$K_f^\ominus = \frac{\left(\dfrac{f_G}{p^\ominus}\right)^g \left(\dfrac{f_H}{p^\ominus}\right)^h}{\left(\dfrac{f_D}{p^\ominus}\right)^d \left(\dfrac{f_E}{p^\ominus}\right)^e} \tag{5-10}$$

$$K_f^\ominus = \frac{\left(\dfrac{p_G}{p^\ominus}\right)^g \left(\dfrac{p_H}{p^\ominus}\right)^h}{\left(\dfrac{p_D}{p^\ominus}\right)^d \left(\dfrac{p_E}{p^\ominus}\right)^e} \times \frac{\gamma_G^g \gamma_H^h}{\gamma_D^d \gamma_E^e}$$

$$= K_p K_\gamma (p)^{-\Sigma\nu_B} \tag{5-11}$$

式中，$K_f^\ominus$ 是标准平衡常数，只是温度的函数；K_γ 是逸度系数的组合，逸度系数跟温度、压力有关，K_γ 也受温度、压力的影响，所以 K_p 也与温度、压力有关。

液相（溶液）反应，各组分的组成以活度来表示，所以

$$\Delta_r G_m^\ominus = -RT\ln K_a^\ominus$$

$$K_a^\ominus = \prod_B a_B^{\nu_B}$$

$$a_B = \gamma_{c,B}\frac{c_B}{c^\ominus}$$

$$= \gamma_{m,B}\frac{m_B}{m^\ominus}$$

$$= \gamma_{x,B}x_B$$

当然，$c_B \neq m_B \neq x_B$，$\gamma_{c,B} \neq \gamma_{m,B} \neq \gamma_{x,B}$。

$$K_a^\ominus = K_c K_\gamma \prod_B (c^\ominus)^{\nu_B}$$

5.4　复相化学平衡

5.4.1　复相化学反应

有气相和凝聚相（液体、固体）共同参与的反应称为复相化学反应。设凝聚相都处于纯态，不形成固溶体或溶液。由于气相和凝聚相物质的化学势表示式不同，我们把气相和凝聚相物质分开，设体系中共有 N 种物质，其中有 n 种是气体，其余是凝聚相。

平衡时：

$$\Delta_r G_m = \sum_{B=1}^{N} \nu_B \mu_B = 0$$

$$\sum_{B=1}^{n} \nu_B \mu_B + \sum_{n+1}^{N} \nu_B \mu_B = 0$$

如果压力不太高，气相可看成理想气体，理想气体化学势的表示式为

$\mu_B = \mu_B^{\ominus} + RT \ln \dfrac{p_B}{p^{\ominus}}$，代入上式，得到：

$$\sum_{B=1}^{n} \nu_B \mu_B^{\ominus} + RT \sum_{B=1}^{n} \ln \left(\frac{p_B}{p^{\ominus}} \right)^{\nu_B} + \sum_{n+1}^{N} \nu_B \mu_B = 0$$

$$\sum_{B=1}^{n} \ln \left(\frac{p_B}{p^{\ominus}} \right)^{\nu_B} = \ln \prod \left(\frac{p_B}{p^{\ominus}} \right)^{\nu_B}$$

$$\sum_{B=1}^{n} \nu_B \mu_B^{\ominus} + RT \ln \prod \left(\frac{p_B}{p^{\ominus}} \right)^{\nu_B} + \sum_{n+1}^{N} \nu_B \mu_B = 0$$

令 $K_p' = \prod \left(\dfrac{p_B}{p^{\ominus}} \right)^{\nu_B}$，则

$$\sum_{B=1}^{n} \nu_B \mu_B^{\ominus} + RT \ln K_p' + \sum_{n+1}^{N} \nu_B \mu_B = 0 \qquad (5\text{-}12)$$

讨论上式中的第三项，该项表示凝聚相在指定 T、p 下的化学势的加和，设凝聚相为纯态物质，其化学势的表示式参考溶剂化学势的表达式：

$$\mu_B = \mu_B^{\ominus} + RT \ln x_B + \int_{p^{\ominus}}^{p} V_B dp$$

因为是纯物质 $x_B = 1$，上式中第二项消去，因为是凝聚相物质，受压力影响很小，第三项可忽略不计。故：

$$\mu_B \approx \mu_B^{\ominus}(T)$$

代入式(5-12)，得到

$$\sum_{B=1}^{n} \nu_B \mu_B^{\ominus} + RT \ln K_p' + \sum_{n+1}^{N} \nu_B \mu_B^{\ominus} = 0$$

第一项和第三项合并，得到

$$\sum_{B=1}^{N} \nu_B \mu_B^{\ominus} + RT\ln K_p' = 0 \tag{5-13}$$

又

$$\sum_{B=1}^{N} \nu_B \mu_B^{\ominus} = \Delta_r G_m^{\ominus}$$

所以，

$$\Delta_r G_m^{\ominus} = -RT\ln K_p'$$

式中，$\mu_B^{\ominus}$ 是纯态物质在标准状态下的化学势，它只是温度的函数，定温下有定值。$\Delta_r G_m^{\ominus}$ 也是定温下有定值，所以 K_p' 也只是温度的函数。

$$K_p' = \prod \left(\frac{p_B}{p^{\ominus}}\right)^{\nu_B} = K_p^{\ominus} \tag{5-14}$$

可见对于复相反应，如果凝聚相处于纯态的话，其平衡常数表达式中不出现凝聚相，只考虑气相就可以。

5.4.2 解离压力

某固体物质发生解离反应时，所产生气体的压力，称为解离压力。

例如：有下述反应，并设气体为理想气体

$$CaCO_3(s) = CaO(s) + CO_2(g)$$

该反应是典型的复相分解反应，其平衡常数只考虑气相就可以。

$$K_p^{\ominus} = \frac{p_{CO_2}}{p^{\ominus}}$$

$$K_p = p_{CO_2}$$

p_{CO_2} 称为 $CaCO_3(s)$ 的解离压力。

如果产生不止一种的气体，则所有气体压力的总和称为解离压力。

例如，

$$NH_4HS(s) \longrightarrow NH_3(g) + H_2S(g)$$

解离压力

$$p = p_{NH_3} + p_{H_2S}$$

$$K_p^{\ominus} = \frac{p_{NH_3}}{p^{\ominus}} \times \frac{p_{H_2S}}{p^{\ominus}} = \frac{1}{4}\left(\frac{p}{p^{\ominus}}\right)^2$$

显然，解离压力在定温下有定值。

【例题 5-5】已知 445℃时，$Ag_2O(s)$ 的分解压力为 20974kPa，则此时分解反应 $Ag_2O(s) = 2Ag(s) + 1/2O_2(g)$ 的 $\Delta_r G_m^{\ominus}$ 为（　　）。

A. 14.387kJ/mol；B. 15.92kJ/mol；C. −15.92kJ/mol；D. −31.83kJ/mol。

解：该反应的解离压力是 O_2 的压力。$K_p^{\ominus} = \left(\frac{p_{O_2}}{p^{\ominus}}\right)^{1/2} = 14.5$

$\Delta_r G_m^{\ominus} = -RT\ln K_p^{\ominus} = -15.92kJ/mol$。选 C。

5.5　平衡常数的测定和平衡转化率的计算

5.5.1　平衡常数的测定

测定平衡常数常用的方法有两种。

（1）物理方法

直接测定与浓度或压力呈线性关系的物理量，如折光率、电导率、颜色、光的吸收、定量的色谱图谱和磁共振谱等，求出平衡的组成。这种方法不干扰体系的平衡状态。

（2）化学方法

用骤冷、抽去催化剂或冲稀等方法使反应停止，然后用化学分析的方法求出平衡的组成。

除用实验方法直接测定外，还可用热力学数据间接计算反应的平衡常数。

5.5.2　平衡转化率的计算

平衡转化率又称为理论转化率，是达到平衡后，反应物转化为产物的百分数。

$$平衡转化率 = \frac{达到平衡后原料转化为产物的量}{投入原料的量} \times 100\%$$

工业生产中的转化率是指反应结束时，反应物转化为产物的百分数，因这时反应未必达到平衡，所以实际转化率往往小于平衡转化率。

除平衡转化率外人们有时用最大产率、平衡混合物组成来表征反应完成的程度。

$$最大产率 = \frac{反应到平衡时产品的产量}{按反应式原料全部反应所应得产品的量} \times 100\%$$

平衡混合物组成：平衡时各物质的百分含量，也可以用各物质的摩尔分数表示。

计算平衡转化率和平衡混合物组成时，一般假设原料的量为 1。

【例题 5-6】 已知 400K 时，以下反应 $C_2H_4(g) + H_2O(g) \Longrightarrow C_2H_5OH(g)$ 的 $K_p^{\ominus} = 0.1$，试计算：（1）400K，$p = 10 \times p^{\ominus}$ 时 C_2H_4 的平衡转化率；（2）平衡时各物质的摩尔分数。

解：平衡转化率指的是平衡时反应物转化成产物的量，所以假设开始时的反应的量为 1，其单位为 mol 或根据题意是别的单位。

$$
\begin{array}{cccc}
C_2H_4(g) & + & H_2O(g) & \Longrightarrow & C_2H_5OH(g) \\
1 & & 1 & & 0 \\
1-\alpha & & 1-\alpha & & \alpha
\end{array}
$$
（设平衡时 C_2H_4 转化了 α）

平衡后 $n_{总} = (1-\alpha) + (1-\alpha) + \alpha = 2-\alpha$

$$K_p^{\ominus} = \frac{p_{C_2H_5OH}}{p_{C_2H_4}\, p_{H_2O}} (p^{\ominus})^{-\Sigma \nu_B}$$

$$K_p^{\ominus} = \frac{p_{C_2H_5OH}}{p_{C_2H_4}\, p_{H_2O}} p^{\ominus}$$

$p_B = px_B$ 代入上式得到，

$$K_p^{\ominus} = \frac{x_{C_2H_5OH}}{x_{C_2H_4} x_{H_2O}} p^{-1} p^{\ominus} = \frac{\dfrac{\alpha}{2-\alpha}}{\left(\dfrac{1-\alpha}{2-\alpha}\right)^2} \times 0.1 = 0.1$$

整理上式得：$2\alpha^2 - 4\alpha + 1 = 0$，解之：$\alpha_1 = 0.293\text{mol}$，$\alpha_2 = 1.707\text{mol}$（不合理舍去）。

$$C_2H_4 \text{ 的平衡转化率} = (0.293/1) \times 100\% = 29.3\%$$

$$n_{\text{总}} = (2 - 0.293)\text{mol} = 1.707\text{mol}$$

平衡时各物质的摩尔分数：

$$x_{C_2H_4} = (1 - 0.293)/1.707 = 0.414; \quad x_{H_2O} = 0.414;$$

$$x_{C_2H_5OH} = 0.293/1.707 = 0.172$$

5.6　标准生成吉布斯自由能及平衡常数的计算

5.6.1　标准吉布斯自由能的改变量

在温度 T 时，当反应物和生成物都处于标准态，发生反应进度为 1mol 的化学反应吉布斯自由能的变化值，称为标准状态下反应的吉布斯自由能变化值，即标准吉布斯自由能改变量，用 $\Delta_r G_m^{\ominus}$ 表示。

$\Delta_r G_m^{\ominus}$ 的用途：

① 计算热力学平衡常数。

$$\Delta_r G_m^{\ominus} = -RT\ln K_a^{\ominus}$$

$$K_a^{\ominus} = e^{\frac{-\Delta_r G_m^{\ominus}}{RT}} = \exp\left(\frac{-\Delta_r G_m^{\ominus}}{RT}\right) \tag{5-15}$$

② 计算实验不易测定的平衡常数。

③ 近似估计反应的可能性。

$\Delta_r G_m^{\ominus}$ 的求解方法：

① 利用 $\Delta_f G_m^{\ominus}$ 数据计算。

② 测定反应的标准平衡常数来计算。

③ 通过反应的熵变和焓变来计算。

④ 用已知反应的 $\Delta_r G_m^{\ominus}$ 来计算。

⑤ 电池的标准电动势来计算，$\Delta_r G_m^{\ominus} = -nE^{\ominus}F$。

5.6.2　标准摩尔生成吉布斯自由能

因为吉布斯自由能的绝对值不知道，所以只能用相对标准，即：把标准压力下稳定单质（包括纯的理想气体，纯的固体或液体）生成的吉布斯自由能看作零，则：在标准压力下，由稳定单质生成 1mol 化合物时吉布斯自由能的变化值，称为该化合物的标准摩尔生成吉布斯自由能，用 $\Delta_f G_m^{\ominus}$（化合物，物态，温度）来表示。通常在

298.15K 时的值有表可查。

有离子参加的反应，主要是电解质溶液。溶质的浓度经常用质量摩尔浓度表示，所用标准态是 $m^{\ominus}=1\text{mol/kg}$，且具有稀溶液性质的假想状态，这时规定的相对标准为 H^+ 在标准压力下，$m=1\text{mol/kg}$ 时的标准摩尔生成吉布斯自由能为 0，$\Delta_f G_m^{\ominus}$（H^+，aq，$m=1\text{mol/kg}$）。由此而得到其他离子的标准摩尔生成吉布斯自由能的数值。常见离子的标准摩尔生成吉布斯自由能有表可查。

有两点应注意：

① 由 $\Delta_f G_m^{\ominus}$ 计算 $\Delta_r G_m^{\ominus}$ 时，要注意标准态问题。因为只有标准态的化学势加和才等于 $\Delta_r G_m^{\ominus}$。

对于气体物质，标准态为 $p=p^{\ominus}=10^5\text{Pa}$。

对于液相和固相物质，标准态是指纯态 $x_B=1$。

对于溶液，标准态是 $m^{\ominus}=1\text{mol/kg}$ 或者 $c^{\ominus}=1\text{mol/L}$，而且符合理想溶液性质的假想态。

② 对于溶液中的反应，如果用物质的量浓度表示浓度，其标准态为 $c^{\ominus}=1\text{mol/dm}^3$。例如任意溶液中的反应：$d\text{D}+e\text{E}=\!=\!=g\text{G}+h\text{H}$，各物质都处于标准态时，即浓度都为：$c^{\ominus}=1\text{mol/dm}^3$，这时 $\Delta_r G_m^{\ominus}=\sum \nu_B \Delta_f G_m^{\ominus}$（B，aq，$c^{\ominus}=1\text{mol/dm}^3$），$\Delta_r G_m^{\ominus}=-RT\ln K_c^{\ominus}$

$$\Delta_f G_m^{\ominus}(\text{B,aq})\neq \Delta_f G_m^{\ominus}(\text{B})$$

如果浓度用质量摩尔浓度表示，则各物质处于 $m^{\ominus}=1\text{mol/kg}$ 时为标准态。$\Delta_r G_m^{\ominus}=\sum\nu_B \Delta_f G_m^{\ominus}$（B，aq，$m^{\ominus}=1\text{mol/kg}$），$\Delta_r G_m^{\ominus}=-RT\ln K_m^{\ominus}$。

【例题 5-7】 已知气相反应 $2SO_2+O_2=\!=\!=2SO_3$ 的标准平衡常数 $K_c^{\ominus}$ 与 T 的函数关系为：$\lg K_c^{\ominus}=10373/T+2.222\lg T-14.585$。上述反应可视为理想气体反应。已知 $K_c^{\ominus}=K_p^{\ominus}(c^{\ominus}RT/p^{\ominus})$。

(1) 求该反应在 1000K 时的 $\Delta_r H_m^{\ominus}$、$\Delta_r U_m^{\ominus}$ 和 $\Delta_r G_m^{\ominus}$。

(2) 1000K 时，$2\times 101325\text{Pa}$ 下若有 SO_2、O_2、SO_3 的混合气体，其中 SO_2 占 20%（体积），O_2 占 20%（体积），试判断在此条件下反应的方向如何？

解：(1) 将 $K_c^{\ominus}=K_p^{\ominus}(c^{\ominus}RT/p^{\ominus})$ 关系式代入得 1000K 下，$K_p^{\ominus}=3.42$

$$\Delta_r G_m^{\ominus}=-RT\ln K_p^{\ominus}=-10.23\text{kJ/mol},\quad \Delta_r H_m^{\ominus}=-RT^2\frac{\text{d}\ln K_p^{\ominus}}{\text{d}T}=-1.884\times 10^5\text{J/mol},$$

$$\Delta_r U_m^{\ominus}=\Delta_r H_m^{\ominus}-\sum_B \gamma_B RT=-180.14\text{kJ/mol}$$

(2) $Q_p=22.5$，由于 $Q_p>K_p^{\ominus}$，故反应向左进行。

5.7　温度、压力及惰性气体对平衡的影响

5.7.1　平衡常数与温度的关系——范特霍夫方程

把吉布斯-亥姆霍斯方程（温度对吉布斯自由能和亥姆霍斯自由能的影响）用于

化学反应，且令参加反应的物质均处于标准态，则有：

$$\left[\frac{\partial\left(\dfrac{\Delta_r G_m^{\ominus}}{T}\right)}{\partial T}\right]_p = -\frac{\Delta_r H_m^{\ominus}}{T^2}$$

将 $\Delta_r G_m^{\ominus} = -RT\ln K_p^{\ominus}$ 代入上式，可得到范特霍夫（van't Hoff）方程的微分式：

$$\left[\frac{\partial\ln K_p^{\ominus}}{\partial T}\right]_p = \frac{\Delta_r H_m^{\ominus}}{RT^2} \tag{5-16}$$

① 对吸热反应，$\Delta_r H_m^{\ominus} > 0$，升高温度，$K_p^{\ominus}$ 增加，对正反应有利。

② 对放热反应，$\Delta_r H_m^{\ominus} < 0$，升高温度，$K_p^{\ominus}$ 降低，对正反应不利。

若温度区间不大，$\Delta_r H_m^{\ominus}$ 可视为常数，得定积分式为：

$$\ln\frac{K_p^{\ominus}(T_2)}{K_p^{\ominus}(T_1)} = \frac{\Delta_r H_m^{\ominus}}{R}\left(\frac{1}{T_1} - \frac{1}{T_2}\right) \tag{5-17}$$

该公式常用来从已知一个温度下的平衡常数求出另一个温度下的平衡常数。若 $\Delta_r H_m^{\ominus}$ 值与温度有关，则将关系式代入微分式进行积分。

5.7.2 压力对化学平衡的影响

根据勒夏特列（Le Chatelier）原理：增加压力，反应向体积减小的方向进行。这里可以用压力对平衡常数的影响从本质上对勒夏特列原理加以说明。

$$\Delta_r G_m^{\ominus} = -RT\ln K_a^{\ominus}$$

等式的两边求压力的偏导数

$$\left[\frac{\partial(\Delta_r G_m^{\ominus})}{\partial p}\right]_T = -RT\left(\frac{\partial\ln K_a^{\ominus}}{\partial p}\right)_T$$

因为等式的左边与压力无关，等于零，所以等式的右边也等于零。

$$\left(\frac{\partial\ln K_a^{\ominus}}{\partial p}\right)_T = 0$$

标准平衡常数与压力无关。压力变，标准平衡常数不变。经验平衡常数中与压力有关的是 K_x。

$$K_p^{\ominus} = K_x\left(\frac{p}{p^{\ominus}}\right)^{\Sigma\nu_B}$$

等式的两边求对数

$$\ln K_p^{\ominus} = \ln K_x + \Sigma\nu_B\ln p - \Sigma\nu_B\ln p^{\ominus}$$

求压力的偏导数

$$\left(\frac{\partial\ln K_p^{\ominus}}{\partial p}\right)_T = \left(\frac{\partial\ln K_x}{\partial p}\right)_T + \frac{\Sigma\nu_B}{p} = 0$$

$$\left(\frac{\partial\ln K_x}{\partial p}\right)_T = -\frac{\Sigma\nu_B}{p} \tag{5-18}$$

$\sum \nu_B < 0$，产物的气体分子数减少，上式是正的，增加压力时，K_x 也增加，反应正向进行。$\sum \nu_B > 0$，产物的气体分子数增加，上式是负的，增加压力时，K_x 减小，反应逆向进行。

对上式进行积分得到

$$\ln \frac{K_x(p_2)}{K_x(p_1)} = \sum \nu_B \ln \frac{p_1}{p_2} \tag{5-19}$$

【例题 5-8】已知 $2NO(g) + O_2(g) \Longrightarrow 2NO_2(g)$ 为放热反应，反应达到平衡后，欲使平衡向右移动以获得更多的 NO_2，应采取的措施是（　　）。

A. 降温和减压；B. 降温和增压；C. 升温和减压；D. 升温和增压。

解：要使放热反应向右进行，降温。该反应的 $\sum \nu_B < 0$，增加压力，反应正向进行。选 B。

5.7.3　惰性气体对化学平衡的影响

这里所指的惰性气体是指反应体系中存在但不参与反应的气体，例如：氮气、甲烷气、水蒸气等。

设有一气相反应：$dD + eE \Longrightarrow gG + hH$

$$K_x = \frac{x_G^g x_H^h}{x_D^d x_E^e} = \prod x_B^{\nu_B} = \prod \left(\frac{n_B}{n_{总}} \right)^{\nu_B} = \left(\prod n_B^{\nu_B} \right) (n_{总})^{-\sum \nu_B}$$

$$K_x = K_n (n_{总})^{-\sum \nu_B}$$

$$K_p = K_x p^{\sum \nu_B} = K_n \left(\frac{p}{n_{总}} \right)^{\sum \nu_B} \tag{5-20}$$

K_n 不是平衡常数，只是参与反应各物质物质的量的组合，不影响平衡常数值。加入惰性气体能增加总的物质的量，当 $\sum \nu_B$ 不等于零时，加入惰性气体会影响平衡组成。例如：$\sum \nu_B > 0$，增加惰性气体，$n_{总}$ 值增加，括号项下降。因为 K_p 为定值，则 K_n 项应增加，产物的含量会增加。所以对于分子数增加的反应，加入水蒸气或氮气等惰性气体，会使反应物转化率提高。

第6章

电解质溶液

6.1 电化学的基本概念和基本定律

6.2 电导、电导率和摩尔电导率及其应用

6.3 强电解质溶液理论简介

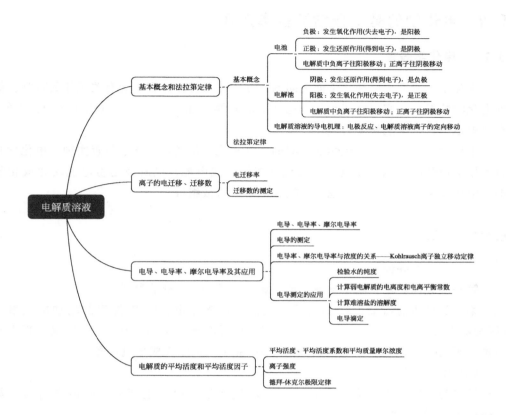

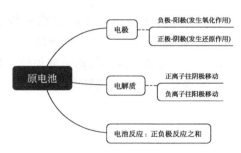

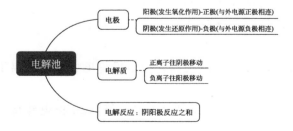

6.1 电化学的基本概念和基本定律

6.1.1 电化学装置

电化学：研究电能和化学能之间的相互转化及转化过程中的有关规律的科学。借助电化学装置可以实现电能与化学能之间的转换。在电解池中，电能转变为化学能；在原电池中，化学能转变为电能。

电化学装置：电能和化学能之间的相互转化必须通过电化学装置实现。电化学装置有原电池和电解池。原电池是将化学能转化成电能；电解池是将电能转化成化学能。电化学装置由两个半电池即电极和电解质溶液组成。

6.1.2 导体

（1）第一类导体

第一类导体：也叫电子导体，如金属、石墨和金属化合物等。

第一类导体的特征：a. 靠电子的定向移动来导电；b. 随温度的增加电阻增加（因为随着温度升高，质点的热运动提高，阻碍电子的定向移动）；c. 导电过程中导体本身不发生变化（不发生化学变化）；d. 完全由电子完成导电任务。

（2）第二类导体

第二类导体：也叫离子导体，如电解质溶液、熔融电解质、固体电解质（如 $AgBr$、PbI_2 等）等。

第二类导体的特征：a. 靠正、负离子的定向移动来导电，正离子往阴极移动（并不一定是负极），负离子往阳极移动（并不一定是正极）；b. 温度升高，电阻下降，因为随着温度升高，介质的黏度下降，离子的热运动提高，移动速度加快，导电能力提高；c. 导电过程中有化学反应发生；d. 正负离子分担完成导电任务。

6.1.3 电解质溶液的导电机理

图 6.1 是 Zn 电极插入 $ZnSO_4$ 溶液中，Cu 电极插入 $CuSO_4$ 溶液中组成原电池。

Zn 电极活泼性较高（与 Cu 电极比较），更容易失去电子：

$$Zn - 2e^- \longrightarrow Zn^{2+}$$

发生氧化作用，命名为阳极。

Zn 电极表面不断有 Zn^{2+} 溶进来，Zn^{2+} 浓度提高，为了保持电中性，负离子往 Zn 电极（阳极）方向迁移。

Zn 电极有较多的电子（失电子），电子由 Zn 极流向 Cu 极，Zn 极电势低，是负极。

Cu 电极活泼性较低（与 Zn 电极比较），只能得到电子：

$$Cu^{2+} + 2e^- \longrightarrow Cu$$

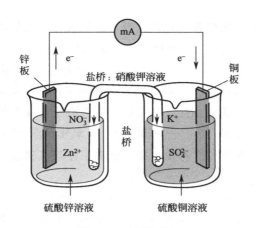

图 6.1　丹尼尔电池

发生还原作用，命名为阴极。

Cu 电极上 Cu^{2+} 得到电子而析出，Cu^{2+} 浓度降低，正离子不断地往 Cu 电极（阴极）移动。

Cu 电极缺电子（得电子），电流由 Cu 极流向 Zn 极，Cu 极电势高，是正极。

电池反应：

$$Zn + Cu^{2+} \longrightarrow Zn^{2+} + Cu \qquad 自发反应$$

电极上发生氧化、还原反应，电解质溶液中发生离子的定向移动，外电路中电流从 Cu 电极（正极）传送到 Zn 电极（负极），整个形成闭合电路，往外输送电，实现化学能转换成电能。

电池中电极的极性由电极材料的活泼性来确定。较活泼的电极发生氧化作用，发生氧化作用的电极叫阳极；发生还原作用的电极叫阴极。有比较多的电子，电极电势低的电极叫负极；缺电子，电极电势高的电极叫正极。

原电池的电极常用正、负极来命名。原电池的负极是阳极，正极是阴极。图 6.2 是电解 $CuCl_2$ 的电解池。

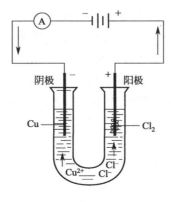

图 6.2　电解池

左边电极：与外电源负极相接，是负极，得到电子，发生还原作用。$CuCl_2$ 溶液中能发生还原作用的离子有 Cu^{2+} 和 H^+。竞争的结果是 Cu^{2+} 得电子变成 Cu。

$$Cu^{2+}(aq)+2e^- \longrightarrow Cu(s) \qquad 还原反应，是阴极$$

消耗 Cu^{2+}，电极周围不断有 Cu^{2+} 移动过来，正离子往阴极移动。

右边电极：与外电源正极相接，是正极，失去电子，发生氧化作用。

$$2Cl^-(aq)-2e^- \longrightarrow Cl_2(g) \qquad 氧化反应，是阳极$$

消耗 Cl^-，电极周围不断有 Cl^- 移动过来，负离子往阳极移动。

电解的反应

$$CuCl_2 \longrightarrow Cu(s)+Cl_2(g) \qquad 非自发反应$$

非自发变化能进行是依靠环境的帮助，环境输入电能，电能转换成化学能。

电解池中电极的极性由连接的外电源的电极极性决定，与电极本身的性质无关。与外电源负极相接，是负极，发生还原反应，是阴极。与外电源正极相接，是正极，发生氧化反应，是阳极。

电解池常用阴、阳极来命名，阴极是负极，阳极是正极。

通过以上电池和电解池的例子可以总结得到电解质溶液的导电机理。

① 电流通过溶液是由正负离子的定向迁移来实现的。阴（负）离子迁向阳极；阳（正）离子迁向阴极。

② 电流在电极与溶液界面处得以连续，是由于两电极上分别发生氧化还原作用时导致电子得失。

③ 外电路有电子的定向移动。借助电化学装置，把以上的三部分连接在一起，可以实现电能与化学能之间的转换。在电解池中，电能转变为化学能，为非自发变化；在原电池中，为自发变化，化学能转变为电能。

6.1.4　法拉第定律

英国的物理学家、化学家法拉第根据多次实验结果，分别在 1833 年和 1834 年总结出了法拉第定律。

法拉第定律的文字描述：a. 在电极表面发生化学变化的物质的量与通入的电量呈正比；b. 通电于若干个电解池串联的线路中，当所取的基本微粒的核电荷数相同时，在各个电极上发生反应的量相等，析出物质的质量与其摩尔质量呈正比。

法拉第常数 F：1mol 元电荷（带电的最小微粒，如电子）的电量叫作法拉第常数，用 F 表示。一个元电荷所带电量为 $1.6022\times10^{-19}C$，1mol 元电荷有 6.022×10^{23} 个微粒，于是有：

$$
\begin{aligned}
F &= Le \\
&= 1.6022\times10^{-19}C \times 6.022\times10^{23}mol^{-1} \\
&= 96484.5C/mol \\
&\approx 96500C/mol
\end{aligned}
$$

法拉第常数 F 一般取 $96500C/mol$。

法拉第定律的数学表达式：

$$M^{z+} + ze^- \longrightarrow M$$

$$1\text{mol} \qquad zF$$

$$n\,\text{mol} \qquad Q$$

参与反应的 M 为 1mol 时，得失电子为 z mol，通过的电量为 zF 库仑；M 为 n mol 时，通过的电量为 Q 库仑。得到：

$$zF : 1 = Q : n$$

$$Q = nzF \quad 或 \quad n = \frac{Q}{zF} \tag{6-1}$$

式中，z 为得失电子数；Q 为通过的电量；n 为发生反应的物质的量。通入的电量 Q 与发生反应的物质的量 n 成正比。该公式是法拉第定律的数学表达式的一种形式。

$$M^{z+} + ze^- \longrightarrow M$$

$$zF \qquad 1\text{mol}$$

$$Q \qquad n\,\text{mol}$$

反应进度 $\xi = 1$ mol，生成 1mol M，通入的电量为：

$$Q = zF$$

反应进度 $\xi = \xi$ mol，生成 n mol M，通入的电量为：

$$Q = nzF \quad 或 \quad Q = \xi zF \tag{6-2}$$

因为

$$\mathrm{d}\xi = \frac{\mathrm{d}n_B}{\nu_B}$$

$$\nu_B = 1$$

所以

$$\xi = n$$

是法拉第定律数学表达式的另一种形式，ξ 是反应进度。通过 ξ 计算电量，针对的是反应，因为反应进度跟物质的选择无关，只与反应程度有关。

如果 $\nu_B \neq 1$，还会是 $\xi = n$ 吗？

【例题 6-1】 通电于 $AuNO_3$ 溶液，电流强度 $I = 0.025A$，析出 Au(s) 1.20g，已知 Au 的摩尔质量为 197.0g/mol。求：（1）通入电量 Q；（2）通电时间 t；（3）阳极上放出氧气的物质的量。

解法 1：

阴极：

$$Au^{3+} + 3e^- =\!=\!= Au$$

阳极：

$$\frac{3}{2}H_2O - 3e^- =\!=\!= \frac{3}{4}O_2 + 3H^+$$

同一个电解池，阴阳两极通过的电量相等。有 3 个电子通过时，产生 1 个 Au 和

1 个 $\left(\dfrac{3}{4}O_2\right)$，所以，电解反应中产生的 $n(Au)=n\left(\dfrac{3}{4}O_2\right)$。这就是法拉第定律文字描述的第二条的原理。该反应中基本微粒荷电核数选择为 3 价，Au 和 $\left(\dfrac{3}{4}O_2\right)$ 看成核电荷数为 3 的微粒。

(1) $Q=n(Au)zF=\xi zF=\left(\dfrac{1.20}{197.0}\times3\times96500\right)C=1763C$

(2) $t=\dfrac{Q}{I}=\dfrac{1763}{0.025}s=7.05\times10^4\,s$

(3) $n\left(\dfrac{3}{4}O_2\right)=n(Au)$，要计算 $n(O_2)$ 有以下 2 种方法。

第一种考虑方法：$\left(\dfrac{3}{4}O_2\right)$ 微粒，可以看成是把 O_2 分成四份，其中三份组合成 $\left(\dfrac{3}{4}O_2\right)$ 微粒，所以 $\dfrac{3}{4}O_2$ 的物质的量是 O_2 的 $\dfrac{4}{3}$ 倍，那么 O_2 的物质的量是 $\left(\dfrac{3}{4}O_2\right)$ 的 $\dfrac{3}{4}$ 倍。

第二种考虑方法：

$$\dfrac{3}{2}H_2O-3e^-=\dfrac{3}{4}O_2+3H^+$$

把微粒选择成 $\dfrac{3}{4}O_2$，求 Q：

$$Q=n\left(\dfrac{3}{4}O_2\right)\times3F$$

把微粒选择成 O_2，而 $\dfrac{3}{4}$ 看成反应的计量系数，求 Q：

$$3F:\dfrac{3}{4}=Q:n(O_2)$$

$$Q=\dfrac{4}{3}n(O_2)\times3F$$

选择微粒的方式不同，考虑问题的方式方法不同，但反应进行的程度不会随着微粒的核电荷数而变，通入的电量相等：

$$n\left(\dfrac{3}{4}O_2\right)\times3F=\dfrac{4}{3}n(O_2)\times3F$$

$$n(O_2)=\dfrac{3}{4}n\left(\dfrac{3}{4}O_2\right)$$

$$n(O_2)=\dfrac{3}{4}n\left(\dfrac{3}{4}O_2\right)=\dfrac{3}{4}n(Au)=\left(\dfrac{3}{4}\times\dfrac{1.20}{197}\right)mol=4.57\times10^{-3}mol$$

解法 2：

阴极：

$$\dfrac{1}{3}Au^{3+}+e^-=\dfrac{1}{3}Au$$

阳极：

$$\dfrac{1}{2}H_2O-e^-=\dfrac{1}{4}O_2+H^+$$

以上反应中，基本微粒荷电核数选择为 1 价，根据解法 1 的研究方法，即串联的电极上如果微粒的核电荷数相等，其物质的量相等，一价的 $\frac{1}{3}Au$ 和 $\frac{1}{4}O_2$ 的物质的量相等：

$$n\left(\frac{1}{3}Au\right)=n\left(\frac{1}{4}O_2\right)$$

（1）$Q=n\left(\frac{1}{3}Au\right)zF=\xi zF=\left(\frac{1.20}{197.0/3}\times1\times96500\right)C=1763C$

Au 的摩尔质量为 $197.0g/mol$，$\frac{1}{3}Au$ 的摩尔质量是 $\frac{197.0}{3}g/mol$。

化学反应中就是有非 1 的计量系数，但可以不把它考虑成系数，而是合起来看成微粒，如 $\frac{1}{3}Au$ 等，所以：

$$\xi=n=\frac{1.20}{197.0/3}$$

如果微粒选择 Au，$\frac{1}{3}$ 就是计量系数：

$$\xi=\frac{\dfrac{1.20}{197.0}}{\dfrac{1}{3}}$$

只要化学方程式确定，反应程度确定（如该例题中析出 1.20g 的 Au），反应进度就不会随着微粒的变化而变。

$$n(Au)=\frac{1.20}{197.0}mol$$

以上反应中，选择物质微粒 Au（或 Au^{3+}），得失电子数是 3。这样考虑的结果是物质的选择和以上反应其实没有直接关系。但算出来的 Q 还是不变的。

$$Q=n(Au)zF=\left(\frac{1.20}{197.0}\times3F\right)C=1763C$$

显然，

$$\xi\neq n$$

$$\xi=n=\frac{1.20}{197.0/3}$$

$$Q=\xi zF=\left(\frac{1.20}{197.0/3}\times1\times96500\right)C=1763C$$

但是，最终算出来的电量 Q 相等。

$Q=nzF$ 中 n 是参与反应的某个物质的量，选择不同的物质或微粒，必须考虑其得失电子数的改变。选择不同的微粒，选择不同的核电荷数，物质的量、得失电子数会变，但这些人为的选择，不影响反应实际进行的程度，通过的电量是不变的。因为，荷电核数（得失电子数）n 倍增加（降低）时，物质的量 n 倍降低（增加）。$Q=nzF$ 中前两项 nz 的乘积不变，$Q=nzF$ 的值不会随荷电核数（得失电子数）的选择而改变。如解法1、解法2的Au和$\left(\frac{1}{3}Au\right)$物质的量和得失电子数。

$Q = \xi zF$公式针对的是反应，只要化学反应方程式确定，反应进度就确定，跟物质、微粒的选择无关。如解法2中，选择$\left(\frac{1}{3}Au\right)$或Au的反应进度$\xi$是相等的。

不管是用针对某物质的公式$Q = nzF$，还是针对反应进度的$Q = \xi zF$，选择不同的物质，不同的荷电核数，最终结果是相同的。通过的电量Q与选择的物质、微粒的核电荷数无关。但前提条件是选择正确。

(2) $t = \dfrac{Q}{I} = \dfrac{1762}{0.025}s = 7.05 \times 10^4 s$

(3) $n\left(\frac{1}{4}O_2\right) = n\left(\frac{1}{3}Au\right)$

$$n(O_2) = \frac{1}{4}n\left(\frac{1}{4}O_2\right) = \frac{1}{4}n\left(\frac{1}{3}Au\right) = \left(\frac{1}{4} \times \frac{1.20}{197/3}\right)mol = 4.57 \times 10^{-3} mol$$

6.1.5 离子的电迁移和迁移数

（1）电迁移率

原电池或电解池的电解质溶液通过离子的定向迁移来实现溶液中的导电任务，离子在外电场的作用下的定向移动叫离子的电迁移。

设想在两个惰性电极之间有想象的平面AA和BB，将溶液分为阳极部、中部及阴极部三个部分。假定未通电前，各部均含有正、负离子各5mol，分别用＋、－号代替。设离子都是一价的，当通入4mol电子的电量时，阳极上有4mol负离子氧化，阴极上有4mol正离子还原。两电极间的溶液中正、负离子要共同承担4mol电子电量的运输任务。离子都是一价的，则离子运输电荷的数量只取决于离子迁移的速度。

① 设正、负离子迁移的速率相等$r_+ = r_-$，则导电任务各分担2mol，在假想的AA、BB平面上各有2mol正、负离子逆向通过。正离子往阴极迁移，负离子往阳极迁移。当通电结束，阴、阳两极部溶液浓度相同，但比原溶液各少了2mol，而中部溶液浓度不变（图6.3）。

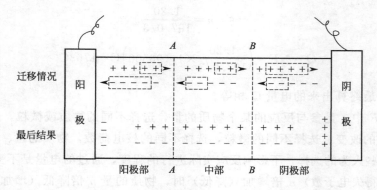

图6.3 离子的电迁移现象（$r_+ = r_-$）

② 设正离子迁移速率是负离子的 3 倍，$r_+ = 3r_-$，则正离子导 3mol 电量，负离子导 1mol 电量。在假想的 AA、BB 平面上有 3mol 正离子和 1mol 负离子逆向通过。通电结束，阳极部正、负离子各少了 3mol，阴极部只各少了 1mol，而中部溶液浓度仍保持不变（图 6.4）。

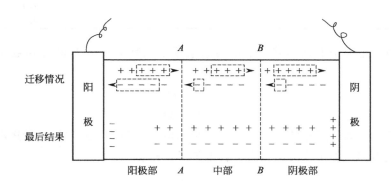

图 6.4　离子的电迁移现象（$r_+ = 3r_-$）

结论：

$$\frac{\text{阳极部物质的量的减少}}{\text{阴极部物质的量的减少}} = \frac{\text{正离子所传送的电量}Q_+}{\text{负离子所传送的电量}Q_-} = \frac{\text{正离子迁移的速率}r_+}{\text{负离子迁移的速率}r_-}$$

离子在电场中的迁移速率 r 与电位梯度 $\dfrac{\mathrm{d}E}{\mathrm{d}l}$ 呈正比。比例系数 u 为电迁移率。

$$r = u\,\frac{\mathrm{d}E}{\mathrm{d}l} \tag{6-3}$$

电迁移率：单位电位梯度时离子迁移的速率。

$$r_+ = u_+ \frac{\mathrm{d}E}{\mathrm{d}l}$$

$$r_- = u_- \frac{\mathrm{d}E}{\mathrm{d}l}$$

式中，$\dfrac{\mathrm{d}E}{\mathrm{d}l}$ 为电位梯度，比例系数 u_+ 和 u_- 分别称为正、负离子的电迁移率，又称离子淌度（ionic mobility），即相当于单位电位梯度时离子迁移的速率。它的单位是 $\mathrm{m^2/(s \cdot V)}$。电迁移率的数值与离子本性、电位梯度、溶剂性质、温度等因素有关，可以用界面移动法测量。表 6.1 列出了一些离子在无限稀释水溶液中的离子迁移率，这些数据是由实验测量得到的。由表中数据可以看出，H^+ 和 OH^- 的离子迁移率最大，相同条件下，H^+ 在简单正离子中的导电能力最强，OH^- 在简单负离子中的导电能力最强；K^+、Cl^- 和 NO_3^- 离子迁移率相差无几，K^+、Cl^- 和 NO_3^- 离子导电能力相差不大，盐桥中可以使用 KCl、KNO_3 溶液。

表 6.1　298K 时一些离子在无限稀释水溶液中的离子电迁移率

正离子	$u_+^{\infty}/[10^8 m^2/(s \cdot V)]$	负离子	$u_-^{\infty}/[10^8 m^2/(s \cdot V)]$
H^+	36.30	OH^-	20.52
K^+	7.62	SO_4^{2-}	8.27
Ba^{2+}	6.59	Cl^-	7.91
Na^+	5.19	NO_3^-	7.40
Li^+	4.01	HCO_3^-	4.61

迁移数：把离子 B 所运载的电量与总电量之比称为离子 B 的迁移数，迁移数用 t_B 表示。

$$t_B = \frac{I_B}{I} = \frac{Q_B}{Q} \tag{6-4}$$

由于正、负离子迁移的速率不同，所带的电荷不等，因此它们在运送电量时所分担的分数也不同。如果溶液中只有一种电解质，则：

$$t_+ + t_- = 1$$

如果溶液中有多种电解质，共有 i 种离子，则：

$$\sum t_i = 1 \tag{6-5}$$

【例题 6-2】298K 时，有相同浓度的 NaOH(1) 和 NaCl(2) 溶液，两种溶液中 Na^+ 的迁移数 t_1 和 t_2 之间的关系为（　　　）。

A. $t_1 = t_2$；B. $t_1 > t_2$；C. $t_1 < t_2$；D. 无法比较。

解：迁移数除受到浓度的影响以外，还要受到共同存在的另一种离子的影响，以上两种溶液的浓度相同，但另一种离子不同，主要考虑另一种离子的影响，OH^- 的电迁移率大于 Cl^- 的，相同条件下 OH^- 的导电能力大于 Cl^-。导电任务是正负离子分担完成，所以（1）的 Na^+ 的导电量小于（2）的 Na^+，$t_1 < t_2$。

（2）迁移数的计算

计算迁移数通常有希托夫（Hittorf）法、界面移动法和电动势法三种方法。

① 希托夫法：在 Hittorf 迁移管中装入已知浓度的电解质溶液，接通稳压直流电源，这时电极上有反应发生，正、负离子分别向阴、阳极迁移。通电一段时间后，电极附近溶液浓度发生变化，中部基本不变。小心放出阴极部（或阳极部）溶液，称重并进行化学分析，根据输入的电量和极区浓度的变化，就可计算离子的迁移数。在 Hittorf 迁移管中要采集以下数据：在电路中串联的电量计来测定电路中通过的总电量，计算电量计（如银库仑计）阴极吸出的物质的量 $n_电$。根据阴极部或阳极部分析的数据，计算某离子在电解前后物质的量，$n_始$ 和 $n_终$。分析某离子在电解前后的物质的量发生变化的原因，主要考虑离子参加反应和电迁移情况。

【例题 6-3】在 Hittorf 迁移管中，用 Cu 电极电解已知浓度的 $CuSO_4$ 溶液。通电完毕后，串联在电路中的银库仑计阴极上有 0.0405g Ag 析出。阴极部溶液质量为 36.434g，据分析知，在通电前其中含 $CuSO_4$ 1.1276g，通电后含 $CuSO_4$ 1.1090g，试求 Cu^{2+} 和 SO_4^{2-} 的迁移数。

解法 1：荷电核数选择为 1，即电极反应中电子得失数为 1。Hittorf 迁移管中分析的是阴极，所以写出阴极反应。

银库仑计阴极：
$$Ag^+ + e^- \Longrightarrow Ag$$

希托夫迁移管阴极：
$$\frac{1}{2}Cu^{2+} + e^- \Longrightarrow \frac{1}{2}Cu$$

该两个电极是串联的，所以得失电子数必须一样。迁移数是要计算总电量中 Cu^{2+} 传送的电量占的比例，离子传送电量是通过 Cu^{2+} 的定向迁移来完成。$t_+ = \dfrac{Q_+}{Q_总}$，$Q_+ = n_迁 zF$，$Q_总 = nzF$，其中 $n_迁$ 是 Cu^{2+} 迁移的物质的量。n 是 Cu^{2+} 离子参加电极反应的物质的量，或者通过 Q 的电量时，参与反应的物质的量。通过两个半反应可知：Ag 的物质的量与 $\dfrac{1}{2}Cu$ 的物质的量相等。通过 Ag 来计算更简单一些。

$$n_电 = \frac{0.0405}{107.9}\,mol = 3.754 \times 10^{-4}\,mol, \quad n_始 = \frac{1.1276}{79.75}\,mol = 1.4139 \times 10^{-2}\,mol,$$

$n_终 = \dfrac{1.109}{79.75}\,mol = 1.3906 \times 10^{-2}\,mol$，阴极上 $\dfrac{1}{2}Cu^{2+}$ 终态、始态的物质的量不相等，发生变化的原因是首先 $\dfrac{1}{2}Cu^{2+}$ 参加反应消耗，其次 Cu^{2+} 往阴极迁移。$n_终 = n_始 - n_电 + n_迁$，$n_迁 = 1.424 \times 10^{-4}\,mol$，$t_+ = \dfrac{Q_+}{Q_总} = \dfrac{n_迁 zF}{n_电 zF} = \dfrac{n_迁}{n_电} = \dfrac{1.424 \times 10^{-4}}{3.754 \times 10^{-4}} = 0.38$，

$t_- = 1 - t_+ = 0.62$。

解法 2：荷电核数选择为 2，即电极反应中电子得失数为 2。

银库仑计阴极：
$$2Ag^+ + 2e^- \Longrightarrow 2Ag$$

希托夫迁移管阴极：
$$Cu^{2+} + 2e^- \Longrightarrow Cu$$

$$n_电 = \frac{0.0405}{107.9 \times 2}\,mol = 1.8771 \times 10^{-4}\,mol, \quad n_始 = \frac{1.1276}{159.62}\,mol = 7.0643 \times 10^{-3}\,mol,$$

$n_终 = \dfrac{1.109}{159.62}\,mol = 6.9476 \times 10^{-3}\,mol$，$n_终 = n_始 - n_电 + n_迁$，$n_迁 = 7.10 \times 10^{-5}\,mol$，

$t_+ = \dfrac{Q_+}{Q_总} = \dfrac{n_迁 zF}{n_电 zF} = \dfrac{n_迁}{n_电} = \dfrac{7.10 \times 10^{-5}}{1.8771 \times 10^{-5}} = 0.38$，$t_- = 1 - t_+ = 0.62$。

考虑成 Cu^{2+} 微粒时，与 $\dfrac{1}{2}Cu^{2+}$ 微粒比较，其物质的量都减少 2 倍。所以，比值迁移数不变。

解法 3：先求 SO_4^{2-} 的迁移数，以 $\dfrac{1}{2}SO_4^{2-}$ 为基本粒子，阴极上 SO_4^{2-} 不发生反应，电解不会使阴极部 SO_4^{2-} 的浓度改变。电解时 SO_4^{2-} 迁向阳极，迁移使阴极部 SO_4^{2-} 减少。

$$n_终 = n_始 - n_迁$$

② 界面移动法：界面移动法能获得较准确的结果，它可直接测定溶液中离子的移动速率（图 6.5）。这种方法所使用的两种电解质溶液具有一种共同的离子，它们

被小心地放在一个垂直的细管内，利用溶液密度的不同，使这两种溶液之间形成一个明显的界面（通常可以借助于溶液的颜色或折射率的不同使界面清晰可见）。

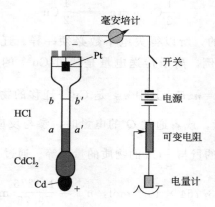

图 6.5　界面移动法测定迁移数的装置

在界面移动法的左侧管中先放入 $CdCl_2$ 溶液至 aa' 面，然后小心加入 HCl 溶液，使 aa' 面清晰可见。通电后，H^+ 向上面负极移动，Cd^{2+} 淌度比 H^+ 小，随其后，使 aa' 界面向上移动。通电一段时间后，移动到 bb' 位置，停止通电。根据毛细管的内径、液面移动的距离、溶液的浓度及通入的电量，可以计算离子迁移数。

设毛细管半径为 r，截面积 $A = \pi r^2$。H^+ 从 aa' 到 bb' 的移动距离为 l。在这个体积范围内，H^+ 迁移的数量为 cVL，H^+ 迁移的电量为 $cVLze = cVFz$，H^+ 的迁移数为：

$$t_+ = \frac{H^+ 迁移传送的电量}{通过的总电量} = \frac{cVFz}{Q}$$

6.2　电导、电导率和摩尔电导率及其应用

6.2.1　电导、电导率和摩尔电导率

（1）电导
电导是电阻的倒数，用 G 表示电导，单位为 S（西门子）。

$$G = \frac{1}{R} \tag{6-6}$$

（2）电导率
电导率是电阻率 ρ 的倒数，用 κ 表示电导率。

因为

$$R = \rho \frac{l}{A}$$

所以

$$\kappa = \frac{1}{\rho} = \frac{l}{RA} \tag{6-7}$$

将式 (6-6) 代入得 $$\kappa = G\frac{l}{A} \tag{6-8}$$

电导率的数值等于单位长度、单位截面积导体的电导的值，单位是 S/m。

（3）摩尔电导率

在相距为 1m 距离的两个平行电极之间，放置含有 1mol 电解质的溶液，这时溶液所具有的电导称为摩尔电导率 Λ_m。摩尔电导率的单位为 $S\cdot m^2/mol$。

$$\Lambda_m = \kappa V_m = \frac{\kappa}{c} \tag{6-9}$$

式中，c 为电解质溶液的物质的量浓度，mol/m^3；V_m 是含 1mol 电解质的溶液的体积，m^3/mol。

注意：①该公式中 c 的单位是 mol/m^3，这样才能保证摩尔电导率的单位为 $S\cdot m^2/mol$。②摩尔电导率与物质的量浓度呈反比，物质的量浓度与基本物质单元的选取有关。在体系中基本物质单元的选取直接影响物质的量、浓度、摩尔电导率的数值。如对 $CuSO_4$ 溶液，基本单元可选为 $CuSO_4$ 或 $1/2CuSO_4$，显然，含有 1mol $CuSO_4$ 溶液的摩尔电导率是含有 $1/2CuSO_4$ 溶液的 2 倍，即：$\Lambda_m(CuSO_4) = 2\Lambda_m\left(\frac{1}{2}CuSO_4\right)$。

6.2.2 电导的测定

电导的测定实际上测定的是电阻，常用的韦斯顿电桥如图 6.6 所示。AB 为均匀的滑线电阻，R_1 为可变电阻；并联一个可变电容以便调节与电导池实现阻抗平衡；M 为放有待测溶液的电导池，电阻待测；I 是高频交流电源；G 为耳机或阴极示波器。接通电源后，移动 C 点，使 DGC 线路中无电流通过，如用耳机则听到声音最小，这时 D、C 两点电位降相等，电桥达平衡。根据几个电阻之间关系就可求得待测溶液的电导。

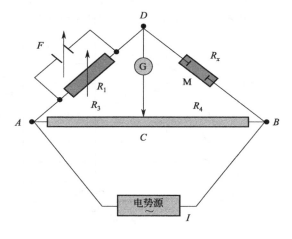

图 6.6 韦斯顿电桥

电导池的电极通常用两个平行的铂片制成，为了防止极化，一般在铂片上镀上铂黑，增加电极面积，以降低电流密度。

根据物理学的知识：$R_1 I_1 = R_3 I_3$，$R_x I_1 = R_4 I_3$

$$\frac{R_1}{R_x} = \frac{R_3}{R_4}$$

$$G = \frac{1}{R_x} = \frac{R_3}{R_1 R_4} = \frac{AC}{BC} \times \frac{1}{R_1}$$

从电导可求出电导率和摩尔电导率。

$$\kappa = G \frac{l}{A}$$

$$\kappa = \frac{1}{R} \times \frac{l}{A}$$

$\dfrac{l}{A}$ 叫作电导池常数，用 K_{cell} 表示。

$$K_{cell} = \frac{l}{A} \tag{6-10}$$

因为两电极间距离 l 和镀有铂黑的电极面积 A 无法用实验测量，通常用已知电导率的 KCl 溶液注入电导池，测定电阻后得到 K_{cell}。然后用这个电导池测未知溶液的电导率。

6.2.3 电导率、摩尔电导率与浓度的关系

（1）电导率与浓度的关系

对于强电解质来说，随着浓度的增加，电导率增加，但浓度达到一定值以后，正负离子之间的相互作用力增强，离子的移动速率降低，电导率也降低（如图 6.7 的 H_2SO_4 和 KOH）。但中性盐如 KCl 受到溶解度饱和溶液的影响，随着浓度的增加，电导率增加。弱电解质随着浓度的增加，电离度降低，增加的可导电的离子的量并不明显，所以电导率增加得并不明显（如图 6.7 的 CH_3COOH）。

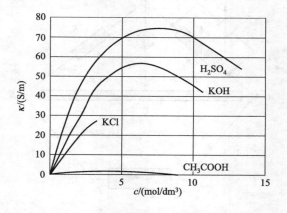

图 6.7　电解质的电导率与浓度的关系

【例题 6-4】 298K 时，当 HCl 的浓度从 $1mol/dm^3$ 增加到 $2mol/dm^3$ 时，其电导率 κ 将（　　）。

A. 减少；B. 增加；C. 不变；D. 不能确定。

解：从图 6.7 看出，HCl 的浓度从 $1mol/dm^3$ 增加到 $2mol/dm^3$ 时，电导率增加。选 B。

（2）摩尔电导率与浓度的关系

摩尔电导率由于溶液中导电物质的量已给定，都为 1mol，所以，当浓度降低时，粒子之间相互作用减弱，正、负离子迁移速率加快，溶液的摩尔电导率必定升高。摩尔电导率 Λ_m 随浓度降低而增加，当浓度降低到一定程度以后，强电解质的摩尔电导率接近一个定值（图 6.8），Λ_m 接近一个极限值，称此极限值为无限稀释摩尔电导率，或叫极限摩尔电导率 Λ_m^∞。若在同一浓度区间内比较 NaCl、H_2SO_4、$CuSO_4$ 摩尔电导率值的变化，当浓度降低时，其变化程度不同。$CuSO_4$ 变化最大，H_2SO_4 次之，而 NaCl 变化最小。这是因为 2-2 价型盐类离子之间的吸引力较大，当浓度改变时，对静电引力的影响较大，所以其值变化也较大。强电解质随着浓度下降，Λ_m 升高，通常当浓度降至 $0.001mol/dm^3$ 以下时，Λ_m 与 $\sqrt{c}$ 之间呈线性关系。德国科学家 Kohlrausch 总结的经验式为：$\Lambda_m = \Lambda_m^\infty(1-\beta\sqrt{c})$。$\beta$ 是与电解质性质有关的常数。将直线外推（外推法）至 $c \to 0$，得到无限稀释摩尔电导率 Λ_m^∞。

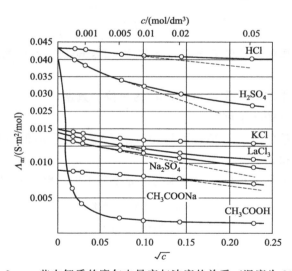

图 6.8　一些电解质的摩尔电导率与浓度的关系（温度为 298K）

弱电解质随着浓度下降，Λ_m 也缓慢升高，但变化不大。当溶液很稀时，Λ_m 与浓度不呈线性关系，等稀到一定程度，Λ_m 迅速升高，见 CH_3COOH 的 Λ_m 与 $\sqrt{c}$ 的关系曲线。弱电解质的 Λ_m^∞ 不能用外推法得到。德国科学家 Kohlrausch 根据大量的实验数据，发现了一个规律：在无限稀释溶液中，每种离子独立移动，不受其他离子影响，电解质的无限稀释摩尔电导率可认为是两种离子无限稀释摩尔电导率之和：

$$\Lambda_m^\infty = \nu_+\Lambda_{m,+}^\infty + \nu_-\Lambda_{m,-}^\infty \tag{6-11}$$

该规律称为 Kohlrausch 离子独立移动定律。这样，弱电解质的 Λ_m^∞ 可以通过强电解质的 Λ_m^∞ 或从表上查离子的 Λ_m^∞ 值求得。

6.2.4　电导测定的应用

（1）检验水的纯度

$\Lambda_m^\infty(H_2O) = 5.5 \times 10^{-2} S \cdot m^2/mol$，$H^+$ 和 OH^- 的浓度近似为 $10^{-7} mol/dm^3$，所以理论上纯水的电导率（κ）应为 $5.5 \times 10^{-6} S/m$，但一般达不到，一般化学实验对所用普通蒸馏水纯度要求不高，电导率 κ 约为 $1 \times 10^{-3} S/m$。高纯水的电导率要求小于 $1 \times 10^{-4} S/m$，称为"电导水"。

（2）计算弱电解质的电离度和电离平衡常数

$$AB \longrightarrow A^+ + B^-$$

起始　　　　　　　　c　　　　0　　　0

平衡时　　　　　$c(1-\alpha)$　　$c\alpha$　　$c\alpha$

因为电离度 α 是弱电解质已电离的浓度在总浓度中的比值，弱电解质已电离的浓度而得到 Λ_m 的摩尔电导率，全部电离而得到 Λ_m^∞ 的摩尔电导率，所以 $\alpha = \dfrac{\Lambda_m}{\Lambda_m^\infty}$，

$$K_c^\ominus = \frac{\dfrac{c}{c^\ominus}\alpha^2}{1-\alpha} = \frac{\dfrac{c}{c^\ominus}\Lambda_m^2}{\Lambda_m^\infty(\Lambda_m^\infty - \Lambda_m)} \tag{6-12}$$

这就是德籍俄国物理化学家奥斯特瓦尔德（Ostwald）提出的定律，称为奥斯特瓦尔德稀释定律。

该公式的计算中浓度要代入 mol/dm^3 为单位的数据。

（3）计算难溶盐的溶解度

难溶盐饱和溶液的浓度极稀，可认为 $\Lambda_m \approx \Lambda_m^\ominus$，$\Lambda_m^\ominus$ 的值可从离子的无限稀释摩尔电导率的表值得到。

难溶盐本身的电导率很低，这时水的电导率就不能忽略，所以：

$$\kappa_{难溶盐} = \kappa_{溶液} - \kappa_{水}$$

$$c = \frac{\kappa_{溶液} - \kappa_{水}}{\Lambda_m^\infty} \tag{6-13}$$

得到的浓度的单位是 mol/m^3。

（4）电导滴定

在滴定过程中，离子浓度不断变化，电导率也不断变化，利用电导率变化的转折点，确定滴定终点。电导滴定的优点是不用指示剂，对有色溶液和沉淀反应都能得到较好的效果。

如用 NaOH 标准溶液滴定 HCl［图 6.9(a)］，取一定量的 HCl 溶液，逐渐滴入 NaOH 溶液，生成 NaCl，相当于用 Na^+ 替代 H^+，H^+ 电迁移率大于 Na^+，电导率降低，随着 NaOH 量的增加电导率逐渐降低。HCl 完全作用完，电导率降到最低，

再随着滴入的 NaOH 量的增加，电导率迅速增加。滴定终点前后出现两条直线，两条直线的交叉点就是终点。

如用 NaOH 滴定 HAc［图 6.9(b)］，取一定量的 HAc 溶液，HAc 是弱电解质，电导率较低，不像强电解质 HCl 高。逐渐滴入 NaOH 溶液，发生反应，生成 NaAc，电离度增加，电导率小幅度增加，随着 NaOH 量的增加，电导率逐渐增加。HAc 完全作用完，电导率增加到最大。再随着滴入的 NaOH 量的增加，电导率迅速增加。滴定终点前后出现两条直线，滴定终点前的直线斜率小（电导率增加幅度小），两条直线的交叉点就是终点。

如用 $BaCl_2$ 滴定 Tl_2SO_4 ［图 6.9(c)］，产物 $BaSO_4$ 和 TlCl 均为沉淀。Tl_2SO_4 为强电解质，电导率比较大，随着 $BaCl_2$ 的滴入，产生沉淀，所以电导率显著降低，到终点是达到最低点，再随着 $BaCl_2$ 的滴入，$BaCl_2$ 也是强电解质，电导率随浓度的增加显著提高。

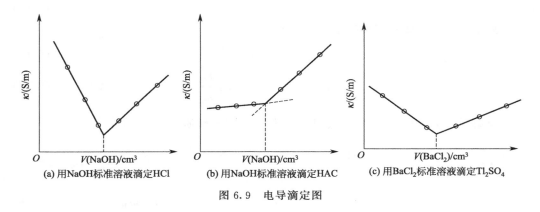

图 6.9　电导滴定图

电导滴定不用指示剂或其他方法来确定终点，而是滴定过程中随着滴定体积测定一系列电导率，画出两条直线，通过交叉点确定终点，即通过终点时的突发变化确定其终点。

6.3　强电解质溶液理论简介

6.3.1　平均活度、平均活度系数和平均质量摩尔浓度

对于非电解质实际溶液，用浓度乘活度系数即活度来表示偏离标准态的度量。强电解质在溶液中全部电离成离子，所以不能用电解质物质的活度来表示，而是以离子的活度来表示。

对任意价型电解质：$M_{\nu_+} N_{\nu_-} \longrightarrow \nu_+ M^{z+} + \nu_- N^{z-}$

$$\mu_B = \mu_B^{\ominus} + RT \ln a_B$$

$$\mu_+ = \mu_+^{\ominus} + RT \ln a_+$$

$$\mu_- = \mu_-^{\ominus} + RT \ln a_-$$

$$\mu_B = \nu_+ \mu_+ + \nu_- \mu_-$$

$$\mu_B = (\nu_+\mu_+^\ominus + \nu_-\mu_-^\ominus) + RT\ln a_+^{\nu_+} a_-^{\nu_-} = \mu_B^\ominus + RT\ln a_B$$

$$a_B = a_+^{\nu_+} a_-^{\nu_-} \tag{6-14}$$

但溶液中不可能存在单独的某种离子，所以用平均活度和平均活度系数来表示。

离子平均活度的定义：

$$a_\pm = (a_+^{\nu_+} a_-^{\nu_-})^{1/\nu} \tag{6-15}$$

其中，$\nu = \nu_+ + \nu_-$。

【例题 6-5】 强电解质 $MgCl_2$ 水溶液，其离子平均活度 $a_\pm$ 与电解质活度 a_B 之间的关系为（　　）。

A. $a_\pm = a_B$；B. $a_\pm = a_B^3$；C. $a_\pm = a_B^{1/2}$；D. $a_\pm = a_B^{1/3}$。

解：$a_\pm = a_B^{1/\nu}$，$\nu = 3$。选 D。

离子平均活度系数（因子）的定义：

$$\gamma_\pm = (\gamma_+^{\nu_+} \gamma_-^{\nu_-})^{1/\nu} \tag{6-16}$$

离子平均质量摩尔浓度的定义：

$$m_\pm = (m_+^{\nu_+} m_-^{\nu_-})^{1/\nu} \tag{6-17}$$

$$a_B = a_+^{\nu_+} a_-^{\nu_-} = a_\pm^\nu = \left(\gamma_\pm \frac{m_\pm}{m^\ominus}\right)^\nu \tag{6-18}$$

电解质的 m_B 和 $m_\pm$ 的关系如下。对任意价型电解质：

$$M_{\nu_+} N_{\nu_-} \longrightarrow \nu_+ M^{z+} + \nu_- N^{z-}$$

$$m_+ = \nu_+ m_B, \quad m_- = \nu_- m_B$$

$$m_\pm = [(\nu_+ m_B)^{\nu_+} (\nu_- m_B)^{\nu_-}]^{1/\nu} = (\nu_+^{\nu_+} \nu_-^{\nu_-})^{1/\nu} m_B \tag{6-19}$$

对于 1-1 价型的 $m_\pm = m_B$。

【例题 6-6】 0.1mol/kg 的 $CaCl_2$ 水溶液其平均活度系数 $r_\pm = 0.219$，则离子平均活度 $a_\pm$ 为（　　）。

A. 3.476×10^{-4}；B. 3.476×10^{-2}；C. 6.964×10^{-2}；D. 1.385×10^{-2}。

解：$a_\pm = \gamma_\pm \dfrac{m_\pm}{m^\ominus}$，$m_\pm = (\nu_+^{\nu_+} \nu_-^{\nu_-})^{1/\nu} m_B = 0.159$。选 B。

离子平均活度系数 $\gamma_\pm$ 的大小与溶液浓度有关，浓度减小，$\gamma_\pm$ 增大，无限稀释时达到极限值 1。

离子平均活度系数 $\gamma_\pm$ 的大小还与电解质的价型有关，相同价型的电解质当浓度相同时，$\gamma_\pm$ 近乎相等。例如：NaCl 和 KCl 或 $MgSO_4$ 和 $CuSO_4$ 等。

不同价型的电解质，当浓度相同时，正负离子价数的乘积越大，$\gamma_\pm$ 偏离 1 的程度越大，即与理想溶液偏差越大。

【例题 6-7】 四种质量摩尔浓度都是 0.01mol/kg 的电解质溶液，其中平均活度系数（因子）最小的是（　　）。

A. NaCl；B. $MgCl_2$；C. $AlCl_3$；D. $CuSO_4$。

解：不同价型的电解质，当浓度相同时，正负离子价数的乘积越大，$\gamma_{\pm}$ 偏离 1 的程度越大，$\gamma_{\pm}$ 越小。选 D。

6.3.2　离子强度

影响离子平均活度系数的主要因素是离子的浓度和价数，而且价数的影响更显著。1921 年，路易斯（Lewis）提出了离子强度（ionic strength）的概念。当浓度用质量摩尔浓度表示时，离子强度 I 等于：

$$I = \frac{1}{2} \sum_B m_B z_B^2 \tag{6-20}$$

式中，m_B 是溶液中任一离子的真实浓度，若是弱电解质，应乘上电离度；z_B 是离子的价数。离子强度 I 的单位与 m 的单位相同，是 mol/kg。

注意：离子强度 I 是电解质溶液的离子强度，不是某个电解质物质的离子强度。如果电解质溶液是多种电解质物质的溶液，考虑溶液中所有的离子。

【例题 6-8】 质量摩尔浓度为 $1.0\,mol/kg$ 的 $K_4[Fe(CN)_6]$ 溶液的离子强度为（　　）。

A. $15\,mol/kg$；B. $10\,mol/kg$；C. $7\,mol/kg$；D. $4\,mol/kg$。

解：

$$I = \frac{1}{2} \sum_B m_B z_B^2 = \left[\frac{1}{2} \times (4.0 \times 1^2 + 1.0 \times 4^2) \right] mol/kg = 10\,mol/kg$$

选 B。

6.3.3　德拜-休克尔极限定律

德拜-休克尔离子互吸理论的基本观点是：a. 强电解质在水中完全电离，离子间的静电引力不能忽略；b. 提出了离子氛的概念，认为溶液中每个离子都被电荷符号相反的离子所包围形成离子氛，在无外场时，离子氛是球形对称的，如果把离子氛作为一个整体来看是电中性的。按照离子互吸理论，德拜-休克尔推导得出强电解质稀溶液中离子活度系数的计算公式，称为德拜-休克尔极限定律。

极限的意思是只有溶液很稀时才能成立：

$$\lg \gamma_i = -A z_i^2 \sqrt{I} \tag{6-21}$$

式中，z_i 为 i 离子的电荷；I 为离子强度；A 为在一定温度下，溶剂确定时为常数。

由于单个离子的活度系数无法用实验测定来加以验证，这个公式用处不大。

德拜-休克尔极限定律的常用表示式：

$$\lg \gamma_{\pm} = -A |z_+ z_-| \sqrt{I} \tag{6-22}$$

上式只适用于强电解质的稀溶液、离子可以作为点电荷处理的体系。式中 $\gamma_{\pm}$ 为离子平均活度系数，从这个公式得到的 $\gamma_{\pm}$ 为理论计算值。用电动势法可以测定 $\gamma_{\pm}$ 的实验值，用来检验理论计算值的适用范围。$\gamma_{\pm}$ 和 $|z_+ z_-|$ 是对某一电解质而言的，而离子强度则要考虑溶液中所有电解质。

第 7 章

可逆电池电动势及其应用

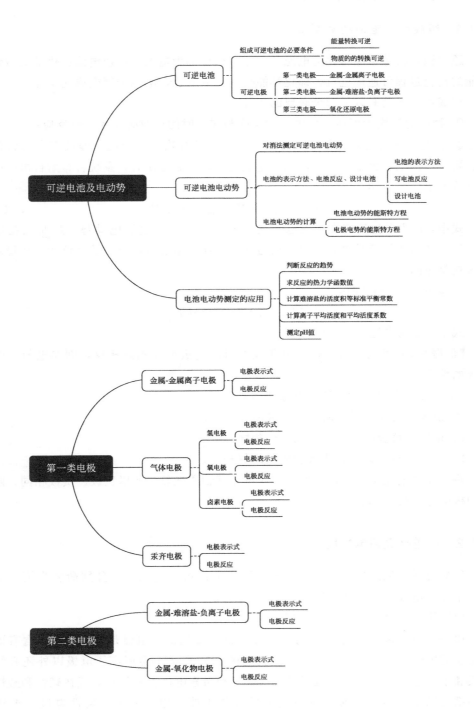

7.1 可逆电池和可逆电极

7.1.1 组成可逆电池的必要条件

原电池：将化学能转化为电能的装置，也可称为电池。可逆电池：化学能转化为电能的转化过程可逆地进行，即化学能全部变成电能，电能全部变成化学能。

组成可逆电池有以下两个必要的条件。

① 物质的转换为可逆：放电时的反应与充电时的反应必须互为逆反应；

② 能量转换可逆：化学能及电能相互转变没有热量的损耗，即没有电功转化为热。要通过的电流无限小。所以在可逆电池中，等温等压时，系统吉布斯自由能的改变量等于最大的电功。

$$(\Delta_r G)_{T,p} = W_{f,max} = -nEF \tag{7-1}$$

式中，n 为电池反应中得失电子的物质的量；E 是电池电动势；F 是法拉第常数。等式的右边加负号是为了符合热力学的习惯，系统对环境做功是负的，环境对系统做功是正的。

反应进度为 $1mol$ 时：

$$(\Delta_r G_m)_{T,p} = -zEF \tag{7-2}$$

式中，z 为电池反应中得失电子数。

【例题 7-1】可充电电池在充电和放电时的电极反应刚好相反，则充电与放电时电极的性质（　　　）。

A. 正极、负极相同，阴极和阳极也相同；

B. 正极、负极相同，阴极和阳极刚好相反；

C. 正极、负极改变，阴极和阳极相同；

D. 正极、负极改变，阴极和阳极刚好相反。

解：充电电池工作一定程度后，充电让其物质恢复，所以正极、负极相同，阴极和阳极刚好相反。选 B。

7.1.2 可逆电极和电极反应

组成可逆电池的电极是可逆电极。可逆电极可分为三类，分别命名为第一类电极、第二类电极和第三类电极。

（1）第一类电极

第一类电极也叫金属-金属离子电极，金属-金属离子电极是把金属插入含有该金属离子的电解质溶液中形成的。第一类电极中除了金属-金属离子电极以外还有气体电极和汞齐电极。气体电极包括氢气、氧气和卤素电极。氢气和氧气在碱性和酸性介质中都可以形成可逆电极。气体电极的气体不能导电，要选择惰性电极铂电极来导电。

第一类电极的表示方法和电极反应如下。

电极中的物质用化学式表示，并标明物态或浓度，物质之间的界面用单垂线表示。电极反应以还原作用为例，因为电化学的习惯是采用还原电极电势。氧化作用是还原作用的逆过程，还原作用得电子，氧化作用失电子。写出还原作用时要在电极和电解质溶液中找什么物质得到电子，又变成什么，参与反应的物质都必须存在于电极中，不能出现电极中不存在的物质，除了 H_2O 以外。

金属-金属离子电极的表示方法：

$$M^{z+}(a) \mid M(s)$$

电极反应（还原作用，氧化作用是它的逆过程）：

$$M^{z+}(a) + ze^- \longrightarrow M(s)$$

氢电极有两种，氢气冲入酸性介质（含有 H^+ 的溶液）或冲入碱性介质（含有 OH^- 的溶液）中都可以形成氢电极。

氢电极表示方法：

$$H^+(a) \mid H_2(p) \mid Pt \text{ 或 } OH^-(a) \mid H_2(p) \mid Pt$$

电极反应：

$$2H^+(a) + 2e^- \longrightarrow H_2(p); \ 2H_2O + 2e^- \longrightarrow H_2(p) + 2OH^-(a)$$

书写氢电极的电极反应时要注意的是：电解质溶液是酸性的话，电极反应中不能出现 OH^-；电解质溶液是碱性的话，电极反应中不能出现 H^+。因为 H^+ 和 OH^- 不能大量共同的存在。

氧电极有两种，氧气冲入酸性介质（含有 H^+ 的溶液）或冲入碱性介质（含有 OH^- 的溶液）中都可以形成氧电极。

氧电极表示方法：

$$H^+(a) \mid O_2(p) \mid Pt \text{ 或 } OH^-(a) \mid O_2(p) \mid Pt$$

电极反应：

$$\frac{1}{2}O_2(p) + 2H^+(a) + 2e^- \longrightarrow H_2O(l); \ \frac{1}{2}O_2(p) + H_2O(l) + 2e^- \longrightarrow 2OH^-(a)$$

书写氧电极的电极反应时要注意的是：电解质溶液是酸性的话，电极反应中不能出现 OH^-；电解质溶液是碱性的话，电极反应中不能出现 H^+。因为 H^+ 和 OH^- 不能大量共同的存在。

卤素电极表示方法：

$Cl^-(a) \mid Cl_2(p) \mid Pt$；$F^-(a) \mid F_2(p) \mid Pt$；$Br^-(a) \mid Br_2(s) \mid Pt$；$I^-(a) \mid I_2(s) \mid Pt$

卤素电极的电极反应：

$$X_2 + 2e^- \longrightarrow 2X^- \text{（X 代表卤素元素）}$$

汞齐电极表示方法：

$$Na^+(a) \mid Na(Hg)_n(a)$$

汞齐电极的电极反应：

$$Na^+(a) + nHg + e^- \longrightarrow Na(Hg)_n(a)$$

（2）第二类电极

第二类电极也叫金属-难溶盐-负离子电极，是金属表面覆盖一层该金属的难溶盐插入含有该难溶盐负离子的电解质溶液中。第二类电极包括金属-难溶盐-负离子电极和金属-氧化物电极。

金属-难溶盐-负离子电极的电极表示式：

$$Cl^-(a)|AgCl_2(s)|Ag(s)$$

金属-难溶盐-负离子电极的电极反应：

$$AgCl_2(s)+2e^- \longrightarrow Ag(s)+2Cl^-(a)$$

金属-氧化物电极的电极表示式：

$$OH^-(a)|Ag_2O(s)|Ag(s)；H^+(a)|Ag_2O(s)|Ag(s)$$

金属-氧化物电极的电极反应：

$$Ag_2O(s)+e^-+H_2O \longrightarrow 2OH^-(a)+2Ag(s)$$

$$Ag_2O(s)+2e^-+2H^+ \longrightarrow H_2O+2Ag(s)$$

（3）第三类电极

第三类电极是氧化还原电极，是同一个元素的不同价态离子的溶液组成，要选择导电的惰性电极，一般选择铂电极。

电极表示式：

$$Fe^{3+}(a_1)，Fe^{2+}(a_2)|Pt$$

电极反应：

$$Fe^{3+}(a_1)+e^- \longrightarrow Fe^{2+}(a_2)$$

7.2 可逆电池电动势

7.2.1 对消法测定可逆电池电动势

电池电动势是电池中没有电流通过时，电池中各相界面的电位差的代数和。在测量电动势时，如果将电压表并联在电池两端，有一定电流 I 通过，只是外端电压 U，而不是电池的电动势 E_x。没有算上电池本身因存在内阻 R_i 所分得的电压 R_iI。

$$E_x = R_0I + R_iI = U + R_iI \tag{7-3}$$

当 R_0 很大，R_i 与之相比可忽略不计，则 $E_x = U$。对消法是在原电池上加了方向相反、大小相等的工作电池，使线路中几乎无电流通过即 $I=0$，相当于 R_0 趋于无限大，两个电极之间的电势差近似等于该可逆电池的电动势。这种方法称为补偿法。

7.2.2 电池的表示方法、电池反应、设计电池

（1）电池的表示方法

① 左边写负极，起氧化作用；右边写正极，起还原作用。

② 用"｜"表示相界面，有电势差存在。

③ 用"‖"表示盐桥，使液接电势降到可以忽略不计。

④ 要注明温度，不注明就是 298.15K 和标准压力；要用化学式表示物质组成，并注明物态，气体要注明压力；溶液要注明浓度。

⑤ 气体电极和氧化还原电极要写出导电的惰性电极，通常是 Pt 电极。如电池 Pt $|H_2(g)|NaOH(m)|O_2(g)|$Pt。

（2）电池反应

如写电池 Pt$|H_2(g)|NaOH(m)|O_2(g)|$Pt 的电池反应。

负极反应：
$$H_2(g)-2e^-+2OH^-\longrightarrow 2H_2O$$

正极反应：
$$\frac{1}{2}O_2(g)+2e^-+H_2O\longrightarrow 2OH^-$$

电池反应：
$$H_2+\frac{1}{2}O_2(g)\longrightarrow H_2O$$

OH^- 的作用在负极中是反应物，在正极中是产物，作用相反，电池反应中互相抵消而不出现。在写电池反应过程中注意一些规律，如电池中的两个电极有共同的可逆电解质离子或相同的电极，其作用在正负极中是相反的，在电池反应中不出现。该电池中正负极的可逆离子是 OH^-，作用正好相反，电池反应中不出现。

（3）设计电池

电化学是物理化学课程中一个非常重要的内容，设计可逆电池的相关知识则又是电化学内容的一个重点和难点内容，要学习并掌握有关电化学的知识和应用，必须熟练掌握可逆电池的设计。可逆电池的设计是把一个给定的反应（或浓度变化）放在可逆电池中进行，这个反应可以是氧化-还原反应，也可以是非氧化-还原反应，可以是复杂的化学变化过程，也可以是简单的物理变化过程。由于任何一个可逆电池包含了正极、负极以及电解质溶液，设计电池时把正、负极和电解质溶液"组装"成电池，并对所设计的电池进行表示和复核。电池的表示是设计成果的展现，电池的复核则是对设计成果进行鉴定。表示电池时一定要严格遵循电池的表示方法，电池的负极在左边，正极在右边。复核时根据设计出的电池，写出电极反应和电池反应。负极发生氧化作用，正极发生还原作用，正、负极反应的总和即电池总反应是否为所给定的反应。若同时满足这些条件则可以断定所设计的可逆电池是正确的。就因为电池中必须有正极、负极和电解质溶液，在电池设计中要紧紧抓住电极和电解质溶液，可遵循以下几个要点来设计电池。

① 确定电解质溶液：有离子或电解质溶液参与的反应设计电池时，先确定其电解质溶液。如反应：
$$Zn(s)+Cd^{2+}(a_2)\longrightarrow Zn^{2+}(a_1)+Cd(s)$$

有离子 Cd^{2+} 和 Zn^{2+} 存在，所以确定为含有 Cd^{2+} 和 Zn^{2+} 电解质溶液。分辨正、负极的电解质溶液时具体问题具体分析。如该反应为氧化还原反应，所以氧化的是负极，还原的是正极，Zn^{2+} 为负极电解质，Cd^{2+} 为正极电解质，又有 Zn 和 Cu 存在。所以把以上反应设计成：
$$Zn(s)|Zn^{2+}(a_1)\parallel Cd^{2+}(a_2)|Cd(s)$$

② 确定电极：可逆电池的设计中电极的选择范围是 3 类可逆电极。如以上的反应中确定电解质溶液为 Cd^{2+} 和 Zn^{2+}，反应中又有金属 Zn（s）和 Cd（s）存在，所

以可以确定电极为第一类电极即金属-金属离子电极，即 $Zn(s)|Zn^{2+}(a_1)$ 和 $Cd(s)|Cd^{2+}(a_2)$ 电极。

对反应中没有出现离子或电解质溶液的反应，先确定电极，然后依据电极找出相应的离子即电解质溶液，如反应：

$$Pb(s)+HgO(s)\longrightarrow PbO(s)+Hg(l)$$

该反应中没有离子和电解质溶液，因此先确定电极，电极一般根据非溶液部分（如固体、液体、气体）或氧化还原反应来确定。反应中的 $Pb(s)$、$HgO(s)$、$PbO(s)$ 和 $Hg(l)$ 都不是溶液组分，所以均是电极部分。发生氧化作用的是 $Pb(s)\longrightarrow PbO(s)$，即负极。在三类可逆电极中只有第二类电极金属-金属氧化物-OH^-（或 H^+）电极符合以上电极，所以选择电解质溶液为含有 $OH^-(a)$（或 H^+）的溶液，负极为 $Pb(s)|PbO(s)|OH^-(a)$（或 H^+）。发生还原作用的是 $Hg(l)\longrightarrow HgO(s)$，即正极。正极也是第二类电极金属-金属氧化物-$OH^-$（或 H^+）电极。电池设计成：

$$Pb(s)|PbO(s)|OH^-(a)(或\ H^+)|HgO(s)|Hg(l)$$

③ 复核反应：进行复核首先根据设计的电池写出正、负极反应，再根据正、负极反应的总和写出电池总反应。如果写出的电池反应与给出的反应一致，则设计的电池是正确的；如果不一致，则设计的思路是错误的，要重新设计。如果写出的电池反应与给出的反应是逆反应，则把电池的正、负极互换位置。

对电池 $Zn(s)|Zn^{2+}(a_1)\|Cd^{2+}(a_2)|Cd(s)$ 进行复核：

负极反应：$\qquad\qquad\qquad Zn(s)\longrightarrow Zn^{2+}(a_1)+2e^-$

正极反应：$\qquad\qquad Cd^{2+}(a_2)+2e^-\longrightarrow Cd(s)$

电池反应：$\qquad\quad Zn(s)+Cd^{2+}(a_2)\longrightarrow Zn^{2+}(a_1)+Cd(s)$

对电池 $Pb(s)|PbO(s)|OH^-(a)(或\ H^+)|HgO(s)|Hg(l)$ 进行复核：

负极反应：$\qquad\quad Pb(s)+2OH^-(a)\longrightarrow PbO(s)+H_2O(l)+2e^-$

正极反应：$\qquad\quad HgO(s)+H_2O(l)+2e^-\longrightarrow Hg(l)+2OH^-(a)$

电池反应：$\qquad\qquad Pb(s)+HgO(s)\longrightarrow PbO(s)+Hg(l)$

【例题 7-2】把反应 $AgCl(s)\longleftrightarrow Ag^+(a_1)+Cl^-(a_2)$ 设计成电池。

解： 反应中有离子参与，所以先确定电解质溶液含有 Ag^+ 和 Cl^-，哪个是正极哪个是负极还不能确定，所以随意安排，如 Ag^+ 为负极电解质溶液，Cl^- 为正极电解质溶液。含有 Ag^+ 的电极必须是金属-金属离子电极，所以选择 $Ag|Ag^+$ 电极。含有 Cl^- 的电极可以有第一类电极中的卤素电极，但反应中无 Cl_2，所以不可能为卤素电极。可能的电极是金属-金属难溶盐-负离子电极，$Ag(s)|AgCl(s)|Cl^-$，反应中的 $AgCl(s)$ 在电池中也能体现。

电池设计为：$Ag(s)|Ag^+(a_1)\|Cl^-(a_2)|AgCl(s)|Ag(s)$

反应中没有 Ag，但电池设计中出现了 Ag，这个要通过复核反应进一步理解。

复核：

负极反应：$\qquad\qquad\qquad Ag(s)\longrightarrow Ag^+(a_1)+e^-$

正极反应：$\qquad AgCl(s) + e^- \longrightarrow Ag(s) + Cl^-(a_2)$

电池反应：$\qquad AgCl(s) \longleftrightarrow Ag^+(a_1) + Cl^-(a_2)$

　　电池反应与给出的反应是一致的。在反应中没有 $Ag(s)$，但电池中有 $Ag(s)$，这是因为正、负极反应中 $Ag(s)$ 的作用是相反的，即 $Ag(s)$ 在负极中是氧化，而在正极中是还原，所以在总反应中 $Ag(s)$ 互相抵消。类似的反应中没有出现，但是在电池设计中要用的物质对正、负极起的作用是相反的，在总反应中互相抵消而不出现在总反应中。

　　【例题 7-3】 把反应 $H_2O(l) \longleftrightarrow H^+(a_1) + OH^-(a_2)$ 设计成电池。

　　解： 有 H^+ 和 OH^- 存在，确定电解质溶液为 H^+ 和 OH^-。如 H^+ 为负极电解质溶液，OH^- 为正极电解质溶液。含有 H^+ 和 OH^- 的电极是第一类电极中的氢电极或氧电极或第二类电极的金属-氧化物电极，所以选择电极的范围比较广泛。

　　电池设计成：

$$Pt(s) | H_2(g) | H^+(a_1) \| OH^-(a_2) | H_2(g) | Pt(s)$$

　　复核：

负极反应：$\qquad 1/2H_2(g) \longrightarrow H^+(a_1) + e^-$

正极反应：$\qquad H_2O(l) + e^- \longrightarrow 1/2H_2(g) + OH^-(a_2)$

电池反应：$\qquad H_2O(l) \longleftrightarrow H^+(a_1) + OH^-(a_2)$

　　以上电池的设计中可以选择第二类电极的金属-氧化物电极而设计成电池：

$$Pb(s) | PbO(s) | OH^-(a_2) \| H^+(a_1) | PbO(s) | Pb(s)$$

或

$$Hg(s) | HgO(s) | OH^-(a_2) \| H^+(a_1) | HgO(s) | Hg(s)$$

　　【例题 7-4】 把反应 $HgO(s) + H_2(p) =\!=\!= Hg(l) + H_2O(l)$ 设计成电池。

　　解： 反应中没有离子和溶液，所以先确定电极。H_2 氧化，是负极，H_2 电极对 H^+ 或 OH^- 都是可逆电极，即负极是 $Pt(s) | H_2(g, p) | H^+(a)$ ［或 $OH^-(a)$］。$HgO(s)$ 还原成 $Hg(l)$，是正极，是第二类电极金属-氧化物电极即正极是 $Hg(l) | HgO(s) | H^+(a)$ 或 $OH^-(a)$。组合成电池 $Pt(s) | H_2(g, p) | H^+(a)$ ［或 $OH^-(a)$］ $| HgO(s) | Hg(l)$。

　　【例题 7-5】 把反应 $Ag^+(a_1) + 2NH_3(aq) \longrightarrow [Ag(NH_3)_2]^+(a_2)$ 设计成电池。

　　解： 反应中有离子和溶液，有 $Ag^+(a_1)$、$NH_3(aq)$ 和 $[Ag(NH_3)_2]^+(a_2)$。所以先确定电解质溶液。假如 $NH_3(aq)$ 单独是某电极的溶液，而 $Ag^+(a_1)$ 和 $[Ag(NH_3)_2]^+(a_2)$ 组合成另外电极的溶液，无法保证 $[Ag(NH_3)_2]^+(a_2)$ 生成和消耗的物质转换可逆。同样道理 $[Ag(NH_3)_2]^+(a_2)$ 单独组成也不合理。所以分成 $Ag^+(a_1)$ 是某个电极的电解质溶液，而 $NH_3(aq)$ 和 $[Ag(NH_3)_2]^+(a_2)$ 组合成另外电极的电解质溶液。含有金属离子 $Ag^+(a_1)$ 的电极只能是金属-金属离子电极即 $Ag(s) | Ag^+(a_1)$。$Ag(s)$ 在反应中没出现，判断正负极反应中作用相反被消掉。所以另外一个电极也选择 $Ag(s)$ 电极，即 $Ag(s) | NH_3(aq)$、$[Ag(NH_3)_2]^+$ (a_2) 电极。根据反应中 $Ag^+(a_1)$ 为反应物，所以确定 $Ag(s) | Ag^+(a_1)$ 电极为正

极，$Ag(s)|NH_3(aq)$、$[Ag(NH_3)_2]^+(a_2)$ 电极为负极。设计成电池：

$$Ag(s)|NH_3(aq),[Ag(NH_3)_2]^+(a_2) \parallel Ag^+(a_1)|Ag(s)。$$

复核：

负极反应：$\quad Ag(s)+2NH_3(aq) \longrightarrow [Ag(NH_3)_2]^+(a_2)+e^-$

正极反应：$\quad\quad\quad\quad Ag^+(a_1)+e^- \longrightarrow Ag(s)$

电池反应：$\quad Ag^+(a_1)+NH_3(aq) \longrightarrow [Ag(NH_3)_2]^+(a_2)$

【例题 7-6】 如把 $H_2(p_1) \longrightarrow H_2(p_2)$ 和 $Cl^-(a_1) \longrightarrow Cl^-(a_2)$ 设计成电池。

$H_2(p_1) \longrightarrow H_2(p_2)$ 变化中没有离子或溶液，所以先确定电极即氢电极。氢电极对 H^+ 或 OH^- 都是可逆的，所以电池设计成 $Pt(s)|H_2(g,p_1)|H^+(a)$ [或 OH^- (a)] $|H_2(g,p_2)|Pt(s)$。

把 $Cl^-(a_1) \longrightarrow Cl^-(a_2)$ 设计成电池。有离子存在，所以先确定电解质溶液是 Cl^-。对 Cl^- 可逆的电极有 $Cl_2(g,p)|Cl^-$ 或金属-难溶盐-负离子电极，如 $Ag(s)|$ $AgCl(s)|Cl^-$，所以设计成电池：

$$Pt(s)|Cl_2(g,p)|Cl^-(a_1) \parallel Cl^-(a_2)|Cl_2(g,p)|Pt(s)$$

或 $\quad\quad\quad\quad Ag(s)|AgCl(s)|Cl^-(a_1) \parallel Cl^-(a_2)|AgCl(s)|Ag(s)$

根据化学反应设计电池要紧紧遵循确定电解质溶液、确定电极和复核反应的原则。离子来自电解质溶液，电极一般由固体部分（除气体电极和氧化还原电极以外）组成。电解质溶液和电极是相互有影响、相互有联系的两部分。可以根据电解质溶液的特征来找出电极，也可以根据电极的特征找出电解质溶液。对设计出来的电池进行复核，比较写出的电池反应与给出的反应确认电池设计的正确性。

7.3 可逆电池的热力学

（1）可逆电池电动势与浓度的关系

温度为 T，电池反应为：$aA+bB \longrightarrow gG+hH$

该反应的等温方程为：

$$\Delta_r G_m = \Delta_r G_m^\ominus + RT \ln Q_a \tag{7-4}$$

因为 $\Delta_r G_m = -zEF$（只有可逆电池才有以上等式，因为可逆电池做的电功才是最大的功）。式（7-4）两边同时除以 $-zF$，并定义 $\Delta_r G_m^\ominus = -zE^\ominus F$，得到

$$E = E^\ominus - \frac{RT}{zF} \ln \frac{a_G^g a_H^h}{a_A^a a_B^b} \tag{7-5}$$

式（7-5）称为电池电动势能斯特方程。式中，$E^\ominus$ 为标准电动势，其物理意义是：参与电池反应的各物质的活度都等于 1 时的电动势。可以通过标准吉布斯自由能（参与反应的各物质都是标准态）的物理意义来理解，也可以通过能斯特方程来理解，参与电池反应的各物质的活度都等于 1 时的电动势就等于标准电动势。

【例题 7-7】 下列两个反应所对应电池的标准电动势分别为 $E_1^\ominus$ 和 $E_2^\ominus$。

(1) $\dfrac{1}{2}H_2(p^\ominus) + \dfrac{1}{2}Cl_2(p^\ominus) \longrightarrow HCl(a=1)$；(2) $2HCl(a=1) \Longrightarrow H_2(p^\ominus) +$ $Cl_2(p^\ominus)$，则两个 $E^\ominus$ 的关系为（　　）。

A. $E_2^\ominus = 2E_1^\ominus$；B. $E_2^\ominus = -E_1^\ominus$；C. $E_2^\ominus = -2E_1^\ominus$；D. $E_2^\ominus = E_1^\ominus$。

解： $E^\ominus$ 是参与电池反应的各物质的活度都等于 1 时的电动势，以上两个反应是逆反应，所以标准电动势是相反值。选 B。

因为：

$$\Delta_r G_m^\ominus = -RT\ln K_a^\ominus$$

$$\Delta_r G_m^\ominus = -zE^\ominus F$$

所以：

$$E^\ominus = \frac{RT}{zF}\ln K_a^\ominus \tag{7-6}$$

或

$$K_a^\ominus = e^{\frac{zE^\ominus F}{RT}} \tag{7-7}$$

通过标准电动势可以计算相关变化的标准平衡常数。

（2）可逆电池热力学

对于可逆电池：

$$\Delta_r G_m = -zEF$$

对于上式，在压力一定的条件下求温度的偏微商，得到：

$$\left(\frac{\partial \Delta_r G_m}{\partial T}\right)_p = -zF\left(\frac{\partial E}{\partial T}\right)_p \tag{7-8}$$

$\left(\dfrac{\partial E}{\partial T}\right)_p$ 是电池电动势随温度的变化率，叫作电池电动势温度系数。

因为：

$$\left(\frac{\partial \Delta_r G_m}{\partial T}\right)_p = -\Delta_r S_m$$

所以：

$$\Delta_r S_m = zF\left(\frac{\partial E}{\partial T}\right)_p \tag{7-9}$$

由于可逆热效应 $Q_R = T\Delta_r S_m$，

所以：

$$Q_R = zFT\left(\frac{\partial E}{\partial T}\right)_p \tag{7-10}$$

$$\Delta_r H_m = \Delta_r G_m + T\Delta_r S_m = -zEF + zFT\left(\frac{\partial E}{\partial T}\right)_p \tag{7-11}$$

通过以上公式可利用电动势的数据计算热力学的数据。热力学的数据只与始态终态有关，与途径无关。反应是否是电池反应，只要反应是一样的，热力学数据就一样。

（3）电极电势的能斯特方程

电池电动势除了根据能斯特方程计算以外，还可以通过两个电极的电极电势的差值来计算。1953 年国际纯粹和应用化学联合会（IUPAC）规定：将标准氢电极 $[H^+(a=1)|H_2(g,p^\ominus)|Pt]$ 作为负极（氧化作用），而将待测电极作为正极（还原作用）组成电池，测电池的电动势。该电池电动势的数值和符号就是待测电极的氢标还原电极电势（简称电极电势）的数值和符号。又规定标准氢电极的电极电势在任何温度下都等于零。标准氢电极的 H^+ 活度等于 1，H_2 的压力等于标准压力。任何温度下，$\varphi^\ominus_{H^+/H_2}=0$。

例如测锌电极的电极电势，把标准氢电极当成负极，待测的锌电极当成正极，组成电池，该电池的电池电动势的符号和值是待测锌电极的电极电势。

$$Pt|H_2(g,p^\ominus)|H^+(a_{H^+}=1)\parallel Zn^{2+}(a=0.1)|Zn(s)$$

测得电池电动势为 0.792V，其值的正负由电池反应来确定。该电池的反应为：$Zn^{2+}+H_2\longrightarrow Zn+2H^+$，是非自发反应，电池电动势小于零。$\varphi_{Zn^{2+}/Zn}=-0.792V$。

例如测铜电极的电势：

$$Pt|H_2(g,p^\ominus)|H^+(a_{H^+}=1)\parallel Cu^{2+}(a=0.1)|Cu(s)$$

测得电池电动势为 0.342V。该电池的反应为：$Cu^{2+}+H_2\longrightarrow Cu+2H^+$，是自发反应，电池电动势大于零。$\varphi_{Cu^{2+}/Cu}=0.342V$。根据电池反应写出电池电动势的能斯特方程，计算电池电动势。

$$E=E^\ominus-\frac{RT}{2F}\ln\frac{a_{Cu}a^2_{H^+}}{a_{Cu^{2+}}a_{H_2}}$$

$a_{H_2}=\dfrac{p_{H_2}}{p^\ominus}=1$，$a_{H^+}=1$。又因为该电池的电动势 $E=\varphi_{Cu^{2+}/Cu}$，令 $E^\ominus=\varphi^\ominus_{Cu^{2+}/Cu}$，得到：

$$\varphi_{Cu^{2+}/Cu}=\varphi^\ominus_{Cu^{2+}/Cu}-\frac{RT}{2F}\ln\frac{a_{Cu}}{a_{Cu^{2+}}}$$

写成一般式：

$$\varphi=\varphi^\ominus-\frac{RT}{zF}\ln\frac{a_{还原态}}{a_{氧化态}} \tag{7-12}$$

式(7-12)叫电极电势的能斯特方程。要根据电极的还原作用写出来。$\ln\dfrac{a_{还原态}}{a_{氧化态}}$ 是产物的活度组合与反应物的活度组合的比值。因为采用的电极电势是氢标还原电极电势，是与标准氢电极比较当成正极（发生还原作用）组成电池测定的电极电势。

电池电动势的计算有两种方法：一种是根据电池反应的能斯特方程来计算；另一种是根据电极电势的能斯特方程来计算。其中，根据电极电势的能斯特方程来计算电池电动势，$E=\varphi_+-\varphi_-=\varphi_右-\varphi_左$。

【例题 7-8】298K 时有如下两个电池：$Cu(s)|Cu^+(a_1)\parallel Cu^+(a_1)$，$Cu^{2+}(a_2)|Pt$；$Cu(s)|Cu^{2+}(a_2)\parallel Cu^+(a_1)$，$Cu^{2+}(a_2)|Pt$。两个电池的电池反应都可写成 Cu

$(s)+Cu^{2+}(a_2)$══$2Cu^+(a_1)$，则两个电池的 $E^{\ominus}$ 和 $\Delta_r G_m^{\ominus}$ 之间的关系为（　　　）。

A. $\Delta_r G_m^{\ominus}$ 和 $E^{\ominus}$ 都相同；　　B. $\Delta_r G_m^{\ominus}$ 相同，$E^{\ominus}$ 不同；

C. $\Delta_r G_m^{\ominus}$ 和 $E^{\ominus}$ 都不同；　　D. $\Delta_r G_m^{\ominus}$ 不同，$E^{\ominus}$ 相同。

解：两个电池的电池反应相同，反应的始态终态相同，$\Delta_r G_m^{\ominus}$ 相等。$E^{\ominus}$ 不相等，因为 $E^{\ominus}=\varphi_+^{\ominus}-\varphi_-^{\ominus}$，两个电池的电极不同。选 B。

7.4　电池电动势测定的应用

7.4.1　判断反应的趋势

在热力学中通过反应中 $\Delta_r G_{T,p}$ 的正负来判断反应进行的方向。在电化学中根据桥梁公式 $\Delta_r G=-nEF$，通过电池电动势 E 的正负来判断反应的趋势。只要知道 E 的正负就能判断反应能否自发进行，但首要问题是把反应设计成电池才能分辨出正负极而计算电池电动势 E。把给定的反应或变化看成电池中的反应，设计成电池，通过电池电动势 E 的正负来判断反应进行的趋势。

【例题 7-9】 判断反应 $Fe^{2+}+Ag^+\longrightarrow Fe^{3+}+Ag$ 往哪个方向自发进行？设离子活度等于 1。

解：假设反应往正反应方向进行，进行该反应的电池为

$$Pt(s)|Fe^{2+},Fe^{3+}\parallel Ag^+|Ag(s)$$

$$E=0.799V-0.771V>0$$

$$\Delta_r G<0$$

该反应往正反应方向自发进行。

7.4.2　计算难溶盐的活度积等标准平衡常数

难溶盐的溶解度极低，但溶解的物质一般电离成离子。未溶解的固体与溶解而电离的离子之间存在平衡，该平衡的标准平衡常数 $K^{\ominus}$ 也叫作活度积 K_{ap}。是计算或测定出标准电动势 $E^{\ominus}$ 后，再通过公式 $K_{ap}=\exp\left(\dfrac{zE^{\ominus}F}{RT}\right)$ 来计算出 K_{ap} 或 $K^{\ominus}$。计算的核心问题是把平衡设计成电池分辨出正负极而计算出 $E^{\ominus}$。

【例题 7-10】 计算 298K 时 $AgCl(s)$══$Ag^+(a_{Ag^+})+Cl^-(a_{Cl^-})$ 的活度积 K_{ap}。

解：该平衡的 $K^{\ominus}=\dfrac{a_{Ag^+}a_{Cl^-}}{a_{AgCl}}$，$AgCl$ 为固体，其活度为 1，所以以公式变成 $K^{\ominus}=a_{Ag^+}a_{Cl^-}$，即 $K_{ap}=a_{Ag^+}a_{Cl^-}$。首先把以上平衡设计成电池：$Ag(s)|Ag^+(a_{Ag^+})\parallel Cl^-(a_{Cl^-})|AgCl(s)|Ag(s)$，该电池的 $E^{\ominus}=\varphi_{Cl^-/AgCl/Ag}^{\ominus}-\varphi_{Ag^+/Ag}^{\ominus}$。若计算 298K 的 $E^{\ominus}$，查数据表得 $\varphi_{Cl^-/AgCl/Ag}^{\ominus}=0.2224$ 和 $\varphi_{Ag^+/Ag}^{\ominus}=0.7991$。计算出 $E^{\ominus}=-0.5767$，代入 $K_{ap}=\exp\left(\dfrac{zE^{\ominus}F}{RT}\right)$

$$K_{ap} = \exp\left[\frac{1 \times (-0.5767) \times 96500}{8.314 \times 298}\right]$$

$$K_{ap} = 1.76 \times 10^{-10}$$

进一步能计算出 Ag^+ 或 Cl^- 的活度或浓度即计算出难溶盐 $AgCl$ 的溶解度。

此外，通过设计电池，计算出 $E^\ominus$ 就可以计算出离子积常数 $K_w^\ominus$ 等标准平衡常数、标准摩尔生成吉布斯自由能 $\Delta_f G_m^\ominus$、复相分解反应的分解压等值。弱电解质的电离平衡常数和配合物的络合常数实际上是它们在溶液中溶解过程的平衡常数，是无量纲量，也可以依此原理测定。

7.4.3 计算离子平均活度和平均活度系数

【例题 7-11】有下列电池：$Pt \mid H_2(g, p^\ominus) \mid HCl(m_{HCl}) \parallel AgCl(s) \mid Ag(s)$，求 HCl 溶液的 $\gamma_\pm$。

解：

负极反应：$\qquad\qquad\qquad H_2 - 2e^- \longrightarrow 2H^+$

正极反应：$\qquad\qquad\qquad AgCl + e^- \longrightarrow Ag + Cl^-$

电池反应：$\qquad\qquad\qquad H_2 + 2AgCl \longrightarrow 2Ag + 2HCl$

$$E = E^\ominus - \frac{RT}{2F} \ln \frac{a_{HCl}^2}{a_{H_2}}$$

其中，$a_{H_2} = 1$。

$$
\begin{aligned}
E &= E^\ominus - \frac{RT}{F} \ln a_{HCl} \\
&= E^\ominus - \frac{RT}{F} \ln a_\pm^2 \\
&= E^\ominus - \frac{2RT}{F} \ln a_\pm \\
&= E^\ominus - \frac{2RT}{F} \ln \left(\gamma_\pm \times \frac{m_\pm}{m^\ominus}\right) \\
&= E^\ominus - \frac{2RT}{F} \ln \gamma_\pm - \frac{2RT}{F} \ln \frac{m_\pm}{m^\ominus} \\
&= \varphi_{Cl^-/AgCl/Ag}^\ominus - \frac{2RT}{F} \ln \gamma_\pm - \frac{2RT}{F} \ln \frac{m_\pm}{m^\ominus}
\end{aligned}
$$

代入已知数据，计算出 HCl 溶液的 $\gamma_\pm$。

7.4.4 测定 pH 值

溶液的 pH 值是溶液中 H^+ 活度的负对数。由于单独离子的活度无法确定，所以一般所测的 pH 值都是近似值。通常用甘汞电极作参比电极，另一个电极用氢电极、玻璃电极、醌-氢醌电极来测定 pH 值。氢电极、玻璃电极、醌-氢醌电极都是对 H^+ 的可逆电极。

① 氢电极测 pH 值：要组成以下的电池，$Pt|H_2(p^\ominus)|$ 待测溶液$(a_{H^+})\|$甘汞电极

$$E = \varphi_{甘汞} - \varphi_{H^+/H_2}$$

$$= \varphi_{甘汞} - \frac{RT}{F}\ln a_{H^+}$$

$$= \varphi_{甘汞} - \frac{2.303RT}{F}\lg a_{H^+}$$

$$= \varphi_{甘汞} + \frac{2.303RT}{F} \times pH$$

$$pH = \frac{F(E - \varphi_{甘汞})}{2.303RT}$$

原则上该方法适用于 pH＝0～14，但氢气电极用起来很不方便，所以实际工作中不常用。

② 玻璃电极测 pH 值：玻璃电极测定 pH 值的原理是用一个玻璃薄膜将两个 pH 值不同的溶液隔开，在膜两侧会产生电势差，其值与两侧溶液的 pH 值有关。若将一侧溶液的 pH 值固定，则此电势差仅随另一侧溶液的 pH 值而改变。玻璃电极结构是将一种特殊的玻璃吹制成很薄的小泡，泡中放入浓度为 0.1mol/kg 的 HCl 溶液和 Ag-AgCl 电极，把它放入待测溶液即为玻璃电极，与甘汞电极组成以下电池。

$$Ag(s)|AgCl(s)|HCl(0.1mol/kg)|膜|待测溶液(a_{H^+})\|甘汞电极$$

$$E_x = \varphi_{甘汞} - \varphi_{玻璃}$$

其中，$\varphi_{玻璃} = \varphi_{玻璃}^\ominus + \frac{RT}{F}\ln a_{H^+}$。

$$E_x = \varphi_{甘汞} - \varphi_{玻璃}^\ominus - \frac{RT}{F}\ln a_{H^+}$$

$$= \varphi_{甘汞} - \varphi_{玻璃}^\ominus + \frac{2.303RT}{F} \times pH_x$$

由于不同的玻璃电极的 $\varphi_{玻璃}^\ominus$ 不同，而且即使是同一电极，其电极电势往往也随时间的变化而变化，所以测量时往往用标准缓冲液进行标定。

$$E_s = \varphi_{甘汞} - \varphi_{玻璃}^\ominus + \frac{2.303RT}{F} \times pH_s$$

$$E_x - E_s = \frac{2.303RT}{F} \times (pH_x - pH_s)$$

$$pH_x = \frac{F(E_x - E_s)}{2.303RT} + pH_s$$

式中，s 为标准缓冲液；x 为待测溶液。

第 8 章

电解与极化

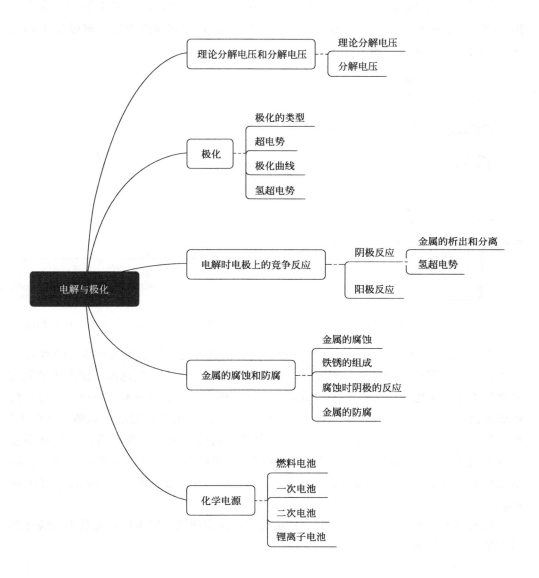

8.1　理论分解电压和分解电压

8.1.1　理论分解电压

使用 Pt 电极电解 H_2O，加入中性盐来导电，实验装置如图 8.1 所示。改变电阻，逐渐增加外加电压，由安培计 G 和伏特计 V 分别测定线路中的电流强度 I 和电压 E，画出 I-E 曲线（图 8.2）。

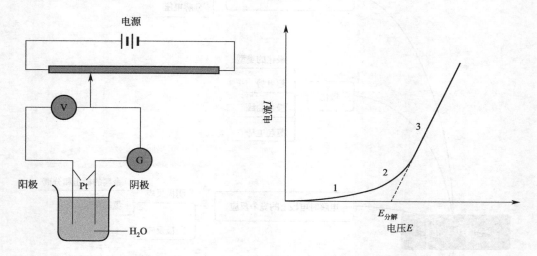

图 8.1　分解电压的测定　　　图 8.2　测定分解电压时的电流 I 和电压 E 曲线

外 j 加电压很小时，几乎无电流通过，阴、阳极上无氢气和氧气放出。随着 E 的增大，电极表面产生少量氢气和氧气，但压力低于大气压，无法逸出。所产生的氢气和氧气构成了原电池，外加电压必须克服反电动势（形成的电池电流方向与外电源的电流方向相反，因此称为反电动势），继续增加电压，I 有少许增加，如图 8.2 中 1-2 段。当外压增至 2-3 段，氢气和氧气的压力等于大气压力，呈气泡逸出，反电动势达极大值 $E_{b,max}$。再增加电压，I 迅速增加。将直线外延至 $I = 0$ 处，得 $E_{分解}$ 值，这是使电解池不断工作所必需外加的最小电压，称为分解电压（理论分解电压 $E_{理论}$）。

使电解池不断工作所必需外加的最小电压，称为理论分解电压，是反电动势达到最大值时的外加电压。

$$E_{理论} = E_{可逆} \tag{8-1}$$

8.1.2　分解电压

当浓度为 $1mol/dm^3$ 时，HNO_3、$CH_2ClCOOH$、H_2SO_4、H_3PO_4、$NaOH$、KOH、$NH_3 \cdot H_2O$ 等几种酸和碱的理论分解电压 $E_{理论}$（$E_{可逆}$）为 1.23V，实测分解电压为 1.70V 左右，都是 $E_{分解} > E_{理论}$。可见一般情况下，电极的极化作用都存

在，而且影响较大。

HNO_3、$CH_2ClCOOH$、H_2SO_4、H_3PO_4 四种酸电解时的阴阳极反应为：

阴极：
$$2H^+ + 2e^- \longrightarrow H_2$$

阳极：
$$H_2O - 2e^- \longrightarrow \frac{1}{2}O_2 + 2H^+$$

电解反应：
$$H_2O \longrightarrow H_2 + \frac{1}{2}O_2$$

其理论分解电压等于形成的原电池的最大电动势即可逆电动势：

$$E_{理论} = E_{可逆} = \varphi_{正}^{\ominus} - \varphi_{负}^{\ominus} = \varphi_{O_2/H^+}^{\ominus} - \varphi_{H_2/H^+}^{\ominus} = (1.23 - 0)V = 1.23V$$

$NaOH$、KOH、$NH_3 \cdot H_2O$ 三种碱在电解的阴阳极反应为：

阴极：
$$2H_2O + 2e^- \longrightarrow H_2 + 2OH^-$$

阳极：
$$2OH^- - 2e^- \longrightarrow \frac{1}{2}O_2 + H_2O$$

电解反应：
$$H_2O \longrightarrow H_2 + \frac{1}{2}O_2$$

$$E_{理论} = E_{可逆} = \varphi_{正}^{\ominus} - \varphi_{负}^{\ominus} = \varphi_{O_2/OH^-}^{\ominus} - \varphi_{H_2/OH^-}^{\ominus} = [0.40 - (-0.83)]V = 1.23V$$

电解时分解电压比理论分解电压大一个无限小的值就可以，但实际上，让电解池连续正常工作，分解电压比理论分解电压大得多。这些额外的电能一部分用来克服内电阻，主要是用来克服电极上的极化作用。

$$E_{分解} = E_{可逆} + \Delta E_{不可逆} + IR \tag{8-2}$$

$$\Delta E_{不可逆} = \eta_{阳极} + \eta_{阴极} \tag{8-3}$$

显然，分解电压的数值会随着通入电流强度的增加而增加。一般情况下，电解质溶液的电位降 IR 忽略不计，所以分解电压等于

$$E_{分解} = E_{理论} + \eta_{阳极} + \eta_{阴极}$$

$\eta_{阳极}$ 和 $\eta_{阴极}$ 叫作超电势，是因为电极上电流通过时电极电势偏离可逆电极电势的值。

8.2 极化

8.2.1 极化的类型

极化：当电极上无电流通过时，电极处于平衡（可逆）状态，这时的电极电势称为平衡电极电势 $\varphi_{平衡}$ 或可逆电极电势 $\varphi_{可逆}$。当有电流通过时，电极变成不可逆，这时的电极电势叫作不可逆电极电势 $\varphi_{不可逆}$，随着电极上电流密度 j（单位电极表面通过的电流强度）的增加，电极电势值偏离可逆电极电势值也越来越大，这种对平衡电势的偏离称为电极的极化。

超电势：不可逆电极电势对可逆电极电势的偏差的绝对值称为超电势 η。

极化的类型：极化产生的原因很多，主要有浓差极化和电化学极化。

浓差极化：在电解过程中，电极附近某离子浓度由于电极反应而发生变化，本体

溶液中离子扩散的速度又赶不上弥补这个变化，就导致电极附近溶液与本体溶液间有一个浓度梯度，这种浓度差别引起的电极电势的改变称为浓差极化。以 Ag 电极电解 $AgNO_3$ 溶液为例：把两个 Ag 电极插入浓度为 m 的 $AgNO_3$ 溶液中，在阴极发生还原反应 $Ag^+ + e^- \longrightarrow Ag(s)$，即阴极附近的 Ag^+ 变成 Ag（s）沉积在电极表面，以上还原反应的速度较快，而 Ag^+ 的扩散速度较慢，电解一段时间后阴极附近 Ag^+ 的浓度 m_e 值将比溶液本体浓度 m 要低，其净结果是 Ag 电极浸入了 m_e 浓度的 $AgNO_3$ 溶液中。根据电极电势的能斯特方程：

$$\varphi_{r,Ag^+/Ag} = \varphi_{r,Ag^+/Ag}^{\ominus} + \frac{RT}{F} \ln a_{Ag^+}$$

用浓度近似代替活度（设活度系数为 1），

$$\varphi_{r,Ag^+/Ag} = \varphi_{r,Ag^+/Ag}^{\ominus} + \frac{RT}{F} \ln m_{Ag^+}$$

$$\varphi_{I,Ag^+/Ag} = \varphi_{I,Ag^+/Ag}^{\ominus} + \frac{RT}{F} \ln m_e$$

因为 $m_e < m_{Ag^+}$，$\varphi_{I,Ag^+/Ag} < \varphi_{r,Ag^+/Ag}$，浓差极化使阴极电势更低。

在阳极发生氧化反应 $Ag - e^- \longrightarrow Ag^+$，即 Ag 电极被溶解，又由于氧化反应（溶解）的速度大于 Ag^+ 的扩散速度，电解一段时间后，相当于 Ag 电极插在了 m_e 浓度的 $AgNO_3$ 溶液中，根据电极电势的能斯特方程，且用浓度代替活度（设活度系数为 1），

$$\varphi_{I,Ag^+/Ag} = \varphi_{I,Ag^+/Ag}^{\ominus} + \frac{RT}{F} \ln m_e$$

因为 $m_e > m_{Ag^+}$，$\varphi_{I,Ag^+/Ag} > \varphi_{r,Ag^+/Ag}$，浓差极化使阳极电势更高。

浓差极化产生的超电势叫浓差超电势。浓差极化可以通过升温或强力搅拌的方法加快离子扩散，从而降低其影响。但是浓差极化有时也被人们所利用，例如极谱分析就是利用滴汞电极上的浓差极化来进行定量分析的一种方法。

电化学极化：在有限电流通过时，由于电极反应的迟缓性，造成阴极电势更低而阳极电势更高的现象叫"电化学极化"，电化学极化产生的超电势叫电化学超电势（又叫活化超电势）。实验结果证明：一般金属｜金属离子电极的电化学超电势都较低，但过渡金属除外。一般当电极上发生气体析出的反应时，电化学超电势的数值就较大。影响气体电极上电化学超电势的因素有电极材料、电流密度、温度等。

8.2.2 超电势

在某一电流密度下，实际发生电解的电极电势 φ_I（又叫析出电极电势 $\varphi_{析出}$）与平衡电极电势 φ_r 之间的差值称为超电势。阳极上超电势使电极电势变大，阴极上超电势使电极电势变小。为了使超电势都是正值，把阴极超电势 $\eta_{阴极}$ 和阳极超电势 $\eta_{阳极}$ 分别定义为：

$$\eta_{阴极} = \varphi_{r,阴极} - \varphi_{I,阴极} \tag{8-4}$$

$$\eta_{阳极}=\varphi_{I,阳极}-\varphi_{r,阳极} \tag{8-5}$$

$$\varphi_{阴极,析出}=\varphi_{r,阴极}-\eta_{阴极} \tag{8-6}$$

$$\varphi_{阳极,析出}=\varphi_{r,阳极}+\eta_{阳极} \tag{8-7}$$

析出电极电势是对电极来说的，分解电压是对电解池来说的，电解池的分解电压是电极电势高的正极（即阳极）的析出电极电势减去电极电势低的负极（即阴极）的析出电极电势。

$$E_{分解}=\varphi_{阳极,析出}-\varphi_{阴极,析出} \tag{8-8}$$

$$E_{分解}=(\varphi_{r,阳极}+\eta_{阳极})-(\varphi_{r,阴极}-\eta_{阴极})=(\varphi_{r,阳极}-\varphi_{r,阴极})+(\eta_{阳极}+\eta_{阴极})$$
$$=E_{理论分解}+\eta_{阳极}+\eta_{阴极}=E_{理论分解}+\Delta E_{不可逆}$$

分解电压等于可逆电动势与阴极、阳极的超电势加和。$E_{可逆}$ 可以测量，如果阴阳极的超电势也可以测量就可以计算 $E_{分解}$。

超电势的测定：测定超电势实际上就是测定在有电流通过时的电极电势。如果要测量电极 1 的极化曲线，找辅助电极 2，将 1 和 2 安排成电解池，改变外电路的电阻可以调节通过电极的电流大小。另外用甘汞电极与电极 1 组成原电池，甘汞电极的一端拉成鲁金毛细管，使毛细管贴近电极 1 的表面，以减小溶液电阻，用电位差计测量电池电动势。由于 $\varphi_{甘汞}$ 已知，所以可以计算出 φ_{1I}，改变电流密度 j 分别测量 φ 就可得到极化曲线。

电极 1 是组成原电池的时候发生的反应，是电解池的逆反应，如电解池中是阴极发生还原作用，在原电池中会发生氧化作用，变成负极，甘汞是正极；如电解池中是阳极发生氧化作用，在原电池中会发生还原作用，变成正极，甘汞是负极。

8.2.3　极化曲线

极化曲线：电极电势随电流密度的变化曲线称为极化曲线。无论是在电池还是在电解池中极化的结果：阴极的不可逆电极电势，随着电流密度的增加而降低；阳极的不可逆电极电势，随着电流密度的增加而升高。

电解池的极化曲线：随着电流密度的增大，两电极上的超电势也增大，阳极（正极）析出电势变大，阴极（负极）析出电势变小，使外加的电压增加，额外消耗了电能。如图 8.3 所示。

电池的极化曲线：原电池中，随着电流密度的增加，阳极（负极）析出电势变大，阴极（正极）析出电势变小。由于极化，使原电池的做功能力下降。如图 8.4 所示。

8.2.4　氢超电势和塔菲尔公式

氢气在几种电极上的超电势如图 8.5 所示。可见在石墨和汞等材料上，超电势很大，而在金属 Pt，特别是镀了铂黑的铂电极上，超电势很小。所以标准氢电极中的铂电极要镀上铂黑。

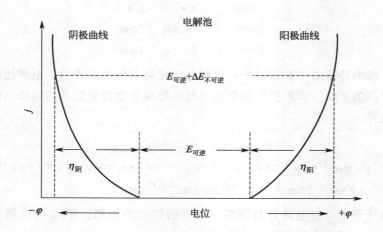

图 8.3　电解池中两电极的极化曲线

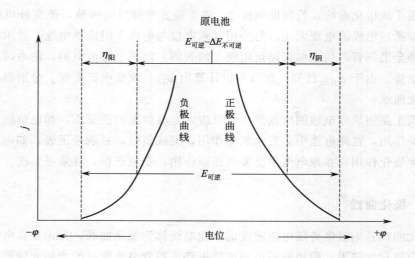

图 8.4　原电池中两电极的极化曲线

① 超电势与电极材料有关，电极不同，超电势不同。

② 电极表面状态不同，超电势不同。

影响超电势的因素有很多，如电极材料、电极表面状态外电流密度、温度、电解质的性质、浓度及溶液中的杂质等。

已知当电极上有气体析出时，电化学极化影响较大，早在 1905 年，塔菲尔（Tafel）在系统研究了氢气电极的超电势后发现，对于一些常见的电极反应，氢超电势与电流密度之间在一定范围内存在如下的定量关系，叫塔菲尔公式：

$$\eta = a + b\ln j \tag{8-9}$$

式中，j 为电流密度；a 为单位电流密度时的超电势值，与电极材料、表面状态、溶液组成和温度等因素有关；b 为与温度有关的常数，298K 时，对多数金属电极 b

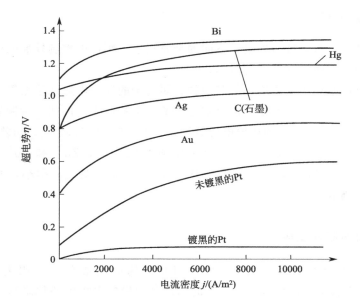

图 8.5　氢气在几种电极上的超电势

等于 0.050V。可见氢超电势的大小主要取决于 a 值的大小，a 值越大，氢超电势越大，电极的不可逆程度也越大。

关于塔菲尔公式有两点说明：a. 目前已证实塔菲尔公式对许多其他电极反应也适用，它具有较普遍的意义，现在可以从理论上推导得出相同结果；b. 此公式在 j 较大时才适用，j 较小时，$\eta\text{-}\ln j$ 是曲线而不是直线。

8.3　电解时电极上的竞争反应

8.3.1　电解时阴极反应

在电极上发生反应的不可逆电极电势称为析出电极电势。在阴极上正离子获得电子而发生还原作用，阴极上能进行反应的有：a. 金属离子；b. 氢离子（中性水溶液中 $a_{\text{H}^+}=10^{-7}$）。

极化的结果：阴极的电极电势越来越小，所以电极电势最大的最先在阴极发生反应。对于大多数金属离子，因为其超电势极小，可以忽略不计，所以金属的析出电极电势是其可逆电极电势。但氢气析出时，超电势不能忽略不计。氢气在电极上的超电势与电极材料和电极表面有关。

在水溶液中氢离子总是要与金属离子竞争析出，电解时阴极上析出反应的顺序是析出电势大的首先在阴极上还原析出。假如某金属先析出，然后氢气析出，氢气析出时必须考虑氢气在前面金属电极上的超电势（因为电极被前面析出的金属包裹）以及计算溶液中剩余离子的浓度。

8.3.2 金属的分离

如果溶液中含有多种析出电势不同的金属离子，则可以控制外加电压的大小，使金属离子分步析出而达到分离的目的。

同样可以控制离子的浓度，使某两种金属离子的还原电势几乎相等，那么阴极上将同时析出两种金属，这就是利用电解法制造合金的原理。例如：黄铜的制取（锌铜合金）。本来 Zn^{2+} 和 Cu^{2+} 的还原电位分别是 $-0.763V$ 和 $0.337V$，相差近 $1V$，电解时应该分离得很完全，但当在电解质溶液中加入 CN^- 时，Zn^{2+} 和 Cu^{2+} 分别与 CN^- 形成 $Cu(CN)_3^-$ 和 $Zn(CN)_4^{2-}$，这两种络合离子的还原电势相差很小，所以 Zn 和 Cu 可以同时析出制取黄铜。

8.3.3 电解时阳极反应

电解时阳极上发生氧化反应。发生氧化的物质通常有：a. 阴离子，如 Cl^-、OH^- 等；b. 阳极本身发生氧化。极化的结果是阳极的电极电势越来越高，阳极上析出电势低的先反应。

8.4 金属的腐蚀和防腐

8.4.1 金属的腐蚀

日常生活中我们常常遇到金属被腐蚀的现象。例如搪瓷容器被碰掉搪瓷的位置会生锈，时间稍长会漏；铝制容器装食盐而穿孔等。

金属表面与周围介质发生化学反应或电化学反应而遭受破坏的过程叫金属腐蚀。据统计全世界因腐蚀而报废的金属设备和金属材料占世界年总产量的 20%～30%。可见人类因腐蚀而遭受的损失十分严重，因此金属的腐蚀与防腐是化学工作者的重大课题之一。

金属腐蚀可分为如下两类。

① 化学腐蚀：金属表面与介质如气体或非电解质液体（氧化剂）等直接发生化学作用而引起的腐蚀，称为化学腐蚀。化学腐蚀作用进行时无电流产生。

② 电化学腐蚀：金属表面与介质如潮湿空气或电解质溶液等，因形成微电池，金属作为阳极（负极）发生氧化而使金属发生腐蚀。这种由于电化学作用引起的腐蚀称为电化学腐蚀。电化学腐蚀作用进行时有电流产生。我们主要讨论电化学腐蚀。

例如：将 Cu 和 Zn 放在一起，并放在有 H^+ 存在的溶液中，Zn 表面上将发生氧化作用 $Zn \longrightarrow Zn^{2+} + 2e^-$，而 Cu 表面则发生 $2H^+ + 2e^- \longrightarrow H_2$，时间一长 Zn 表面就会有洞，即被腐蚀。

人工制备的金属单质很难做到绝对纯净。当有杂质存在时，就有可能产生自发的微电池体系，使金属被腐蚀。

例如：带有铁铆钉的铜板若暴露在空气中，表面被潮湿空气或雨水浸润，空气中

的 CO_2、SO_2 溶解于其中形成电解质溶液，就组成了原电池——铜作阴极，铁作阳极。所以铁很快被腐蚀形成铁锈。

8.4.2　铁锈的组成

铁在酸性介质中被氧化成二价铁，二价铁被空气中的氧气氧化成三价铁，三价铁在水溶液中生成 $Fe(OH)_3$ 沉淀，$Fe(OH)_3$ 又可能部分失水生成 Fe_2O_3。所以铁锈是一个由 $Fe(OH)_3$ 和 Fe_2O_3 等化合物组成的疏松的混杂物质。

8.4.3　腐蚀时阴极的反应

金属腐蚀时与周围环境形成微小的电池，被腐蚀的金属是发生氧化反应的阳极，即电池的负极。电池的正极即阴极发生还原反应。有一种可能是环境中的 H^+ 在阴极上还原成氢气析出，这种腐蚀叫析氢腐蚀。阴极析出氢气所需的电极电势值是：

$$\varphi_{H^+/H_2} = -\frac{RT}{F}\ln\frac{a_{H_2}^{\frac{1}{2}}}{a_{H^+}}$$

假设，$a_{H_2}=1$，$a_{H^+}=10^{-7}$，$T=298K$

$$\varphi_{H^+/H_2} = -0.414V$$

铁氧化，当 $a_{Fe^{2+}}=10^{-6}$ 时认为已经发生腐蚀，

$$\varphi_{Fe^{2+}/Fe} = \varphi_{Fe^{2+}/Fe}^{\ominus} - \frac{RT}{zF}\ln\frac{1}{a_{Fe^{2+}}}$$

$$\varphi_{Fe^{2+}/Fe} = -0.617V$$

产生的微电池的电动势为

$$E = \varphi_{H^+/H_2} - \varphi_{Fe^{2+}/Fe} = -0.414V + 0.617V = 0.203V$$

这时组成原电池的电动势为 $0.203V > 0$，是自发电池。

金属被腐蚀时，阴极的另一种可能是：环境中如果既有酸性介质，又有氧气存在，在阴极上发生消耗氧的还原反应，这种腐蚀叫耗氧腐蚀。

$$O_2(g) + 4H^+ + 4e^- \longrightarrow 2H_2O$$

$$\varphi_{O_2/H_2O,H^+} = \varphi_{O_2/H_2O,H^+}^{\ominus} - \frac{RT}{zF}\ln\frac{1}{a_{O_2}a_{H^+}^4}$$

$$\varphi_{O_2/H_2O,H^+}^{\ominus} = 1.229V$$

假设，$a_{O_2}=1$，$a_{H^+}=10^{-7}$，$T=298K$

$$\varphi_{O_2/H_2O,H^+} = 0.816V$$

负极的 $\varphi_{Fe^{2+}/Fe} = -0.617V$

产生的微电池的电动势为

$$E = \varphi_{O_2/H_2O,H^+} - \varphi_{Fe^{2+}/Fe} = (0.816+0.617)V = 1.433V$$

显然耗氧腐蚀比析氢腐蚀严重得多。

8.4.4 金属的防腐

① 非金属防腐：在金属表面涂上涂料、搪瓷、塑料、沥青、高分子材料等，将金属与腐蚀介质隔开。当这些保护层完整时，就可以起到保护金属的作用。

② 金属保护层：在需保护的金属表面用电镀的方法镀上 Au、Ag、Ni、Cr、Zn、Sn 等金属，保护内层不被腐蚀。金属保护层有如下几种。

阳极保护层：镀上比被保护金属有更负电极电势的金属。例如：把 Zn 镀在 Fe 上，$\varphi^{\ominus}_{Zn^{2+}/Zn} = -0.7628V$，$\varphi^{\ominus}_{Fe^{2+}/Fe} = -0.4402V$，此时 Zn 为阳极发生氧化，而 Fe 为阴极被保护。

阴极保护层：镀上比被保护的金属有更正电极电势的金属。例如：把锡镀到铁上，$\varphi^{\ominus}_{Sn^{2+}/Sn} = -0.136V$，这时 Sn 为阴极还原，而 Fe 为阳极氧化，当锡的镀层完整时，可把铁与腐蚀介质隔开起到保护作用，但当镀层不完整时，阴极保护层就失去了保护作用，反而会加速腐蚀。

阳极保护层不会因镀层不完整而失去保护作用，因为被保护的金属为阴极，阴极还原，不会氧化成离子。所以应尽量使用阳极保护层。但出于造价及工艺、设备的考虑，有时也不得不用阴极保护层。

③ 电化学保护：将被保护的金属如铁作阴极，电极电势较低的较活泼的金属如 Zn 作牺牲性阳极。阳极腐蚀后定期更换。例如船体四周镶嵌 Zn 块，Zn 块作为阳极被氧化，船体作为阴极被保护。

④ 加缓蚀剂：在可能组成原电池的体系中加缓蚀剂，改变介质的性质，降低腐蚀速度。

⑤ 制成耐蚀合金：在炼制金属时加入其他组分，提高耐蚀能力。如在炼钢时加入 Mn、Cr 等元素制成不锈钢。

8.5 化学电源

8.5.1 燃料电池

又称为连续电池，一般以天然燃料或其他可燃物质如氢气、甲醇、天然气、煤气等作为负极的反应物质，以氧气作为正极反应物质组成燃料电池。

例如氢气燃料电池，$Pt \mid H_2(p) \mid H_2SO_4(a) \mid O_2(p) \mid Pt$

负极反应：
$$H_2(p) - 2e^- \longrightarrow 2H^+$$

正极反应：
$$\frac{1}{2}O_2(p) + 2H^+ + 2e^- \longrightarrow H_2O \ (l)$$

电池反应：
$$H_2(p) + \frac{1}{2}O_2(p) \longrightarrow H_2O(l)$$

燃料电池的特点和优点：能量转换率高；减少大气污染；稳定性高。

8.5.2　一次电池

电池中的反应物质进行一次电化学反应放电之后，就不能再次利用，如锌锰干电池。这种电池造成严重的材料浪费和环境污染。

8.5.3　二次电池

又称为蓄电池。这种电池放电后可以充电，使活性物质基本复原，可以重复、多次利用。如常见的铅蓄电池和其他可充电电池等。

8.5.4　锂离子电池

是一种高能电池，负极是鳞片状的石墨，正极为层状结构复合金属氧化物，电解质为锂盐的有机溶剂（如碳酸丙二醇酯等）。锂离子电池的充电放电过程实际就是锂离子在正负极材料的层间嵌入和脱嵌的过程。该电池具有 3.7V 左右的高工作电压，比能量高、剩余电荷量容易检测、安全、环保，在手机、笔记本电脑等方面有广泛应用。

第 9 章

化学反应动力学

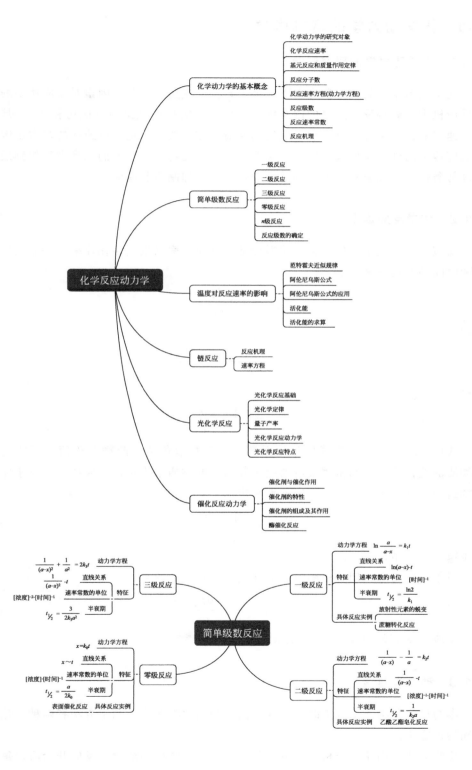

9.1 化学动力学的基本概念

9.1.1 化学动力学的研究对象

化学动力学的研究对象有以下三个内容：反应速率、各种因素对反应速率的影响和反应机理。影响反应速率的内在因素是化学反应机理（又叫反应历程），它是决定反应速率的根本条件，只有把反应机理弄清楚才能找到决定反应速率的基本步骤。影响反应速率的外部条件包括浓度、温度、压力、催化剂等。人们总是力争找到最合适的外部条件，以加速对人类有利的反应，减少或抑制不利反应。

9.1.2 化学反应速率

反应速率：化学反应进行的快慢程度。反应速率（也叫转化速率）一般以反应进度随时间的变化率来表示。

$$J = \frac{d\xi}{dt} \tag{9-1}$$

因为

$$d\xi = \frac{n_i(t) - n_i(0)}{\nu_i}$$

所以

$$J = \frac{1}{\nu_i} \times \frac{dn_i}{dt} \tag{9-2}$$

式中，ν_i 是化学方程式中计量系数，反应物取负值，产物取正值。反应速率 J 与物质的选择无关，通常用最容易测定其浓度的物质来表示该反应速率。对于体积不变的封闭系统以单位体积的反应速率来表示：

$$r = \frac{1}{\nu_i} \times \frac{dc_i}{dt} \tag{9-3}$$

反应速率 r 的单位为 ［浓度］·［时间］$^{-1}$。

对于气相反应，用分压随时间的变化率表示反应速率

$$r' = \frac{1}{\nu_i} \times \frac{dp_i}{dt} \tag{9-4}$$

反应速率 r' 的单位为 Pa/s 或 kPa/s。

9.1.3 动力学曲线

参与反应各物质浓度随时间的变化曲线叫动力学曲线。测定方法有两种：化学方法和物理方法。

化学方法：用化学分析方法测定某一时刻某种物质的浓度。反应开始后，每隔一定时间取样一次，测定某种物质的浓度。为了数据准确，需在每次取样的同时使反应

"冻结"停止，常用骤冷、冲稀、加阻化剂、除去催化剂等方法使反应不再继续，然后进行化学分析。

物理方法：如果体系中某物质的浓度与体系的某一物理性质呈单值关系，可用物理方法测定反应速率。如测定旋光度（蔗糖转化反应）、电导率（乙酸乙酯皂化反应）、吸光度（丙酮碘化反应）、压力（氨基甲酸铵分解反应）等物理量的变化，从而画出浓度随时间的变化曲线。

测定不同时刻（t_1、t_2、t_3、t_4、…）某物质的浓度（c_1、c_2、c_3、c_4、…），然后以时间为横坐标，以浓度为纵坐标，浓度对时间作图。曲线上某一点的切线的斜率为要求的 $\dfrac{dc}{dt}$，从而可以求出反应速率。

9.1.4 基元反应和质量作用定律

（1）总反应

化学方程式表示的反应，仅仅是反应的宏观总效果。

（2）基元反应

反应物的微粒（如分子、原子、离子和自由基等）直接作用而生成新产物的反应。

（3）简单反应

如果一个反应的机理简单，是由一个基元步骤构成的。如反应 $NO + O_3 \longrightarrow NO_2 + O_2$，是一步完成的，反应机理简单，是简单反应。

（4）复合反应

也叫作复杂反应，由二个或二个以上基元反应构成。如反应 $H_2 + I_2 \longrightarrow 2HI$，经实验证明该反应是分两步完成的，分别是：

$$I_2 + M \Longleftrightarrow 2I + M$$
$$H_2 + 2I \longrightarrow 2HI$$

式中，M 表示反应器壁或催化剂、第三分子等，是惰性物质，只起传递能量作用。

（5）质量作用定律

在一定温度下，基元反应的速率与反应物浓度的幂乘积呈正比（其速率公式有简单形式 $r = k[A]^\alpha[B]^\beta$），而且式中浓度项的指数 α、β、……均与反应方程式中相应物质的系数相同，这种简单关系称为质量作用定律。根据质量作用定律可以写出下列基元反应的速率方程。如以下基元反应的速率方程，可以根据基元反应写出来。

$$Cl_2 + M \Longrightarrow 2Cl + M \qquad r = k_1[Cl_2][M]$$
$$Cl + H_2 \Longrightarrow HCl + H \qquad r = k_2[Cl][H_2]$$
$$Cl_2 + H \Longrightarrow HCl + Cl \qquad r = k_3[Cl_2][H]$$
$$2Cl + M \Longrightarrow Cl_2 + M \qquad r = k_4[Cl]^2[M]$$

9.1.5 反应分子数

反应分子数是微观概念，参与基元反应的反应物微粒的数目叫反应分子数。反应分子可分为单分子反应、双分子反应和三分子反应。反应分子数不会是 4 或者 4 以上，因为从统计热力学角度看，4 个或 4 个以上分子碰撞在一起并发生反应的概率非常小，几乎是不可能的。

9.1.6 反应速率方程

一般以反应速率与各物质浓度的函数关系或各物质的浓度与时间的函数来表示。也称为动力学方程。反应速率方程的具体形式随反应的不同而不同，通常只能通过实验来确定。

9.1.7 反应级数

反应速率公式有简单形式：$r = k[A]^\alpha[B]^\beta\cdots$，对这种反应速率公式表达式的浓度项的指数 α、β、……分别称为各物质 A、B、……的反应级数。而各指数之和 $n = \alpha + \beta + \cdots$ 为总反应的级数。反应级数可以是整数、分数、正数、负数和零。都是由实验确定的，跟化学方程式的系数不一定相同。

在速率方程中，若某一物质的浓度远远大于其他反应物的浓度，或是出现催化剂浓度项，在反应过程中可以认为没有变化，可并入速率常数项中，这时反应总级数可相应下降，下降后的级数称为准级数，下降后反应称为准级数反应。

9.1.8 反应速率常数

反应的速率方程式 $r = k[A]^\alpha[B]^\beta\cdots$ 中的比例系数 k 称为反应速率常数。反应速率常数在数值上等于各有关物质的浓度，等于单位浓度时的瞬时速率，所以速率常数的值的大小直接体现反应进行的难易程度。速率常数与浓度无关而与反应温度及所用的催化剂有关。速率常数的公式：

$$k = \frac{r[\mathrm{mol}/(\mathrm{dm}^3 \cdot \mathrm{s})]}{[A]^\alpha[B]^\beta\cdots(\mathrm{mol}/\mathrm{dm}^3)^n} = \frac{r}{[A]^\alpha[B]^\beta\cdots}(\mathrm{mol}/\mathrm{dm}^3)^{1-n}/\mathrm{s}$$

速率常数 k 的单位是 $(\mathrm{mol}/\mathrm{dm}^3)^{1-n}/\mathrm{s}$，与反应级数 n 有关，可以从速率常数的单位判断反应级数。

9.1.9 反应机理

反应机理又称为反应历程。在总反应中，发生的所有基元反应的总和称为反应机理。同一反应在不同的条件下，可有不同的反应机理。了解反应机理可以掌握反应的内在规律，从而更好地驾驭反应。

9.2　简单级数反应

简单级数反应：反应速率只与反应物浓度有关，而且反应级数都只是零或正整数的反应。简单反应（基元反应）是简单级数反应，但简单级数反应不一定是简单反应（基元反应）。

9.2.1　一级反应

一级反应是指反应速率与反应物浓度的一次方成正比的反应。如放射性元素的蜕变、五氧化二氮的热分解反应、丁二烯的异构化反应是一级反应。蔗糖转化反应是准一级反应。蔗糖转化反应是蔗糖和水在氢离子催化剂的条件下反应生成果糖和葡萄糖。反应速率与蔗糖浓度和水的浓度的乘积呈正比，但反应中水的浓度很大（蔗糖配成水溶液，氢离子催化剂还是水溶液），随时间的改变量相对来说很小，所以把水的浓度看成不变的常数。反应速率只与蔗糖的浓度呈正比，反应级数从二级降为一级，是准一级反应。

$$_{88}^{226}\text{Ra} \longrightarrow {}_{86}^{222}\text{Rn} + {}_{2}^{4}\text{He} \qquad r = kc_{\text{Ra}}$$

$$\text{N}_2\text{O}_5 \longrightarrow 2\text{NO}_2 + \frac{1}{2}\text{O}_2 \qquad r = kc_{\text{N}_2\text{O}_5}$$

反应速率与反应物浓度的一次方呈正比，这时的反应物浓度是 t 时间的浓度，而不是起始浓度，因为表示的是任何 t 时间的反应速率，用起始浓度表示是开始时的瞬间反应速率。

现有任意的一级反应 $\text{A} \longrightarrow \text{P}$，假设 $t=0$ 反应物的起始浓度为 a，任意 t 时间的浓度为 $a-x$，即消耗浓度为 x。

$$\text{A} \longrightarrow \text{P}$$

$$t=0 \qquad c_{\text{A},0}=a \quad 0$$

$$t=t \qquad c_{\text{A}}=a-x \quad x$$

根据任意反应反应速率 r 的定义：

$$r = -\frac{\text{d}(a-x)}{\text{d}t}$$

根据一级反应的定义：

$$r = k_1(a-x)$$

以上两个式子描述的都是一级反应的反应速率，所以相等：

$$-\frac{\text{d}(a-x)}{\text{d}t} = k_1(a-x)$$

进行不定积分：

$$\int -\frac{\text{d}(a-x)}{a-x} = \int k_1 \text{d}t$$

$$\ln(a-x) = -k_1 t + B \tag{9-5}$$

一级反应的特征 1：$\ln(a-x)$ 对 t 作图得到一条直线，直线的斜率是 $-k_1$。

$-\dfrac{\mathrm{d}(a-x)}{\mathrm{d}t}=k_1(a-x)$ 进行定积分：

$$\int_a^{a-x} -\frac{\mathrm{d}(a-x)}{a-x}=\int_0^t k_1\mathrm{d}t$$

得到

$$\ln\frac{a}{a-x}=k_1t \tag{9-6}$$

$$k_1=\frac{1}{t}\ln\frac{a}{a-x} \tag{9-7}$$

一级反应的特征 2：速率常数的单位为 $[\text{时间}]^{-1}$。

反应物浓度消耗到一半的反应时间称为半衰期，以 $t_{1/2}$ 表示。$t=t_{1/2}$ 时，$a-x=\dfrac{1}{2}a$，代入公式 $t=\dfrac{1}{k_1}\ln\dfrac{a}{a-x}$ 中得到

$$t_{1/2}=\frac{\ln 2}{k_1} \tag{9-8}$$

一级反应的特征 3：一级反应的半衰期与速率常数呈反比，与反应物起始浓度无关。一级反应的半衰期在一定温度下，是常数。

若用 y 表示反应物已作用的分数即 $y=\dfrac{x}{a}$，将 $x=ya$ 代入式(9-6) 得到

$$\ln\frac{1}{1-y}=k_1t \tag{9-9}$$

以分压表示的反应速率方程的表达式与以浓度表示的表达式类似。$N_2O_5(g)\longrightarrow N_2O_4(g)+\dfrac{1}{2}O_2(g)$，是一级反应，参与反应的物质都是气相，所以用分压来表示反应速率更方便。

$$-\frac{\mathrm{d}p(N_2O_5)}{\mathrm{d}t}=k_1' p_{N_2O_5}$$

积分得到：

$$\ln\frac{p_0(N_2O_5)}{p(N_2O_5)}=k_1't \tag{9-10}$$

$p_0(N_2O_5)$ 是 N_2O_5 的初始压力，$p(N_2O_5)$ 是 N_2O_5 的 t 时间的压力。

9.2.2 二级反应

二级反应：反应速率与反应物浓度的二次方（或两种反应物浓度的乘积）呈正比的反应。如下反应是二级反应，两个反应物的起始浓度分别为 a 和 b，到任何 t 时间，消耗浓度为 x，所以任何 t 时间，反应物的浓度分别为 $a-x$ 和 $b-x$。

$$\begin{aligned}&\quad A \ + \ B \longrightarrow C\\ t=0 \quad &\quad a \qquad b \qquad 0\end{aligned}$$

$$t=t \qquad a-x \qquad b-x \qquad x$$

$$r=\frac{\mathrm{d}x}{\mathrm{d}t}=k_2(a-x)(b-x)$$

① 若 $a=b$ ，$r=\dfrac{\mathrm{d}x}{\mathrm{d}t}=k_2(a-x)^2$ ，该公式也适用于只有一个反应物的情况。

$$\frac{\mathrm{d}x}{(a-x)^2}=k_2\mathrm{d}t$$

不定积分得到：

$$\frac{1}{a-x}=k_2t+B \tag{9-11}$$

二级反应的特征 1：$\dfrac{1}{a-x}$ 对 t 作图得到一条直线，直线斜率为 k_2 ，通过斜率得到二级反应的速率常数。

对 $\dfrac{\mathrm{d}x}{(a-x)^2}=k_2\mathrm{d}t$ 定积分：

$$\int_0^x\frac{\mathrm{d}x}{(a-x)^2}=k_2\int_0^t\mathrm{d}t$$

得到：

$$\frac{1}{a-x}-\frac{1}{a}=k_2t \tag{9-12}$$

$$k_2=\frac{1}{t}\times\frac{x}{a(a-x)} \tag{9-13}$$

二级反应的特征 2：速率常数的单位为 ［浓度］$^{-1}$·［时间］$^{-1}$ 。

$t_{1/2}$ 时，$x=\dfrac{1}{2}a$ ，$a-x=\dfrac{1}{2}a$

$$t_{1/2}=\frac{1}{k_2}\times\frac{\dfrac{1}{2}a}{a\times\dfrac{1}{2}a}$$

$$t_{1/2}=\frac{1}{k_2a} \tag{9-14}$$

二级反应的特征 3：二级反应的半衰期与起始浓度呈反比。

② 若 $a\neq b$ ：

$$r=\frac{\mathrm{d}x}{\mathrm{d}t}=k_2(a-x)(b-x)$$

不定积分：

$$\int\frac{\mathrm{d}x}{(a-x)(b-x)}=\int k_2\mathrm{d}t$$

要通过待定系数法进行积分：

$$\frac{1}{(a-x)(b-x)}=\frac{A}{a-x}+\frac{B}{b-x}$$

$$\frac{A}{a-x}+\frac{B}{b-x}=\frac{A(b-x)+B(a-x)}{(a-x)(b-x)}$$

$$A(b-x)+B(a-x)=1$$

$$Ab+Ba-(A+B)x=1$$

$$Ab+Ba=1$$

$$A+B=0$$

$$A=-B$$

$$-Bb+Ba=1$$

$$B=\frac{1}{a-b}$$

$$A=\frac{1}{b-a}$$

代入积分公式中进行积分：

$$\int\frac{A}{a-x}+\int\frac{B}{b-x}=\int\frac{1}{b-a}\frac{\mathrm{d}x}{(a-x)}+\int\frac{1}{a-b}\frac{\mathrm{d}x}{(b-x)}=\int k\,\mathrm{d}t$$

不定积分得到：

$$\frac{1}{a-b}\ln\frac{a-x}{b-x}=kt+B \tag{9-15}$$

定积分得到：

$$\frac{1}{a-b}\ln\frac{b(a-x)}{a(b-x)}=kt \tag{9-16}$$

气相二级反应，用压力代替浓度，得到相应的动力学方程。

9.2.3 三级反应

反应速率方程中，浓度项的指数和等于 3 的反应称为三级反应。

$$A\ +\ B\ +\ \ C\longrightarrow P$$

$$\begin{array}{ccccc} t=0 & a & b & c & 0 \\ t=t & a-x & b-x & c-x & x \end{array}$$

$$r=\frac{\mathrm{d}x}{\mathrm{d}t}=k_3(a-x)(b-x)(c-x)$$

若 $a=b=c$，则

$$\frac{\mathrm{d}x}{\mathrm{d}t}=k_3(a-x)^3$$

不定积分：

$$\int\frac{\mathrm{d}x}{(a-x)^3}=\int k_3\,\mathrm{d}t$$

$$\frac{1}{2}\frac{1}{(a-x)^2}=k_3t+B \tag{9-17}$$

定积分：

$$\frac{1}{(a-x)^2} + \frac{1}{a^2} = 2k_3t \tag{9-18}$$

三级反应的特征 1：$\dfrac{1}{(a-x)^2}$ 对 t 作图得到一条直线，直线的斜率为 $2k_3$。

三级反应的特征 2：速率常数的单位为 $[浓度]^{-2} \cdot [时间]^{-1}$。

三级反应的特征 3：三级反应的半衰期 $t_{1/2} = \dfrac{3}{2k_3a^2}$。

9.2.4　零级反应

反应速率方程中，反应物浓度项不出现，即反应速率与反应物浓度无关，这种反应称为零级反应。

$$A \longrightarrow P$$

$$
\begin{array}{ccc}
t=0 & a & 0 \\
t=t & a-x & x
\end{array}
$$

$$r = \frac{dx}{dt} = k_0$$

积分得到：

$$x = k_0t \tag{9-19}$$

零级反应的特征 1：x 对 t 作图得到一条直线，直线斜率是 k_0。

零级反应的特征 2：速率常数的单位为 $[浓度] \cdot [时间]^{-1}$。

零级反应的特征 3：零级反应的半衰期 $t_{1/2} = \dfrac{a}{2k_0}$。半衰期与起始浓度成正比。

常见的零级反应有表面催化反应和酶催化反应，这时反应物总是过量的，反应速率取决于固体催化剂的有效表面活性位或酶的浓度。例如：NH_3 在 W、Mo、Fe 固体催化剂表面上的分解反应均为零级反应。

9.2.5　n 级反应

反应速率方程中，浓度项的指数和等于 n 的反应，称为 n 级反应。

微分式：

$$r = \frac{dx}{dt} = k(a-x)^n$$

积分：

$$\int_0^x \frac{dx}{(a-x)^n} = \int_0^t k\,dt$$

$$\frac{1}{1-n}\left[\frac{1}{a^{n-1}} - \frac{1}{(a-x)^{n-1}}\right] = kt \tag{9-20}$$

半衰期 $t_{1/2}$ 时，$a-x = \dfrac{1}{2}a$

$$\frac{1}{1-n} \times \frac{1}{a^{n-1}} \times \left[1 - \frac{1}{\left(\frac{1}{2}\right)^{n-1}}\right] = kt_{1/2}$$

$$t_{1/2} = A\,\frac{1}{a^{n-1}} \tag{9-21}$$

n 级反应的特征 1：$\dfrac{1}{(a-x)^{n-1}}$ 对 t 作图得到一条直线。

n 级反应的特征 2：速率常数的单位为 $[\text{浓度}]^{1-n} \cdot [\text{时间}]^{-1}$。

n 级反应的特征 3：零级反应的半衰期 $t_{1/2} = A\,\dfrac{1}{a^{n-1}}$。

当 $n=0,2,3$ 时，可以获得对应的反应级数的积分式。但 $n \neq 1$，因一级反应有其自身的特点；当 $n=1$ 时，有的积分式在数学上不成立。

9.2.6 反应级数的确定

有五种方法常被用于确定反应级数。

（1）作图法

反应级数 n：	0	1	2	3
直线关系：	$x\text{-}t$	$\ln\dfrac{1}{a-x}\text{-}t$	$\dfrac{1}{a-x}\text{-}t$	$\dfrac{1}{(a-x)^2}\text{-}t$

反应开始后每隔一定时间测定一次某种反应物的浓度，可得一组 $(a-x)\text{-}t$ 的数据，分别作图，哪个图是直线就是哪级反应。该方法只能用于简单级数反应。

（2）积分法

积分法也叫作尝试法，是利用动力学方程尝试着计算速率常数，把实验测得的一系列 $(a-x)\text{-}t$ 或 $x\text{-}t$ 的动力学数据后，将各组数据代入具有简单级数反应的动力学方程式中，计算 k 值。若得 k 值基本为常数，则反应为所代入方程的级数。若求得 k 不为常数，则需再进行假设。积分法适用于简单级数反应等动力学方程已知的反应。

（3）微分法

$$A \longrightarrow P$$

$$t=0 \qquad c_{A,0} \qquad 0$$

$$t=t \qquad c_A \qquad x$$

$$r = -\frac{\mathrm{d}c_A}{\mathrm{d}t} = kc_A^n$$

$$\ln r = \ln\left(-\frac{\mathrm{d}c_A}{\mathrm{d}t}\right) = \ln k + n\ln c_A \tag{9-22}$$

$\ln\left(-\dfrac{\mathrm{d}c_A}{\mathrm{d}t}\right)$ 对 $\ln c_A$ 作图，斜率就是反应级数 n。微分法要作三次图。第一次 c_A

对 t 作图，得到曲线；第二次作不同时刻 t 的斜率 $-\dfrac{dc_A}{dt}$；第三次作 $\ln\left(-\dfrac{dc_A}{dt}\right)$ 对 $\ln c_A$ 的图，通过斜率得到反应级数。其中第二次作图误差比较大。

（4）半衰期法

半衰期法可以分为计算法和作图法。若只有两组不同起始浓度 a，a' 作实验，分别测定半衰期为 $t_{1/2}$ 和 $t'_{1/2}$，因同一反应，常数 A 相同，所以计算得到：

$$t_{1/2} = A\,\frac{1}{a^{n-1}}$$

$$\frac{t_{1/2}}{t'_{1/2}} = \left(\frac{a'}{a}\right)^{n-1}$$

$$\ln\frac{t_{1/2}}{t'_{1/2}} = (n-1)\ln\frac{a'}{a}$$

$$n = 1 + \frac{\ln\dfrac{t_{1/2}}{t'_{1/2}}}{\ln\dfrac{a'}{a}} \tag{9-23}$$

若有一系列不同起始浓度 a 和半衰期 $t_{1/2}$ 的数据，可以作图。

$$\ln t_{1/2} = \ln A - (n-1)\ln a \tag{9-24}$$

$\ln t_{1/2}$ 对 $\ln a$ 作图，通过斜率得到反应级数。

（5）改变物质数量比例的方法

假设速率方程式为 $r = kc_A^\alpha c_B^\beta$，如设法保持 A 的浓度不变，而将 B 的浓度加大一倍，根据反应速率比原来加大的倍数来确定反应级数。

9.3　典型的复杂反应

两个或两个以上基元反应可以组成一个复杂反应，按照组合方式的不同又可分为：对峙反应、平行反应、连续反应及链反应，本节对前三类反应分别进行动力学分析，链反应在 9.5 部分中讨论。学习典型的复杂反应的目的是要掌握对复杂问题进行近似简单化处理的方法。

9.3.1　对峙反应

在正、逆两个方向都可以进行的反应称为对峙反应，又叫可逆反应。正、逆反应可以为相同级数，也可以为具有不同级数的反应；可以是基元反应，也可以是非基元反应。我们选择最简单的 1-1 级对峙反应，进行分析。

$$\text{A} \rightleftharpoons \text{B}$$

$$
\begin{array}{lcc}
t=0 & a & 0 \\
t=t & a-x & x
\end{array}
$$

$$t = t_e \qquad a - x_e \qquad x_e$$

假设反应开始的 $t = 0$ 时，反应物 A 的浓度为 a，任意 t 时间其浓度为 $a - x$，消耗浓度为 x。反应达到平衡的 t_e 反应物 A 的浓度为 $a - x_e$。

对峙反应的净速率等于正向速率减去逆向速率。

$$r = \frac{dx}{dt} = r_正 - r_负 = k_1(a - x) - k_{-1}x \tag{9-25}$$

当达到平衡时，净速率为零。

$$k_1(a - x_e) - k_{-1}x_e = 0$$

$$k_{-1} = \frac{k_1(a - x_e)}{x_e}$$

代入式(9-25)，得到：

$$\frac{dx}{dt} = k_1(a - x) - \frac{k_1(a - x_e)}{x_e}x = \frac{k_1 a(x_e - x)}{x_e} \tag{9-26}$$

对式(9-25) 进行积分：

$$\int_0^x \frac{dx}{k_1(a - x) - k_{-1}x} = \int_0^t dt$$

$$\int_0^x -\left(\frac{1}{k_1 + k_{-1}}\right)\frac{d[k_1 a - (k_1 + k_{-1})x]}{k_1 a - (k_1 + k_{-1})x} = \int_0^t dt$$

$$t = \frac{1}{k_1 + k_{-1}}\ln\frac{k_1 a}{k_1 a - (k_1 + k_{-1})x}$$

这样的积分式就是测定了不同时刻产物的浓度 x，也无法把 k_1 和 k_{-1} 的值计算出来。

对式(9-26) 进行积分：

$$\int_0^x \frac{x_e dx}{(x_e - x)} = k_1 a \int_0^t dt$$

$$x_e \ln\frac{x_e}{x_e - x} = k_1 a t$$

$$k_1 = \frac{x_e}{at}\ln\frac{x_e}{x_e - x}$$

$$k_{-1} = \frac{a - x_e}{at}\ln\frac{x_e}{x_e - x}$$

测定了 t 时刻的产物浓度 x，已知 a 和 x_e，就可分别求出 k_1 和 k_{-1}。

对峙反应的特征：a. 净速率等于正、逆反应速率之差；b. 达到平衡时，反应净速率等于零；c. 正、逆速率常数之比等于平衡常数 $K = k_1/k_{-1}$；d. 在 c-t 图上，达到平衡后，反应物和产物的浓度不再随时间而改变。

9.3.2 平行反应

由同一反应物出发可向不同方向同时进行的反应叫平行反应。这种情况在有机反应中较多，通常将速度快的反应称为主反应，速度慢的叫副反应。如果 $k_1 \gg k_2$，则主要产物为 B，副产物为 C，如果 $k_2 \gg k_1$，则 C 为主产物，B 为副产物。平行反应的级数可以相同，也可以不同，前者数学处理较为简单。如以下的 1-1 级的平行反应的处理。

$$
A \longrightarrow
\begin{array}{c}
\xrightarrow{\ k_1\ } B \\
\xrightarrow{\ k_2\ } C
\end{array}
$$

	[A]	[B]	[C]
$t=0$	a	0	0
$t=t$	$a-x_1-x_2$	x_1	x_2

令 $x=x_1+x_2$，则：

$$r=\frac{\mathrm{d}x}{\mathrm{d}t}=\frac{\mathrm{d}x_1}{\mathrm{d}t}+\frac{\mathrm{d}x_2}{\mathrm{d}t}=k_1(a-x)+k_2(a-x)=(k_1+k_2)(a-x)$$

$$\int_0^x \frac{\mathrm{d}x}{a-x}=(k_1+k_2)\int_0^t \mathrm{d}t$$

$$\ln \frac{a}{a-x}=(k_1+k_2)t$$

平行反应的特征：a. 平行反应的总速率等于各平行反应速率之和；b. 速率方程的微分式和积分式与同级的简单反应的速率方程相似，只是速率常数为各个反应速率常数的和；c. 当各产物的起始浓度为零时，在任一瞬间，各产物浓度之比等于速率常数之比；d. 用合适的催化剂可以改变某一反应的速率，从而提高主反应产物的产量。

9.3.3　连续反应

经多步完成的反应，而且第二步的反应物是第一步的产物，第三步的反应物是第二步的产物……此类反应叫连续反应（又叫系列反应、连串反应）。连续反应的数学处理极为复杂，我们只讨论最简单的由两个单向一级反应组成的连续反应。

$$A \xrightarrow{\ k_1\ } B \xrightarrow{\ k_2\ } C$$

	A	B	C
$t=0$	a	0	0
$t=t$	x	y	z

x 随时间的变化关系：

$$-\frac{\mathrm{d}x}{\mathrm{d}t}=k_1 x$$

$$\int_a^x -\frac{\mathrm{d}x}{x}=\int_0^t k_1 \mathrm{d}t$$

$$\ln \frac{a}{x}=k_1 t$$

$$x=a\mathrm{e}^{-k_1 t} \tag{9-27}$$

y 随时间的变化关系：

$$\frac{dy}{dt}=k_1 x-k_2 y=k_1 a e^{-k_1 t}-k_2 y$$

解线性微分方程，得到：

$$y=\frac{k_1 a}{k_2-k_1}(e^{-k_1 t}-e^{-k_2 t}) \tag{9-28}$$

z 随时间的变化关系：

$$\frac{dz}{dt}=k_2 y$$

$$z=a-x-y$$

$$z=a\left(1-\frac{k_2}{k_2-k_1}e^{-k_1 t}+\frac{k_1}{k_2-k_1}e^{-k_2 t}\right) \tag{9-29}$$

9.3.4 复杂反应的近似处理方法

由于复杂反应的数学处理比较复杂，一般做近似处理。常用的近似处理方法有速率控制步骤和稳态原理。

（1）速率控制步骤

反应的步骤中，某一步反应的速率很慢，将它的速率近似看作整个反应的速率，这个慢步骤称为速率控制步骤。使用速率控制步骤的原理又叫瓶颈原理，总反应速率取决于最慢的一步。如以上的连续反应的数学处理非常复杂，经过速率控制步骤处理会简化处理过程。

如 $z=a\left(1-\frac{k_2}{k_2-k_1}e^{-k_1 t}+\frac{k_1}{k_2-k_1}e^{-k_2 t}\right)$：

当第二步为速率控制步时，$k_1\gg k_2$，很小的 k_2 与很大的 k_1 比较，可以忽略不计。如 $\frac{k_2}{k_2-k_1}e^{-k_1 t}$，$k_2-k_1\approx -k_1$，$\frac{k_2}{k_1}$ 和 $e^{-k_1 t}$ 都很小，乘积更小，忽略不计。$z=a\left(1-\frac{k_2}{k_2-k_1}e^{-k_1 t}+\frac{k_1}{k_2-k_1}e^{-k_2 t}\right)$ 就简化成 $z=a(1-e^{-k_2 t})$，产物的浓度只受 k_2 的影响和控制，与最初的结果比较简单得多。

当第一步为速率控制步时，$k_2\gg k_1$，很小的 k_1 与很大的 k_2 比较，可以忽略不计。如 $\frac{k_1}{k_2-k_1}e^{-k_2 t}$，$k_2-k_1\approx k_2$，$\frac{k_1}{k_2}$ 和 $e^{-k_2 t}$ 都很小，乘积更小，忽略不计。$z=a\left(1-\frac{k_2}{k_2-k_1}e^{-k_1 t}+\frac{k_1}{k_2-k_1}e^{-k_2 t}\right)$ 就简化成 $z=a(1-e^{-k_1 t})$，产物的浓度只受 k_1 的影响和控制，与最初的结果比较简单得多。

（2）稳态原理

如反应 $A\xrightarrow{k_1}B\xrightarrow{k_2}C$，当 $k_2\gg k_1$ 时，中间产物 B 很活泼，反应体系中 B 的浓度很小，浓度随时间的改变量也很小，可看成约等于零，即 $\frac{dc_B}{dt}=\frac{dy}{dt}=0$。

计算中间产物 B 的浓度 y 要解微分方程，但利用稳态原理的简化数学处理，把解微分方程的工作简化为代数运算。

$$\frac{\mathrm{d}y}{\mathrm{d}t}=k_1 x-k_2 y=k_1 a\mathrm{e}^{-k_1 t}-k_2 y=0$$

得到：

$$y=\frac{k_1}{k_2}x=\frac{k_1}{k_2}a\mathrm{e}^{-k_1 t}$$

9.4　温度对反应速率的影响

9.4.1　范特霍夫近似规律

范特霍夫根据大量的实验数据总结出一条经验规律：温度每升高 10K，反应速率大约增加 2～4 倍。这个经验规律可以用来估计温度对反应速率的影响。

$$\frac{k_{T+10}}{k_T}=2\sim4 \tag{9-30}$$

$$\frac{k_{T+n10}}{k_T}=(2\sim40)^n \tag{9-31}$$

9.4.2　阿伦尼乌斯公式

1889 年阿伦尼乌斯根据大量的实验数据，总结出一个经验公式，后人称之为阿伦尼乌斯经验公式。实验证明大多数化学反应都符合阿伦尼乌斯经验公式，它适用于大多数气相反应、液相反应以及复相催化反应等。阿伦尼乌斯经验公式有四种形式。

（1）微分式

$$\frac{\mathrm{d}\ln k}{\mathrm{d}T}=\frac{E_a}{RT^2} \tag{9-32}$$

k 值随 T 的变化率取决于活化能 E_a 值的大小。

（2）对数式

对阿伦尼乌斯经验公式的微分式进行不定积分得到对数式。

$$\ln k=-\frac{E_a}{RT}+B \tag{9-33}$$

$\ln k$ 对 $\frac{1}{T}$ 作图得到一条直线，通过斜率得到活化能。

（3）指数式

$$k=A\mathrm{e}^{-\frac{E_a}{RT}} \tag{9-34}$$

描述了速率随温度而变化的指数关系，A 称为指前因子，$\mathrm{e}^{-\frac{E_a}{RT}}$ 称为指数因子。

阿伦尼乌斯认为 A 和 E_a 都是与温度无关的常数。

（4）定积分式

对阿伦尼乌斯经验公式的微分式进行积分得到定积分式。

$$\ln \frac{k_2}{k_1} = \frac{E_a}{R}\left(\frac{1}{T_1} - \frac{1}{T_2}\right) \tag{9-35}$$

积分过程中假设 E_a 是与温度无关的常数。

【例题 9-1】 某有机物 A 在酸性溶液中水解，在 323K 时，pH＝5 的缓冲溶液中，反应的半衰期为 69.3min；在 pH＝4 的缓冲溶液中，反应的半衰期为 6.93min。已知，在不同的 pH 值时，半衰期与 A 的初始浓度无关。该分解反应的速率方程形式为 $-\dfrac{dc_A}{dt} = kc_{H^+}^\alpha c_A^\beta$。求：（1）速率方程表达式中的 α 和 β 的值；（2）速率方程式表达式中 k 的值；（3）323K 时，在 pH＝3 的缓冲溶液中，分解 80% 所需的时间。

解：（1）因为 A 的半衰期与其起始浓度无关，所以该反应对 A 是一级反应。$\beta = 1$

$$t_{1/2} = \frac{\ln 2}{k'}$$

$$69.3 = \frac{\ln 2}{k \times (10^{-5})^\alpha}$$

$$6.93 = \frac{\ln 2}{k \times (10^{-4})^\alpha}$$

$$\frac{69.3}{6.93} = (10)^\alpha$$

$$\alpha = 1$$

（2）$6.93 = \dfrac{\ln 2}{k \times 10^{-4}}$

$$k = 1000 (\text{mol} \cdot \text{dm}^{-3})^{-1} \cdot \text{min}^{-1}$$

（3）对于 A 来说是一级反应：

$$\ln \frac{1}{1-y} = k \times 10^{-3} t$$

$$\ln \frac{1}{1-80\%} = 1000 \times 10^{-3} t$$

$$t = 1.61 \text{min}$$

9.4.3 活化能

阿伦尼乌斯在经验公式中引入了活化能 E_a，他认为反应物分子之间必须碰撞才能发生反应，但并不是所有的碰撞都能发生反应，只有那些有效碰撞才能发生反应。

有效碰撞：能量较高的分子之间的碰撞。

活化分子：能够发生有效碰撞的能量较高的分子。

活化能 E_a：活化分子的平均能量与反应物分子平均能量之差。

对于不同的反应，所需活化能的数值不同，造成活化分子的数目不同，发生有效碰撞的次数也就不同，所以造成了反应速率大小不同。一般升温能增加反应速率是因为温度升高后活化分子的数目增加，有效碰撞的次数也增加。

对于对峙反应来说活化能是什么？

设有一对峙反应：$A + B \rightleftharpoons C + D$，其正、逆反应都是基元反应。

正反应的速率：$r_+ = k_+ c_A c_B$

逆反应的速率：$r_- = k_- c_C c_D$

反应达平衡时，正逆反应速率相同：$k_+ c_A c_B = k_- c_C c_D$

正逆反应速率常数比值等于平衡常数 K_c。

$$\frac{k_+}{k_-} = \frac{c_C c_D}{c_A c_B} = K_c \tag{9-36}$$

温度对平衡常数的影响，用范特霍夫方程表示：

$$\frac{d\ln K_c}{dT} = \frac{\Delta_r U_m}{RT^2} \tag{9-37}$$

将式(9-36)代入式(9-37)，得到：

$$\frac{d\ln k_+}{dT} - \frac{d\ln k_-}{dT} = \frac{\Delta_r U_m}{RT^2}$$

将式(9-32)代入上式，得到：

$$\frac{E_{a,+}}{RT^2} - \frac{E_{a,-}}{RT^2} = \frac{\Delta_r U_m}{RT^2}$$

$$E_{a,+} - E_{a,-} = \Delta_r U_m = Q_V$$

即正逆反应的活化能之差等于该反应的恒容反应热。

对于其他的复杂反应，其活化能无法用简单的图形表示，它只是组成复杂反应的各基元反应活化能的数学组合。组合的方式取决于基元反应的速率常数与总反应的速率常数之间的关系，这个关系从反应机理推导而得（见链反应）。

9.4.4　阿伦尼乌斯公式的应用

（1）活化能对反应速率的影响

式(9-34)中的指前因子 A 一般是一个具有较大数值的常数，例如对于二级反应，$A \approx 10^{11}$。而指数因子 $e^{-E_a/RT}$ 的数值较小，其物理意义是：活化分子在分子总数中所占的分数。

【例题 9-2】298K 时，已知某反应的活化能为 83.68kJ/mol，计算指数因子。

解：$e^{-E_a/RT} = 2.15 \times 10^{-15}$，活化分子在总分子中的比值是 2.15×10^{-15}，假设有 1 个活化分子的时候，总分子数目是 $1/2.15 \times 10^{-15} = 4.6 \times 10^{14}$，$4.6 \times 10^{14}$ 个分

子中才有 1 个活化分子，或者说反应物分子要碰撞 4.6×10^{14} 次才有一次是有效碰撞。

但是如果反应活化能为 40kJ/mol，$e^{-E_a/RT} = 9.74 \times 10^{-8}$，此时反应物分子只要碰 1.02×10^7 次就有一次是有效碰撞，显然，反应速率将远大于前例。

比较的结果：反应速率的快慢主要取决于该反应活化能的大小，E_a 越大，k 越小，反应就越慢；反之 E_a 越小，k 越大，反应就越快。根据实验测定，一般的化学反应活化能在 60~250kJ/mol 之间。

（2）温度对反应速率的影响

【例题 9-3】298K 时，已知某反应的活化能为 83.68kJ/mol，计算指数因子。如果温度是 473K，指数因子又将如何？

解：298K 时，$e^{-E_a/RT} = 2.15 \times 10^{-15}$；473K 时：$e^{-E_a/RT} = 5.74 \times 10^{-10}$。此时每 1.74×10^9 个分子中就有 1 个活化分子，显然反应速度将大大加快。和活化能 E_a 一样，反应进行时的温度也在指数项上，所以温度对反应速率的影响也非常大。

（3）由已知温度的 k 计算未知温度的 k

利用阿伦尼乌斯公式的定积分式，从已知温度的已知速率常数计算得到另一个温度的未知的速率常数。

$$\ln \frac{k_2}{k_1} = \frac{E_a}{R} \left(\frac{1}{T_1} - \frac{1}{T_2} \right)$$

（4）选择适宜的反应温度

【例题 9-4】某一级反应，已知 $\lg(k/s^{-1}) = 12.0414 - 7.537 \times 10^3 \times 1/(T/K)$，欲使此反应在 10min 时转化率达 90%，温度应为多少？

解：一级反应的动力学公式

$$\ln \frac{a}{a-x} = kt$$

让一级反应在 10min 内转化率达到 90% 时，速率常数是多少？

$$\ln \frac{1}{0.1} = k \times 600$$

$$k = 3.84 \times 10^{-3} s^{-1}$$

$$\lg 3.84 \times 10^{-3} = 12.0414 - 7.537 \times 10^3 \times 1/T$$

$$T = 521K$$

（5）使用阿伦尼乌斯公式注意的事项

① 阿伦尼乌斯公式对于基元反应和复合反应中每一基元步骤都适用。对于复杂反应，速率方程具有 $r = kc_A^f c_B^g$ 形式时也适用。但要注意此时速率常数 k 是各基元步骤速率常数的特定组合，叫作表观速率常数，整个反应的活化能也是各基元反应活化能的特定组合，叫作表观活化能。

② 在阿伦尼乌斯公式中将活化能看成是与温度无关的常数，实际上 E_a 与 T 有

关，因为 Q_V 是恒容反应热，是温度的函数。只是温度变化范围不太大时，对活化能的影响较小，可以忽略，如果温度变化很大，则应该考虑温度对 E_a 的影响。

9.4.5　活化能的求算

（1）作图

利用式(9-33)，以 $\ln k$ 对 $1/T$ 作图，从直线斜率 $-\dfrac{E_a}{R}$ 算出 E_a 值。

（2）从定积分公式计算

两个温度下的速率常数代入式(9-35) 计算 E_a 值。

（3）活化能的估算

① 类似 $A_2 + B_2 \longrightarrow 2AB$ 反应，反应中 A_2 和 B_2 的键不是完全断裂后再反应，而是存在一过渡态，反应的活化能是两者键能和的 30%。

$$E_a = (E_{A\text{-}A} + E_{B\text{-}B}) \times 30\%$$

② 自由基参加的反应中，自由基与稳定分子的反应活化能较小，是稳定分子键能的 5.5%。如

$$H \cdot + Cl_2 \longrightarrow HCl + Cl \cdot$$
$$E_a = E_{Cl\text{-}Cl} \times 5.5\%$$

③ 链引发反应，即产生自由基的反应，活化能比较高。如

$$Cl_2 + M \longrightarrow 2Cl \cdot + M$$
$$E_a = E_{Cl\text{-}Cl}$$

④ 自由基复合反应不需要能量，如果自由基处于激发态，还会放出能量，使活化能出现负值。如

$$2Cl \cdot + M \longrightarrow Cl_2 + M$$
$$E_a = 0$$

9.5　链反应

（1）链反应的步骤

链反应可以看作是反复循环的连续反应，它的特点是在反应过程中有自由基的交替产生和消失。例如石油裂解、烃类化合物的氧化等均属于链反应。

链反应一般包括以下三个基本步骤。

① 链引发：是产生自由基的步骤。自由基带有未成对电子，很活泼。一般链引发的办法有：a. 光引发（辐射引发）——分子吸收光子后能量升高，生成自由基；b. 热引发——通过升高温度，加强分子热运动，从而产生自由基；c. 加引发剂——引发剂本身分解产生自由基。

② 链传递：反应过程中再产生自由基的步骤。可分为直链传递和支链传递。

直链传递：一个自由基消失再产生一个自由基。例如，烯烃氯化加成反应：

$$Cl \cdot + CH_2 = CH_2 \longrightarrow Cl-CH_2-CH_2 \cdot$$

支链传递：一个自由基消失产生不止一个自由基。例如，爆鸣气反应，历程中包括两个支链传递过程：

$$H \cdot + O_2 \longrightarrow \cdot OH + O \cdot ; \quad O \cdot + H_2 \longrightarrow \cdot OH + H \cdot$$

许多爆炸反应都属于支链传递。

③ 链终止：自由基消失的步骤。如

$$2Cl \cdot + M \longrightarrow Cl_2 + M$$

M 是第三体，可以是容器器壁或惰性气体分子（泛指不参与反应的气体分子），根据 M 的不同可分为器壁复合和气相复合。

（2）写出链反应的速率方程的步骤

a. 弄清楚反应机理，写出每一基元步骤；b. 根据质量作用定律写出每一基元反应的速率方程；c. 应用稳态原理，进行近似处理，然后写出总反应的速率方程。

如 $H_2 + Cl_2 \longrightarrow 2HCl$ 是总反应式，实验测定的速率方程为：

$$r = \frac{1}{2} \times \frac{d[HCl]}{dt} = k \, [H_2] \, [Cl_2]^{1/2}$$

该反应的机理为：

$$E_a/(kJ/mol)$$

链引发 （1）$Cl_2 + M \longrightarrow 2Cl \cdot + M$ 243

链传递 $\begin{cases} (2) \ Cl \cdot + H_2 \longrightarrow HCl + H \cdot & 25 \\ (3) \ H \cdot + Cl_2 \longrightarrow HCl + Cl \cdot & 12.6 \end{cases}$

链终止 （4）$2Cl \cdot + M \longrightarrow Cl_2 + M$ 0

从反应机理导出速率方程必须做适当近似，稳态近似是方法之一。假定反应进行一段时间后，体系基本上处于稳态，这时，各中间产物的浓度可认为保持不变，因为自由基的性质很活泼，产生和消失的速度很快，体系中中间产物的浓度非常低，浓度随时间的变化率约等于零，如 $d[Cl \cdot]/dt \approx 0$，$d[H \cdot]/dt \approx 0$。这种近似处理的方法称为稳态近似，一般活泼的中间产物可以采用稳态近似。目的是在速率方程中消去 $[Cl \cdot]$ 和 $[H \cdot]$，因其为中间产物，在总反应方程式中不能出现。

从 $H_2 + Cl_2 \longrightarrow 2HCl$ 的反应机理

（1）$Cl_2 + M \longrightarrow 2Cl \cdot + M$

（2）$Cl \cdot + H_2 \longrightarrow HCl + H \cdot$

（3）$Cl_2 + H \longrightarrow HCl + Cl \cdot$

（4）$2Cl \cdot + M \longrightarrow Cl_2 + M$

$$\frac{d[HCl]}{dt} = k_2[Cl \cdot][H_2] + k_3[H \cdot][Cl_2] \tag{9-38}$$

$$\frac{d[Cl \cdot]}{dt} = 2k_1 [Cl_2][M] - k_2 [Cl \cdot][H_2] + k_3 [H \cdot][Cl_2] - 2k_4 [Cl \cdot]^2 [M] = 0$$

$$(9-39)$$

$$\frac{d[H \cdot]}{dt} = k_2 [Cl \cdot][H_2] - k_3 [H \cdot][Cl_2] = 0 \tag{9-40}$$

根据式(9-39)的关系得到：

$$\frac{d[HCl]}{dt} = 2k_2 [Cl \cdot][H_2] \tag{9-41}$$

$$\frac{d[Cl \cdot]}{dt} = 2k_1 [Cl_2][M] - 2k_4 [Cl \cdot]^2 [M] = 0 \tag{9-42}$$

从式(9-41)得到

$$[Cl \cdot] = \sqrt{\frac{k_1 [Cl_2]}{k_4}}$$

代入式(9-40)中得到

$$\frac{d[HCl]}{dt} = 2k_2 \sqrt{\frac{k_1}{k_4}} [Cl_2]^{1/2} [H_2]$$

$$\frac{1}{2} \frac{d[HCl]}{dt} = k_2 \left(\frac{k_1}{k_4}\right)^{1/2} [Cl_2]^{1/2} [H_2]$$

$$\frac{1}{2} \frac{d[HCl]}{dt} = k_{\text{表观}} [Cl_2]^{1/2} [H_2]$$

$$k_{\text{表观}} = k_2 \left(\frac{k_1}{k_4}\right)^{1/2}$$

与实验测定的速率方程一致。经动力学实验证明该反应 $n = 3/2$，说明机理的设计是合理的。总反应的速率常数叫作表观速率常数，是各基元反应速率常数的组合，由反应机理决定组合方式。总反应的活化能叫作表观活化能，是各基元反应活化能的组合。组合形式由速率常数的组合决定。$k = A e^{-\frac{E_a}{RT}}$ 公式对总反应和基元反应都适用。对于总反应：$k_{\text{表观}} = A_{\text{表观}} e^{-\frac{E_{a,\text{表观}}}{RT}}$。对于基元反应：$k_1 = A_1 e^{-\frac{E_{a,1}}{RT}}$ 等。

将 $k_{\text{表观}} = k_2 \left(\dfrac{k_1}{k_4}\right)^{1/2}$ 代入活化能，得到：

$$A_{\text{表观}} e^{-\frac{E_{a,\text{表观}}}{RT}} = A_2 e^{-\frac{E_{a,2}}{RT}} \left(\frac{A_1 e^{-\frac{E_{a,1}}{RT}}}{A_4 e^{-\frac{E_{a,4}}{RT}}}\right)^{\frac{1}{2}}$$

整理，得到：

$$A_{\text{表观}} = A_2 \left(\frac{A_1}{A_4}\right)^{\frac{1}{2}}$$

$$E_{a,表观}=E_{a,2}+\frac{1}{2}(E_{a,1}-E_{a,4})$$

代入各基元反应活化能的数据计算，得到：

$$E_{a,表观}=\left[25+\frac{1}{2}(243-0)\right]kJ/mol=146.5kJ/mol$$

在所有可能的反应机理中活化能是最低的，所以该反应机理是最合理的。

9.6 光化学反应

9.6.1 光化学反应基础

在光的作用下发生的化学反应叫光化学反应，简称光化反应。研究光化反应规律的学科叫光化学。

光分解反应：$\qquad\qquad 2HI \xrightarrow{h\nu} I_2+H_2$

光化合反应：$\qquad\qquad H_2+Cl_2 \xrightarrow{h\nu} 2HCl$

光氧化反应：$\qquad 2Fe^{2+}+I_2 \xrightarrow{h\nu} 2Fe^{3+}+2I^-$

光合作用：$\qquad CO_2+H_2O \xrightarrow{h\nu} 1/6(C_6H_{12}O_6)+O_2$

其中光合作用与人类的生活密切相关。煤和石油实际上是古代光合作用给人类留下的遗产。光合作用是生命存在的基础。现代的光合作用化学模拟研究已经在人工固氮、人造粮食、光解水制氢等几个方面取得了一定的进展。

分子的运动状态有五种形式：电子运动、核运动、平动、转动及振动。一般情况下，分子处于电子基态和振动状态。处于基态的电子吸收光子的能量后，可以由基态的低能级跃迁到激发态的高能级。

光是电磁波，具有波粒二象性：作为微粒，它具有能量；作为波，它又有波长。一个光子的能量：

$$\varepsilon=h\nu=h\frac{c}{\lambda}$$

式中，h 是普朗克常数；λ 是波长；c 是光速；ν 是频率。

光化反应实质上是由反应物分子吸收光子使电子被激发或电离而引起的化学反应。光按波长增长顺序排列，可分为以下几类：γ 射线、X 射线、紫外光、可见光、红外光和无线电波。我们所说的参与光化反应的光是波长为 150～400nm 的紫外光和波长为 400～800nm 可见光的。

光化反应与热反应的差别：

① 多数的化学反应都随温度升高，反应速率加快，一般每升高 10K 增加 2～4 倍。光化反应一般受温度影响较小，大约每升高 10K，反应速率增加 0.1～1 倍。

② 在等温等压条件下，热反应总是自发地向吉布斯自由能降低的方向进行。但是许多光化反应都是使体系吉布斯自由能增加。因为此时是把光能转化成了化学能，积蓄到了体系中。

③ 热反应的活化能来源于分子之间的碰撞。而光化反应的活化能来源于光子的能量。而且光化反应的活化能一般在 30kJ/mol 左右，小于热反应的活化能。

9.6.2　光化学定律

光化学第一定律：只有被分子吸收的光才能引发光化学反应，与透射光和反射光无关。该定律在 1818 年由格罗杜斯（Grotthus）和德拉波（Draper）提出，故又称为格罗杜斯-德拉波定律。

光化学第二定律：在初级过程中，被活化的分子数等于所吸收的光子数，一个被吸收的光子只活化一个分子。该定律在 1905～1912 年由爱因斯坦（Einstein）和斯塔克（Stark）提出，故又称为斯塔克-爱因斯坦定律。

注意：吸收光子是光化反应的第一步，叫作初级过程，只有初级过程才能应用光化学第二定律。

根据光化学第二定律，活化 1mol 分子需吸收 1mol 光子，1mol 光子的能量称为摩尔光量子能量，用符号 E_m 表示。

$$E_m = L\varepsilon = Lh\nu = \frac{Lhc}{\lambda} \tag{9-43}$$

式中，L 为阿伏加德罗常数。朗伯-比尔（Lambert-Beer）定律：平行的单色光通过浓度为 c、长度为 d 的均匀介质时，未被吸收的透射光强度 I_t 与入射光强度 I_0 之间的关系为：

$$I_t = I_0 \exp(kdc) = I_0 \exp(\varepsilon dc) \tag{9-44}$$

式中，k 或 ε 为摩尔吸收系数；c 是介质浓度；d 是介质厚度。

9.6.3　量子产率

量子产率是反应物分子消失的数目或物质的量与吸收光子数目或物质的量的比值。

$$\phi = \frac{反应物分子消失的数目}{吸收光子数目} = \frac{反应物消失的物质的量}{吸收光子的物质的量}$$

$\phi > 1$，是由于初级过程活化了 1 个分子，而次级过程又使若干反应物发生反应。如 $H_2 + Cl_2 \longrightarrow 2HCl$ 的反应，1 个光子引发了 1 个链反应，量子效率可达 10^6。$\phi < 1$，是由于初级过程被光子活化的分子尚未来得及反应便发生了分子内或分子间的传能过程而失去活性。

ϕ 是反应物消耗的量子产率，还可根据产物生成的分子数目来定义量子产率 ϕ'：

$$\phi' = \frac{产物分子生成的数目}{吸收光子数目} = \frac{产物生成的物质的量}{吸收光子的物质的量}$$

在光化反应动力学中，用下式定义量子产率更合适：

$$\phi = \frac{r}{I_a} \tag{9-45}$$

式中，r 为反应速率，用动力学实验测量；I_a 为吸收光速率，用露光计测量。

9.6.4 光化学反应动力学

如总反应是 $A_2 \xrightarrow{h\nu} 2A$ 的光化学反应。

反应机理为：

① $A_2 \xrightarrow{h\nu\,(I_a)} A_2^*$，激发活化，初级过程；

② $A_2^* \xrightarrow{k_2} 2A$，解离，次级过程；

③ $A_2^* + A_2 \xrightarrow{k_3} 2A_2$，能量转移而失活，次级过程。

注意：光化学反应的初级过程（吸收光的过程）中，反应速率只与吸收光速率 I_a 有关，与反应物浓度无关。

假设分解反应最慢，总反应速率等于第二部分解反应的速率。

$$r = \frac{1}{2}\frac{d[A]}{dt} = k_2[A_2^*]$$

$$\frac{d[A_2^*]}{dt} = I_a - k_3[A_2^*][A_2] - k_2[A_2^*] = 0$$

$$[A_2^*] = \frac{I_a}{k_3[A_2] + k_2}$$

$$r = \frac{1}{2}\frac{d[A]}{dt} = \frac{k_2 I_a}{k_3[A_2] + k_2}$$

$$\phi = \frac{r}{I_a} = \frac{I_a}{k_3[A_2] + k_2}$$

9.6.5 光化学反应特点

光化平衡（光稳态）：在平衡中只要有一步是光化反应，那么整个平衡就叫光化平衡。例如反应 $2SO_3 \rightleftharpoons 2SO_2 + O_2$，正逆反应都在光的作用下进行。例如反应 $2C_{14}H_{10} \rightleftharpoons C_{28}H_{20}$，正反应是光催化，逆反应是热催化。以上两个平衡都叫光化平衡。

如有以下的光化平衡：

$$2A \underset{k_{-1}}{\overset{I_a}{\longrightarrow}} A_2$$

$$r_+ = I_a$$

$$r_- = k_{-1}[A_2]$$

达到平衡时 $r_+ = r_-$，所以

$$I_a = k_{-1}[A_2]$$

$$[A_2] = \frac{I_a}{k_{-1}}$$

光化平衡的重要特点：光化平衡产物的平衡浓度与吸收光的强度呈正比，而与反应物的浓度无关。

9.7 催化反应动力学

9.7.1 催化剂与催化作用

在化学工业中，据统计有 80％的工艺流程都涉及催化作用。自从 1908 年德国人哈伯第一个找到了合成氨的 Fe 催化剂，开创了催化剂用于工业化生产的先河，至今仅有 110 多年的时间，但催化剂的研究与应用已经引起了化学工业品大规模生产的多次跃进，大约每 10 年左右就有一次大的飞跃。

现在人类面临两大难题：能源枯竭与环境保护。无论是能源开发还是环境保护问题，有相当部分都依赖于有效催化剂的开发与利用。所以说催化也是化学工作者研究的重要课题。

催化剂是能改变反应速率，而且在反应前后本身的化学性质与数量都不发生变化的物质。加快反应速率的催化剂，叫正催化剂；减慢反应速率的催化剂，叫负催化剂。催化作用是催化剂对反应速率所起的改变作用。催化反应是有催化剂参加的反应。

催化反应可分为以下三类。

① 均相催化：催化剂与反应物处在同一相内，如同为气相或同为液相。

② 多相催化：催化剂与反应物不在同一相，最常见的是催化剂为固相，反应物为气相或液相。

③ 酶催化：有酶参加的催化反应，酶是催化剂。由于酶是蛋白质（大分子），其颗粒大小属于胶体范畴。

关于催化剂有以下三点需注意：a. 催化剂实际上参与了化学反应，只是最终它恢复了原状，所以催化剂的存在不改变化学反应方程式；b. 催化剂在反应前后其物理性质可能发生变化，例如由原来的条块状变为颗粒或者粉末状；c. 对于能使化学反应减速的一类物质，一般称为阻化剂、抑制剂或负催化剂，如果不作特别说明，催化剂指能使化学反应加速的物质。

9.7.2 催化剂的特性

（1）催化与活化能

催化剂能加速反应，是由催化剂与反应物发生作用，改变反应途径，降低活化能所致。

（2）催化与平衡

催化剂虽然参与了反应，但没有改变反应的始终态，只是缩短了由始态到终态的时间。

① 吉布斯自由能是状态函数，催化剂不能改变反应的始终态，因此不能改变反应的 ΔG。所以催化剂不能使热力学上不能发生的反应变成能够发生。

② 催化剂不能改变平衡常数，因为 $\Delta G^{\ominus} = -RT\ln K^{\ominus}$，所以加入催化剂不能增加平衡转化率和产率。

③ 催化剂对正逆反应起同样的作用。例如：很好的脱氢催化剂必然也是很好的加氢催化剂。这一点在催化研究工作中很有用。如果某一反应正向进行时需要高温、高压，做实验时就很不方便，如果筛选催化剂时用逆向反应，就可以在较温和的条件下做实验。

（3）催化剂的选择性

① 催化剂只能加速特定的反应。如反应 $SO_2 + 1/2O_2 \longrightarrow SO_3$ 的催化剂为 V_2O_5。反应 $N_2 + 3H_2 \longrightarrow 2NH_3$ 的催化剂为 Fe 系。

② 催化剂可使反应定向进行。Al_2O_3 作催化剂，甲酸脱水。ZnO 作催化剂，甲酸脱氢。如果不加催化剂，则脱水、脱氢各占一半。

（4）催化剂的活性

催化剂的活性表示催化能力的大小。实验室中对于多相催化一般用单位表面上的反应速率常数来表示活性，称为比活性，用"a"表示。

$$a = k/s$$

工业上通常直接用转化率和产率来表示活性。

（5）催化剂中毒

某些少量杂质会使催化剂丧失活性，这种现象叫催化剂中毒。例如最常见的硫中毒、磷中毒、铅中毒、砷中毒等。催化剂中毒分暂时性中毒和永久性中毒两种类型，前者用特殊方法可使催化剂恢复活性；后者则催化剂的活性不能恢复（不能再生）。

9.7.3 催化剂的组成及其作用

催化剂可以是单组分也可以是多组分，工业上所用的催化剂大多数是多组分。一般可以将多组分催化剂分成两大部分：主体和载体。

① 主体（活性组分）包括主催化剂和助催化剂。主催化剂是活性的主要来源，它单独存在时就有活性。助催化剂单独存在时无催化活性或者活性很小，但其少量加入可以大大提高主催化剂的活性。

助催化剂的作用有两种。一种是结构助催化剂：a. 增大活性组分的比表面积，从而提高活性；b. 增加催化剂结构的稳定性，延长催化剂寿命。另一种是电子助催化剂：改变主催化剂的电子性质，包括改变导电能力和增加电子脱出功等。助催化剂加入的量一般很小，通常不超过 10%，但助催化剂可以大大提高催化剂的活性。

② 载体，负载主体的部分，是催化剂中含量最多的部分，它是活性组分的骨架、支持物和黏合剂等。载体的作用可归纳为以下四点：a. 增大活性组分的表面积，提供适宜的孔结构；b. 使催化剂获得一定的机械强度，耐压、耐磨、耐冲击；c. 改善催化剂的导热性，提高热稳定性；d. 节省贵金属，如 Pt、Ph（铑）、Pd（钯）这些贵金属常作为主催化剂，用适当的载体把这些贵金属分散成很细的颗粒就可节约用量。

催化剂的表示方法为主催化剂-助催化剂/载体，如 $Ni\text{-}La_2O_3/\gamma\text{-}Al_2O_3$，$Ag\text{-}Ca/\alpha\text{-}Al_2O_3$ 等。

9.7.4　酶催化

酶催化反应是另一类更加复杂的催化反应。生物体中许多重要反应都属于酶催化反应，如蛋白质的合成、脂肪的合成与分解、碳水化合物的合成与分解等。所以严格地讲，酶催化反应应该属于生物化学范畴，我们只能从动力学角度简单探讨。

Michaelis 和 Menten 等深入研究了酶催化反应动力学，提出的反应历程如下：

$$S + E \underset{k_{-1}}{\overset{k_1}{\rightleftharpoons}} ES \overset{k_2}{\longrightarrow} E + P$$

他们认为酶（E）与底物（S）先形成中间化合物 ES，中间化合物再进一步分解为产物（P），并释放出酶（E），整个反应的速控步是第二步。

根据瓶颈原理，酶催化反应的反应速率等于第二步的反应速率：

$$r = -\frac{d[S]}{dt} = k_2[ES] \tag{9-46}$$

ES 是中间产物，根据稳态原理：

$$\frac{d[ES]}{dt} = k_1[E][S] - k_{-1}[ES] - k_2[ES] = 0$$

$$[ES] = \frac{k_1[E][S]}{k_{-1} + k_2} = \frac{[E][S]}{K_M} \tag{9-47}$$

式中，$K_M = \dfrac{k_{-1} + k_2}{k_1}$，称为米氏常数。将公式 $K_M = \dfrac{[E][S]}{[ES]}$ 称为米氏公式，以此纪念 Michaelis-Menten 对酶催化反应的贡献。米氏常数相当于中间产物 ES 的不稳定常数。

设酶的原始浓度为 $[E]_0$，反应达稳态后一部分酶变为中间化合物 $[ES]$，余下的游离态酶的浓度为 $[E]$。

$$[E] = [E]_0 - [ES]$$

代入式(9-47)，整理：

$$[ES] = \frac{[E][S]}{K_M} = \frac{([E]_0 - [ES])[S]}{K_M} = \frac{[E]_0[S]}{K_M} - \frac{[ES][S]}{K_M}$$

$$[ES] + \frac{[ES][S]}{K_M} = \frac{[E]_0[S]}{K_M}$$

$$\frac{K_M[ES]}{K_M} + \frac{[ES][S]}{K_M} = \frac{[E]_0[S]}{K_M}$$

$$\frac{(K_M + [S])[ES]}{K_M} = \frac{[E]_0[S]}{K_M}$$

$$[ES] = \frac{[E]_0[S]}{K_M + [S]} \tag{9-48}$$

将式(9-48)代入式(9-46)，整理得到：

$$r = -\frac{d[S]}{dt} = \frac{k_2[E]_0[S]}{K_M + [S]}$$

以反应速率为纵坐标，以 $[S]$ 为横坐标作图，如图 9.1 所示。

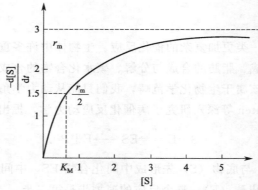

图 9.1　酶催化反应动力学曲线

实验表明，酶催化反应一般为零级，有时为一级：a. 当底物浓度很大时，$[S] \gg K_M$，$r = k_2 [E]_0$，反应速率只与酶的初始浓度呈正比，而与底物浓度无关，对 $[S]$ 呈零级反应；b. 当 $[S] \ll K_M$，$r = k_2 [E]_0 [S] / K_M$，反应速率与底物浓度的一次方呈正比，对底物 $[S]$ 呈一级；c. 当底物 $[S] \to \infty$ 时，反应速率趋于最大，$r = r_m = k_2 [E]_0$。

$$r = -\frac{d[S]}{dt} = \frac{k_2 [E]_0 [S]}{K_M + [S]}$$

$$r_m = k_2 [E]_0$$

将上面两个公式相除，得到：

$$\frac{r}{r_m} = \frac{[S]}{K_M + [S]}$$

重排，得到：

$$\frac{1}{r} = \frac{K_M}{r_m} \times \frac{1}{[S]} + \frac{1}{r_m} \tag{9-49}$$

$\frac{1}{r}$ 对 $\frac{1}{[S]}$ 作图得到一条直线，通过直线的斜率和截距得到 K_M 和 r_m。

当 $r = \frac{1}{2} r_m$ 时，从式(9-49) 得到：

$$K_M = [S]$$

酶催化反应与生命现象有密切关系，它的主要特点有以下几点。

① 高选择性。酶催化的选择性超过了任何其他催化剂，例如消化酶只能加速胃里碳水化合物的分解反应，而对其他反应没有任何活性。

② 高效率。酶催化的效率比一般催化剂的效率高出 $10^9 \sim 10^{15}$ 倍，例如一个专门分解过氧化氢的酶，在 1s 内可以分解 10 万个过氧化氢分子。

③ 反应条件温和。酶催化反应一般在常温、常压下进行。不像多数工业化生产中应用的催化反应，需高温、高压。例如人体内的酶催化反应就是在体温、常压下进行的。

④ 反应历程复杂。由于酶催化受 pH 值、温度、离子强度等诸多因素影响，所以反应历程十分复杂。

第 10 章

表面与胶体化学

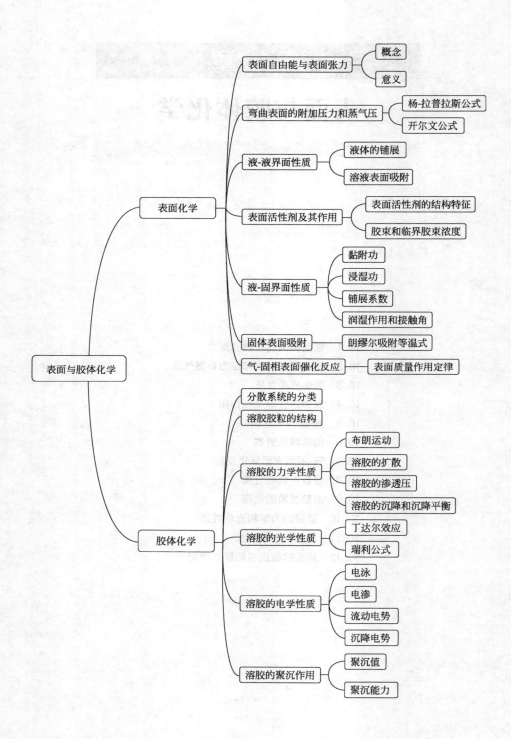

10.1　表面自由能与表面张力

　　界面是指密切接触的两相间约几个分子厚度的过渡区。表面是指其中一相为气体的界面。体相内部分子所受四周邻近相同分子的作用力是对称的，各个方向的力彼此抵消；因此液体内部的分子可以自由移动，而不需要做功。但是处在界面层的分子，一方面受到体相内相同物质分子的作用，另一方面受到性质不同的另一相中物质分子的作用，其作用力未必能相互抵消，因此，界面层会显示出一些独特的性质。对于单组分体系，这种特性主要来自同一物质在不同相中的密度不同；对于多组分体系，则特性来自界面层的组成与任一相的组成均不相同。

　　界面现象：由于物质表面层的分子与内部分子所处状态不同，界面有一些特殊性质，如表面张力、表面吸附、毛细现象、过饱和状态等存在。

　　界面现象存在的本质如下。

　　① 表面层分子与内部分子所受的力不同。以气-液界面为例：液体内部分子受力均匀，而且各向同性。表面分子受到向液体内部的拉力，所以表面有一个自动缩小的趋势。

　　② 表面层分子比内部分子具有更高的能量。如果要把分子从内部移到表面，使表面积增大，就必须克服内部分子的吸引力而做功，当新表面生成后所做功的能量储存在表面分子内部，使表面分子的能量高于内部分子的能量。

　　比表面积：比表面积通常用来表示物质分散的程度，用于衡量体系分散度的大小。两种常用的表示方法如下。

　　一种是单位质量的物体所具有的表面积：

$$A_0 = \frac{A_s}{m} \tag{10-1}$$

　　另一种是单位体积的物体所具有的表面积：

$$A_0 = \frac{A_s}{V} \tag{10-2}$$

　　式中，m 为质量；V 为体积；A_s 为表面积；A_0 为比表面积。

　　分散度：把物质分散成细小微粒的程度称为分散度。

　　一定大小的物质分割得越小，分散度越高，比表面积也越大。如边长为 10^{-2} m 的立方体的比表面积为 $6 \times 10^2 \, m^2/m^3$，分散成边长为 10^{-9} m，即边长 1nm 的立方体有 10^{21} 个，比表面积为 $6 \times 10^9 \, m^2/m^3$，比表面积增加了 10^7 倍。纳米级的超细微粒具有巨大的比表面积，因而具有许多独特的表面效应，成为新材料和多相催化方面的研究热点。

　　由于表面层分子的受力情况与本体中不同，因此如果要把分子从内部移到界面，或可逆地增加表面积，就必须克服体系内部分子之间的作用力，对体系做功。温度、压力和组成恒定时，可逆使表面积增加 dA_s 所需要对体系做的功，称为表面功 W_f。用公式表示为：

$$\delta W_f = \gamma dA_s$$

式中，γ 为比例系数，它在数值上等于在 T、p 及组成恒定的条件下，增加单位表面积时所必须对体系做的可逆非膨胀（表面）功。

考虑到表面现象后热力学四个基本公式变成：

$$dU = TdS - pdV + \gamma dA_s + \sum_B \mu_B dn_B \qquad (10-3)$$

$$dH = TdS + Vdp + \gamma dA_s + \sum_B \mu_B dn_B \qquad (10-4)$$

$$dA = -SdT - pdV + \gamma dA_s + \sum_B \mu_B dn_B \qquad (10-5)$$

$$dG = -SdT + Vdp + \gamma dA_s + \sum_B \mu_B dn_B \qquad (10-6)$$

其中：

$$\gamma = \left(\frac{\partial U}{\partial A_s}\right)_{S,V,n_B} = \left(\frac{\partial H}{\partial A_s}\right)_{S,p,n_B} = \left(\frac{\partial A}{\partial A_s}\right)_{T,V,n_B} = \left(\frac{\partial G}{\partial A_s}\right)_{T,p,n_B} \qquad (10-7)$$

表面自由能 γ：γ 或以上的各导数称为广义的表面自由能。其中温度、压力、组成不变是最容易做到的，或是最常见的情况，所以常用：

$$\gamma = \left(\frac{\partial G}{\partial A_s}\right)_{T,p,n_B}$$

γ 也叫狭义的表面吉布斯自由能，单位为 MT^{-2}。

表面张力 γ 与表面吉布斯自由能有相同的数值和量纲——MT^{-2}，但表面张力的单位一般取为 N/m。它们的物理意义不同。

表面吉布斯自由能的物理意义：当温度、压力、组成不变时，增加体系单位表面积时体系吉布斯自由能的增量。

在等温、等压条件下，系统的吉布斯自由能会自发向减小的方向变化，如非刚性物体表面自动收缩的趋势，以此来减少其表面积，降低表面自由能，使系统更加稳定。因为在表面上：

$$dG_{T,p,n_B} = \gamma dA_s \qquad (10-8)$$

表面积减小，表面吉布斯自由能降低。相同体积的物质形成球状时其表面积最小，因此液滴、气泡都尽可能收缩成球状。刚性的固体无法收缩，只能靠吸附来降低表面自由能。

表面张力（N/m）的物理意义：在相表面的切面上垂直作用于表面上任意单位长度切线上的力。表面张力与表面相切，指向液体方向的力。表面张力是表面的收缩力。

影响表面张力的因素如下。

① 分子间相互作用力：对纯液体或纯固体，表面张力的大小取决于分子间形成的化学键能的大小，一般化学键越强，表面张力越大。

$$\gamma_{金属键} > \gamma_{离子键} > \gamma_{极性共价键} > \gamma_{非极性共价键}$$

② 温度：温度升高，表面张力下降。

$$dA = -SdT - pdV + \gamma dA_s + \sum_B \mu_B dn_B$$

$$dG = -SdT + Vdp + \gamma dA_s + \sum_B \mu_B dn_B$$

以上公式中运用全微分的麦克斯韦关系式得到：

$$\left(\frac{\partial S}{\partial A_s}\right)_{T,V,n_B} = -\left(\frac{\partial \gamma}{\partial T}\right)_{A_s,V,n_B} \tag{10-9}$$

$$\left(\frac{\partial s}{\partial A_s}\right)_{T,p,n_B} = -\left(\frac{\partial \gamma}{\partial T}\right)_{A_s,p,n_B} \tag{10-10}$$

等式左边为正值，因为表面积增加，熵总是增加的。所以 γ 随 T 的增加而下降。温度升高，分子振动加剧，相互作用力下降，界面张力下降；温度升高，气液相的密度差减小，表面分子剩余的不平衡力也会下降。当达到临界温度 T_c 时，界面张力趋向零（表面消失）。

③ 压力：表面张力一般随压力的增加而下降。因为压力增加，气相密度增加，表面分子受力不均匀性略有好转。另外，若是气相中有别的物质，则压力增加，促使表面吸附增加，气体溶解度增加，也使表面张力下降。

10.2　弯曲表面的附加压力和蒸气压

10.2.1　弯曲表面的附加压力——杨-拉普拉斯公式

1830 年高斯（Gauss）总结了托马斯·杨（Thomas Young）和拉普拉斯（Pierre-Simon Laplace）两位科学家的工作，推导出了杨-拉普拉斯（Young-Laplace）公式，阐明了附加压力与曲率半径之间的关系。

杨-拉普拉斯公式的一般式：

$$p_s = \gamma\left(\frac{1}{R_1'} + \frac{1}{R_2'}\right) \tag{10-11}$$

式中，R_1' 和 R_2' 为弯曲程度不同的两个曲率半径。

杨-拉普拉斯公式的特殊式（对于球面）：

$$R_1' = R_2' = R'$$

$$p_s = \frac{2\gamma}{R'} \tag{10-12}$$

式中，R' 为球面的曲率半径。

从式(10-12) 看出，曲表面上的附加压力 p_s 和曲率半径呈反比：表面曲率半径越小（弯曲程度大），附加压力越大；反之，表面曲率半径越大（弯曲程度小），p_s 越小，对于平面 $R' \to \infty$，$p_s \to 0$。

弯曲表面所承受的压力：

$$p = p_0 + p_s$$

凸面的附加压力指向液体，凸面的曲率半径取正值，所以凸面受到的压力比平面液体大。凹面的附加压力指向气体，凹面的曲率半径取负值。凹面所受到的压力比平面小。即附加压力总是指向球面的球心。

可用附加压力解释的常见的现象如下。

① 自由液滴或气泡通常呈球形，是因为在凸面处附加压力指向液滴内部，而凹面处附加压力指向外面，这种不平衡的力作用使液滴呈球形，球面上各点曲率半径相

同，附加压力也相同。

② 把毛细管插入水中时，管中的水柱呈凹形，而且水柱会上升一定高度，是因为凹面以下的液体受到的附加压力是负的，即凹面下的液体比平面下的液体受到的压力小，所以平面液体（即管外液体）就要被压入管内，直到所受净压力相等。

③ 把毛细管插入液态汞时，管中的汞柱呈凸形，汞柱会下降一定的高度，是因为凸面以下的液体受到的附加压力是正的，即管内表面下的液体比平面下的液体受到的压力大，相当于把管内一部分液体压入杯内，使液面下降一定高度。

10.2.2 毛细管现象

毛细管内液体上升或下降被称为毛细管现象。液体能润湿毛细管时，液面呈凹面，管内液体将上升；液体不能润湿毛细管时，液面呈凸面，管内液体将下降。毛细管半径为 R，毛细管中液面的曲率半径为 R'，接触角为 θ（在气相、液相和固相接触的表面上气液表面和液固界面的夹角）。如果 $R'=R$，毛细管中液面产生的附加压力：

$$p_s = \frac{2\gamma}{R'} = \frac{2\gamma}{R}$$

如果 $R' \neq R$，接触角为 θ，毛细管中液面产生的附加压力：

$$p_s = \frac{2\gamma\cos\theta}{R} \tag{10-13}$$

毛细管中液面上升或下降是因为毛细管中液面产生的附加压力而管内外压力不相等，相差 p_s。

$$p_s = \frac{2\gamma}{R'} = \frac{2\gamma\cos\theta}{R} = \Delta\rho g h \tag{10-14}$$

计算得到毛细管中上升或下降的高度。

10.2.3 弯曲液面的蒸气压——开尔文公式

以 p_0 蒸气为始态，第一步：p_0 蒸气变成平面液体，是可逆过程：

$$\Delta G_1 = 0$$

第二步：平面液体变成小液体，无相变化，无化学变化，利用热力学的基本公式来计算：

$$dG = -SdT + Vdp + \gamma dA_s + \sum_B \mu_B dn_B$$

以上两个状态的温度相等，物质的量相等，选择 1mol 物质，上式的第一项、第四项变成零。

$$\Delta G_2 = \int V_m dp + \int \gamma dA_s$$

$$= \int_{p_0}^{p_0+\frac{2\gamma}{R'}} V_m \mathrm{d}p + \gamma(A_s - A)$$

$$\approx V_m \frac{2\gamma}{R'} + \gamma A_s$$

（平面液体的体积 V 与小液体的体积 A_s 比较很小忽略不计。）

第三步：小液体蒸发成压力为 p_r 的蒸气。温度相等，压力相等，只是小液体蒸发成气相，表面消失，表面吉布斯自由能降低。利用公式

$$\mathrm{d}G_{T,p,n_B} = \gamma \mathrm{d}A_s$$

$$\Delta G_3 = \int \gamma \mathrm{d}A_S = \gamma(0 - A_s) = -\gamma A_s$$

第四步：p_r 蒸气变成 p_0 蒸气。

$$\Delta G_4 = RT \ln \frac{p_0}{p_r}$$

以上四步连起来是循环过程：

$$\Delta G_1 + \Delta G_2 + \Delta G_3 + \Delta G_4 = 0$$

$$V_m \frac{2\gamma}{R'} + \gamma A_s - \gamma A_s + RT \ln \frac{p_0}{p_r} = 0$$

$$RT \ln \frac{p_r}{p_0} = \frac{2\gamma}{R'} V_m$$

$V_m = \dfrac{M}{\rho}$，代入上式，得到：

$$RT \ln \frac{p_r}{p_0} = \frac{2\gamma}{R'} \times \frac{M}{\rho} \tag{10-15}$$

式中，ρ 为液体的密度；M 为其摩尔质量。式(10-15) 称为开尔文（Kelvin）公式，阐述了弯曲表面的蒸气压与平面液体蒸气压的关系。

① 对于凸面，曲率半径取正值，液滴越小，蒸气压越大（大于平面液体的蒸气压）。

② 对于凹面，曲率半径取负值，气泡越小，蒸气压越小（小于平面液体的蒸气压）。

两个曲率半径不等的液面的饱和蒸气压的关系：

$$RT \ln \frac{p_2}{p_1} = \frac{2\gamma M}{\rho} \left(\frac{1}{R'_2} - \frac{1}{R'_1} \right) \tag{10-16}$$

10.3 液体界面性质

10.3.1 液体-液体的铺展

液体的铺展：一种液体能否在另一种不互溶的液体上铺展（铺开并向四周伸展），取决于两种液体本身的表面张力和两种液体之间的界面张力。一般说，铺展后，表面自由能下降，则这种铺展是自发的。大多数表面自由能较低的有机物可以在表面自由

能较高的水面上铺展。

如图 10.1 所示，设液体 1 和 2 的表面张力和界面张力分别为 $\gamma_{1,g}$、$\gamma_{2,g}$ 和 $\gamma_{1,2}$。在三相接界点处 $\gamma_{1,g}$ 和 $\gamma_{1,2}$ 的作用力企图维持液体 1 不铺展。而 $\gamma_{2,g}$ 的作用是使液体 1 铺展，$\gamma_{1,g}$ 和 $\gamma_{1,2}$ 的作用是使液体 1 收缩。如果 $\gamma_{2,g} > (\gamma_{1,g} + \gamma_{1,2})$，则液体 1 能在液体 2 上铺展；反之则无法铺展。一般来说水的表面张力较大，所以如果液体 2 是水，多数表面张力比水小的有机液体都可以铺展在水表面。一般来说，铺展后，表面张力下降，则这种铺展是自发的。

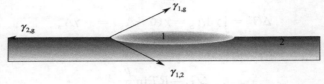

图 10.1   液体在液体表面上的铺展

10.3.2 溶液表面张力与浓度的关系

溶液表面张力与浓度的关系大致可分为三类（图 10.2）：I 类曲线表示随着浓度的增加，溶液表面张力下降；II 类曲线表示随浓度增加，表面张力上升；III 类曲线表示表面张力在稀浓度范围迅速降低，之后几乎不随浓度变化而变化。第 I 和第 III 类物质都叫表面活性剂，但第 III 类物质表面活性最高，只需少量就可使体系的表面张力下降到最低。

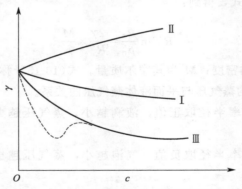

图 10.2   溶液的表面张力与浓度的关系

表面活性剂：能使水的表面张力明显降低的溶质称为表面活性剂。表面活性剂有一个共同的特点：具有两亲性质。

非表面活性剂：能使水的表面张力明显升高的溶质称为非表面活性剂。如第 II 类曲线的无机盐和不挥发的酸碱等。非表面活性剂溶于水中总是解离为正负离子，离子包围在极性水分子周围，使水分子挣脱包围到达表面更困难，或在增加单位表面所做的功中还需包括克服静电引力所消耗的功，所以表面张力升高。

10.3.3 溶液表面吸附

对于纯液体，表面与本体是相同的、均匀的。加入溶质形成溶液，溶质在表面上的浓度与内部浓度不同，这种现象叫溶液表面吸附。$c_表 > c_内$ 叫正吸附，表面活性剂如肥皂水是正吸附。$c_表 < c_内$ 叫负吸附，盐水是负吸附。产生吸附的原因可以从以下两点考虑。

① 表面活性剂分子的结构特点：因为表面活性剂具有两亲基团，极性基团亲水，非极性基团憎水，所以表面活性物质就有跑到水面上去的趋势，使 $c_表 > c_内$。

② 从能量角度来看：体系总是有使能量降至最低的趋势。对于纯溶剂，一定温度下，表面张力有定值，所以只有缩小表面积才能使体系的吉布斯自由能降低。对于溶液，则可以通过改变溶质和溶剂在表面上的量来降低表面吉布斯自由能。如果 γ_i（溶质）$< \gamma_0$（纯溶剂），则为正吸附；$\gamma_i > \gamma_0$ 则为负吸附。

吉布斯吸附公式通常表示为如下形式：

$$\Gamma_2 = -\frac{c_2}{RT}\frac{d\gamma}{dc_2}$$ (10-17)

式中，Γ_2 为表面超量或表面过剩或表面吸附量，即单位面积的表面层所含溶质的物质的量比同量溶剂在本体溶液中所含溶质的物质的量的超出值。

① $dr/dc_2 < 0$，增加溶质 2 的浓度使表面张力下降，Γ_2 为正值，是正吸附。表面层中溶质浓度大于本体浓度。表面活性物质属于这种情况。

② $dr/dc_2 > 0$，增加溶质 2 的浓度使表面张力升高，Γ_2 为负值，是负吸附。表面层中溶质浓度低于本体浓度。非表面活性物质属于这种情况。

10.4　表面活性剂及其作用

10.4.1　表面活性剂分子的结构特点

表面活性剂通常是指既含有亲水的极性基团，又含有憎水的非极性基团的有机化合物。亲水基团总是力图进入水中，而憎水基团则企图离开水而指向空气，所以表面活性剂总是趋向于停留在两相界面。表面活性剂能使溶液表面张力降低的原因是憎水基团的存在，憎水基团有离开水移向表面的趋势，使增加单位表面积所需做的功变小，所以表面张力降低。表面活性剂在表面的浓度高于本体的浓度。

两亲分子在气液界面上的定向排列：根据实验，脂肪酸在水中的浓度达到一定数值后，它在表面层中的超额为一定值，与本体浓度无关，并且和它的碳氢链的长度也无关，因为本体浓度与表面浓度比较可以忽略不计。这时，表面吸附已达到饱和，脂肪酸分子合理的排列是羧基向水，碳氢链向空气（图 10.3）。

根据这种紧密排列的形式，可以计算每个分子所占的截面积 A_m。以 Γ_∞ 来表示单位面积界面上吸附的最多的分子的量（单位为 mol/m^2），则一个分子占的截面积为：

$$A_m = \frac{1}{\Gamma_\infty L}$$ (10-18)

式中，L 为阿伏加德罗常数；Γ_∞ 为饱和吸附量。

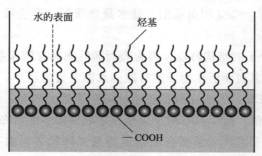

图 10.3　脂肪酸分子在水溶液表面上的定向排列

10.4.2　表面活性剂的分类

按化学结构来分类，表面活性剂通常可分为离子型和非离子型两大类。离子型中又可分为阳离子型、阴离子型和两性型表面活性剂。显然阳离子型和阴离子型的表面活性剂不能混用，否则可能会发生沉淀而失去活性作用。

10.4.3　表面活性剂的临界胶束浓度

表面活性剂的胶束：表面活性剂是两亲分子，溶解在水中达一定浓度时，其非极性部分会自相结合，形成聚集体，使憎水基向里、亲水基向外，这种多分子聚集体称为胶束。为什么叫胶束？因为几个或多个分子靠在一起时整个粒子的大小已经在胶体范畴，所以叫胶束。随着亲水基不同和浓度不同，形成的胶束可呈现棒状、层状或球状等多种形状。形成胶束的最低浓度叫临界胶束浓度，简称 CMC。

10.4.4　表面活性剂的亲水亲油平衡

表面活性剂种类很多，其效率受许多因素影响，迄今为止还没有从理论上解决哪类体系用哪种表面活性剂效率最高的问题。但是人们普遍认为可用两亲分子的亲水亲油性来衡量效率的高低。表面活性剂都是两亲分子，由于亲水和亲油基团的不同，很难用相同的单位来衡量，所以 Griffin 提出了用一个相对的值即 HLB 值来表示表面活性物质的亲水性。对非离子型的表面活性剂，HLB 的计算公式为：

$$\text{HLB} = \frac{\text{亲水基质量}}{\text{憎水基质量} + \text{亲水基质量}} \times 100/5 \tag{10-19}$$

例如：石蜡无亲水基，所以 HLB＝0，聚乙二醇，全部是亲水基，HLB＝20。其余非离子型表面活性剂的 HLB 值介于 0～20 之间。

10.4.5　表面活性剂的作用

表面活性剂的用途极广，主要有以下五个方面。

① 润湿作用：表面活性剂可以降低液体表面张力，改变接触角的大小，从而达到所需的目的。例如，要使农药润湿植物表面，可在农药中加表面活性剂；

制造防水材料时，要在其表面涂憎水的表面活性剂，使接触角大于 $90°$。

② 起泡作用："泡"就是由液体薄膜包围着气体。有的表面活性剂和水可以形成一定强度的薄膜，包围着空气而形成泡沫，用于浮游选矿、泡沫灭火和洗涤去污等，这种活性剂称为起泡剂；也有时要使用消泡剂，在制糖、制中药过程中泡沫太多，要加入适当的表面活性剂降低薄膜强度，消除气泡，防止事故。

③ 增溶作用：非极性有机物如苯在水中溶解度很小，加入油酸钠等表面活性剂后，可使苯在水中的溶解度大大增加，这种现象叫增溶作用；增溶作用与普通的溶解概念是不同的，增溶的苯不是均匀分散在水中，而是分散在油酸钠分子形成的胶束中。

④ 乳化作用：一种或几种液体以大于 10^{-7} m 直径的液珠分散在另一不相混溶的液体之中形成的粗分散体系称为乳状液。乳状液可以形成以水为连续相、油为分散相的水包油乳状液（O/W），如牛奶。或以油为连续相、水为分散相的油包水乳状液（W/O），如石油。有时为了破坏乳状液需加入一种表面活性剂，称为破乳剂，将乳状液中的分散相和分散介质分开。例如原油中需要加入破乳剂将油与水分开。要使乳状液稳定存在必须加第三组分——乳化剂。乳化剂实际上是一类表面活性物质，它所起作用是：a. 乳化剂吸附在分散相的液滴上，降低液体 1 和液体 2 之间的界面张力；b. 乳化剂可以形成一层保护膜，可阻止小液滴的聚合。

⑤ 洗涤作用：洗涤剂中通常要加入多种辅助成分，增加对被清洗物体的润湿作用，又要有起泡、增白、占领清洁表面不被再次污染等功能。其中占主要成分的表面活性剂的去污过程：a. 水的表面张力大，对油污润湿性能差，不容易把油污洗掉；b. 加入表面活性剂后，憎水基团朝向织物表面和吸附在污垢上，使污垢逐步脱离表面；c. 污垢悬在水中或随泡沫浮到水面后被去除，洁净表面被活性剂分子占领。

10.5　液-固界面性质

10.5.1　黏附功

在等温等压条件下，单位面积的液面与固体表面黏附时对外所做的最大功。它是液体能否润湿固体的一种度量。黏附功越大，液体越能润湿固体，液-固结合得越牢。

在黏附过程中，消失了单位液体表面和固体表面，产生了单位液-固界面。黏附功就等于这个过程表面吉布斯自由能的变化值。

$$W_a = \Delta G = \gamma_{l\text{-}s} - \gamma_{l\text{-}g} - \gamma_{s\text{-}g} \tag{10-20}$$

10.5.2　浸湿功

等温、等压条件下，将具有单位表面积的固体可逆地浸入液体中所做的最大功。它是液体在固体表面取代气体能力的一种度量。在浸湿过程中，消失了单位面积的气、固表面，产生了单位面积的液、固界面，所以浸湿功等于该变化过程表面自由能的变化值。

$$W_i = \Delta G = \gamma_{l\text{-}s} - \gamma_{s\text{-}g} \tag{10-21}$$

10.5.3 铺展系数

等温、等压条件下，单位面积的液固界面取代了单位面积的气固界面并产生了单位面积的气液界面，这过程表面自由能变化值的负值称为铺展系数，用 S 表示。若 $S \geqslant 0$，说明液体可以在固体表面自动铺展。

$$S = -\Delta G = -(\gamma_{l\text{-}s} + \gamma_{l\text{-}g} - \gamma_{s\text{-}g}) \tag{10-22}$$

10.5.4 润湿作用和接触角

润湿：一种液体能黏附在固体上，并且在固体上铺展开，就说此液体能润湿固体，例如水润湿玻璃板。

不润湿：一种液体以一定形状在固体表面达平衡而不铺展开，就说此液体不能润湿固体，例如汞在玻璃板上，玻璃不被液体汞润湿。润湿与不润湿取决于液体和固体接触后表面吉布斯自由能是下降还是上升，如果下降得越低，润湿的程度越大，如果表面吉布斯自由能上升则不润湿。

通常以接触角 θ 来衡量润湿程度（图 10.4）。θ 是气、固、液三相交界处，气-液表面与固-液界面的夹角。θ 还可看成是气液表面张力与液固界面张力的夹角。

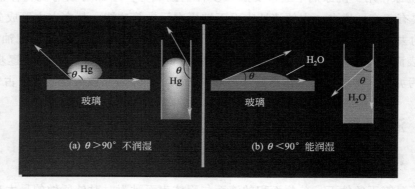

(a) $\theta > 90°$ 不润湿　　　　(b) $\theta < 90°$ 能润湿

图 10.4　接触角 θ 示意

若接触角大于 $90°$，说明液体不能润湿固体，如汞在玻璃表面。若接触角小于 $90°$，液体能润湿固体，如水在洁净的玻璃表面。接触角的大小可以用实验测量，也可以用公式计算：

$$\cos\theta = \frac{\gamma_{s\text{-}g} - \gamma_{l\text{-}s}}{\gamma_{l\text{-}g}} \tag{10-23}$$

把 $\cos\theta$ 表示式代入浸湿功、黏附功和铺展系数的定义式中，很容易推导得出以下公式：

$$W_a = \Delta G = \gamma_{l\text{-}s} - \gamma_{l\text{-}g} - \gamma_{s\text{-}g} = -\gamma_{l\text{-}g}(1 + \cos\theta)$$
$$W_i = \Delta G = \gamma_{l\text{-}s} - \gamma_{s\text{-}g} = \gamma_{l\text{-}g}\cos\theta$$

$$S = -\Delta G = -(\gamma_{l\text{-}s} + \gamma_{l\text{-}g} - \gamma_{s\text{-}g}) = \gamma_{l\text{-}g}(\cos\theta - 1)$$

固体按润湿情况可分成两大类：a. 亲液性固体即能被液体润湿，如果液体是水，极性固体就表现为亲水性；b. 憎液性固体即不能被液体润湿，如果液体是水，非极性固体就表现为憎水性。

10.6　固体表面吸附

10.6.1　吸附剂和吸附质

固体表面上的原子或分子与液体一样，受力也是不均匀的，而且不像液体表面分子可以移动，通常它们是定位的。固体表面是不均匀的，即使从宏观上看似乎很光滑，但从原子水平上看是凹凸不平的。由于固体表面原子受力不对称和表面结构不均匀性，它可以吸附气体或液体分子，使表面自由能下降，而且不同的部位吸附或催化的活性不同。

吸附作用：气体在固体表面上的浓度大于气体本身的浓度时，我们就说气体在固体表面上发生了吸附。当气体或蒸气在固体表面被吸附时，固体称为吸附剂（能吸附其他物质的固体），被吸附的气体称为吸附质。常用的吸附剂有：硅胶、分子筛、活性炭等。为了测定固体的比表面积，常用的吸附质有：氮气、水蒸气、苯或环己烷的蒸气等。

10.6.2　吸附量

吸附量 q 通常有两种表示方法：

$$q = \frac{V}{m} \tag{10-24}$$

式（10-24）为单位质量的吸附剂所吸附气体的体积，m^3/g。

$$q = \frac{n}{m} \tag{10-25}$$

式（10-25）为单位质量的吸附剂所吸附气体的量，mol/g。

吸附量与温度、压力有关系，对于一定的吸附剂与吸附质的体系，达到吸附平衡时，吸附量是温度和吸附质压力的函数，即 $q = f(T, p)$。

通常固定一个变量，求出另外两个变量之间的关系，例如：

① $T =$ 常数，$q = f(p)$，得吸附等温线；

② $p =$ 常数，$q = f(T)$，得吸附等压线；

③ $q =$ 常数，$p = f(T)$，得吸附等量线。

从吸附等温线可以反映出吸附剂的表面性质、孔分布以及吸附剂与吸附质之间的相互作用等有关信息。由于吸附剂和吸附质不同，吸附等温线大体可分为如图 10.5 所示的五种类型。

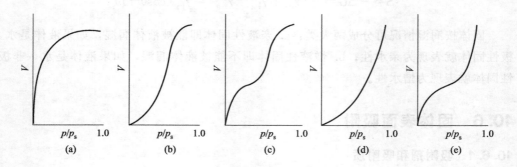

图 10.5　常见的吸附等温线

10. 6. 3　朗缪尔吸附等温式

在 5 种吸附等温线中比较简单的吸附类型是第一种 ［图 10.5（a）］。其特点是：在压力较低区间，吸附量与压力成正比，到某一压力后，吸附量不随压力变化而变化，接近一个常数。朗缪尔深入研究了这种吸附类型，得到了著名的朗缪尔（Langmuir）等温式，又称为朗缪尔单分子层吸附理论。

朗缪尔吸附等温式描述了吸附量与被吸附蒸气压之间的定量关系。在推导该公式的过程中引入了以下三个基本假定：a. 固体表面是均匀的，对于每个分子在所有能被吸附的表面上的吸附概率是等同的，气体分子只有碰到空白表面才能被吸附，所以吸附是单分子层的；b. 被吸附分子之间无相互作用；c. 在一定条件下吸附与脱附达动态平衡，所谓吸附是气体分子在固体表面聚集，而脱附则是气体分子离开固体表面。

设 θ 为表面覆盖度（固体表面被吸附的气体分子覆盖的分数），$1-\theta$ 是表面尚未被覆盖的分数。

$$\theta = \frac{V}{V_m} \qquad (10\text{-}26)$$

式中，V 为压力 p 时的吸附量；V_m 为饱和吸附量（单分子层吸附，吸附饱和相当于全部表面盖满了）。

吸附速率与压力和表面未被覆盖的分数有关：

$$r_a = k_a p (1-\theta)$$

脱附速率与表面覆盖度有关：

$$r_d = k_d \theta$$

达到吸附平衡时，吸附与解吸速率相等：

$$k_a p (1-\theta) = k_d \theta$$

令 $a = \dfrac{k_a}{k_d}$，代入以上公式整理后得到：

$$\theta = \frac{ap}{1+ap} \qquad (10\text{-}27)$$

式（10-27）称为朗缪尔吸附等温式。式中，a 为吸附系数，相当于吸附平衡常数，它的大小说明固体表面吸附气体能力的大小，与温度和吸附热有关。

当压力很低或吸附很弱时，$ap \ll 1$，则

$$\theta \approx ap$$

当压力很高或吸附很强时，$ap \gg 1$，则

$$\theta \approx 1$$

将 $\theta = \dfrac{V}{V_m}$ 代入朗缪尔吸附等温式 (10-27)，得到

$$\frac{p}{V} = \frac{1}{V_m a} + \frac{p}{V_m} \tag{10-28}$$

式 (10-28) 是朗缪尔吸附公式的又一表示形式。以 p/V 对 p 作图得一直线，从斜率和截距求出吸附系数 a 和铺满单分子层的气体体积 V_m。

$$n = \frac{V_m}{22.4}$$

$$S = A_m L n$$

$$A_0 = \frac{S}{m}$$

V_m 是一个重要参数。由吸附质分子截面积 A_m 可计算吸附剂的总表面积 S 和比表面积 A_0 等。

用朗缪尔等温式 (10-28) 可以很好地解释吸附等温线的第一种类型：

$$\frac{p}{V} = \frac{1}{V_m a} + \frac{p}{V_m}$$

整理得到：

$$V = \frac{V_m a p}{1 + ap}$$

当 p 很小时，$V = V_m ap$，V-p 为直线。当 p 较大时，$ap \gg 1$，$V = V_m$，即 V 与 p 无关。

朗缪尔吸附等温式的缺点：a. 假设吸附是单分子层的，与事实不符；b. 假设表面是均匀的，其实大部分表面是不均匀的；c. 当覆盖度 q 较大时，朗缪尔吸附等温式不适用。

10. 6. 4　物理吸附和化学吸附

具有如下特点的吸附称为物理吸附：a. 吸附力是由固体和气体分子之间的范德华引力产生的，一般比较弱，类似蒸气凝聚和气体液化；b. 吸附热较小，接近气体的液化热，一般在 20kJ/mol 以下；c. 吸附无选择性，任何固体可以吸附任何气体，当然吸附量会有所不同；d. 吸附稳定性不高，吸附与解吸速率都很快，易解吸；e. 吸附可以是单分子层的，也可以是多分子层的；f. 吸附不需要活化能，吸附速率并不因温度的升高而变快，吸附速度快，吸附温度较低。总之：物理吸附仅仅是一种物理作用，没有电子转移，没有化学键的生成与破坏，也没有原子重排等。

　　具有如下特点的吸附称为化学吸附：a. 吸附力是由吸附剂与吸附质分子之间产生的化学键力，类似化学反应，一般较强；b. 吸附热较高，接近化学反应热，一般在 40kJ/mol 以上；c. 吸附有选择性，固体表面的活性位只吸附与之可发生反应的气体分子，如酸位吸附碱性分子，反之亦然；d. 吸附很稳定，一旦吸附，就不易解吸；e. 吸附是单分子层的；f. 吸附需要活化能，温度升高，吸附和解吸速率加快。

　　以上比较是相对的，要区分物理吸附和化学吸附需综合很多现象加以分析；对于多相催化反应，化学吸附较重要；两种吸附可以互相转变，例如 H_2 在 Ni 上的吸附，温度较低时主要是物理吸附，温度升高时为化学吸附，由于吸附是放热反应，温度再升高就会发生解吸现象。总之，化学吸附相当于吸附剂表面分子与吸附质分子发生了化学反应，在红外、紫外-可见光谱中会出现新的特征吸收带。

10.6.5　吸附热

　　（1）吸附热的定义

　　在吸附过程中的热效应称为吸附热。物理吸附过程的热效应相当于气体凝聚热，很小；化学吸附过程的热效应相当于化学键能，比较大。

　　（2）吸附热的取号

　　固体在等温、等压下吸附气体是一个自发过程，$\Delta G < 0$，气体从三维运动变成吸附态的二维运动，熵减少，$\Delta S < 0$，$\Delta H = \Delta G + T \Delta S$，$\Delta H < 0$。所以吸附是放热过程，但习惯上把吸附热都取正值。

　　（3）吸附热的分类

　　① 积分吸附热：等温条件下，一定量的固体吸附一定量的气体所放出的热，用 Q 表示。积分吸附热实际上是各种不同覆盖度下吸附热的平均值。覆盖度不同而吸附热不同。

　　② 微分吸附热：在吸附剂表面吸附一定量气体 q 后，再吸附少量气体 dq 时放出的热 δQ，$\left(\dfrac{\partial Q}{\partial q}\right)_T$ 表示吸附量为 q 时的微分吸附热。

　　（4）吸附热的测定

　　① 直接用实验测定：在高真空体系中，先将吸附剂脱附干净，然后用精密的量热计测量吸附一定量气体后放出的热量，这样测得的是积分吸附热。

　　② 从吸附等量线计算：在一组吸附等量线上求出不同温度下的 $(\partial p / \partial T)_q$ 值，再根据克劳修斯-克拉贝龙方程得出。

　　③ 色谱法：用气相色谱技术测定吸附热。

　　用吸附热衡量催化剂的优劣，吸附热的大小反映了吸附强弱的程度。吸附热越大，吸附强度越大。一种好的催化剂必须要吸附反应物，使它活化，这样吸附就不能太弱，否则达不到活化的效果。但也不能太强，否则反应物不易解吸，占领了活性位就变成毒物，使催化剂很快失去活性。好的催化剂吸附的强度应恰到好处，太强太弱都不好，并且吸附和解吸的速率都应该比较快。例如合成氨的反应选用铁作催化剂是因为合成氨是通过吸附的氮与氢反应而生成氨的，Fe 催化剂对 N_2 的吸附既不太强，又不太弱，恰好使 N_2 吸附后变成原子状态。

10.7　气-固相表面催化反应

气-固相催化反应是多相催化反应，是在催化剂表面上进行的多步骤过程，一般经历以下五个步骤。

① 扩散过程：反应物气体分子向催化剂表面扩散。
② 吸附过程：反应物分子吸附于催化剂表面。
③ 反应过程：在催化剂表面进行化学反应。
④ 脱附（解吸）过程：产物在催化剂表面脱附。
⑤ 扩散过程：产物离开催化剂表面扩散。

其中①和⑤是物理变化，②～④统称为表面催化反应，是我们学习的重点。

多步骤的多相催化反应也服从瓶颈原理，即控制步骤的速率决定总反应速率。如果扩散速率≪表面反应速率，据瓶颈原理，整个催化反应的速率就取决于扩散的快慢，我们把这种情况称为反应在扩散区进行。如果表面反应速率≪扩散速率，则称反应在动力学区进行，此时就可以不考虑扩散的影响。

表面质量作用定律：处于吸附态的分子的浓度用覆盖度 θ 表示，气态分子用分压表示，适用于表面上的反应。

例如反应 $AK \longrightarrow P+K$，K 是催化剂，其反应速率：

$$r = k\theta_A \tag{10-29}$$

例如反应 $AK+B \longrightarrow C+K$，K 是催化剂，其反应速率：

$$r = k\theta_A p_B \tag{10-30}$$

建立速率方程的一般步骤：由实验拟定反应机理；写出速率方程；用近似法处理。

例如反应 $A \longrightarrow B$，表面反应为控制步骤，而且是单分子反应。该反应的机理为：$A+K \rightleftharpoons AK$；$AK \longrightarrow BK$（控制步骤）；$BK \rightleftharpoons B+K$。

根据瓶颈原理，该反应的速率等于最慢的第二步速率控制步骤：

$$r = k_2 \theta_A$$

AK 为吸附状态的反应物，其浓度用覆盖度表示；AK 是反应中间物，必须改写成反应物或产物浓度。

根据朗缪尔吸附等温式：

$$\theta_A = \frac{a_A p_A}{1+a_A p_A}$$

$$r = \frac{k_2 a_A p_A}{1+a_A p_A} \tag{10-31}$$

10.8 分散系统的分类

把一种或几种物质分散在另一种物质中就构成分散系统。其中，被分散的物质称为分散相，另一种物质称为分散介质（有的称为连续相）。

（1）分子分散系统

又叫真溶液，分散相粒子是半径$< 10^{-9}$m（1nm）的离子、分子和原子。性质：均相；热力学稳定体系；扩散快；能通过半透膜。如盐的水溶液。

（2）胶体分散系统

分散相粒子半径在$10^{-9} \sim 10^{-7}$m（1～100nm）范围内，是原子和分子的聚集体。性质：多相；热力学不稳定体系；扩散慢；不能通过半透膜。如 AgCl 溶胶，是难溶于水的固体物质高度分散在水中所形成的胶体分散系统。

（3）粗分散体系

分散相粒子半径$> 10^{-7}$m（100nm）的粗颗粒。性质：多相；热力学不稳定体系；扩散慢或不扩散；不能通过半透膜；形成悬浮体或乳状液。如泥水悬浮液，乳状液等。

10.9 溶胶胶粒的结构

溶胶体系中的分散相叫胶粒。胶粒的结构比较复杂，由一定量的难溶物分子聚结形成胶粒的中心，称为胶核。胶核选择性地吸附某种离子，形成紧密吸附层。由于正负电荷相吸，在紧密层外形成反号离子的包围圈，从而形成了带与紧密层相同电荷的胶粒。胶粒与扩散层中的反号离子，形成一个电中性的胶团。

【例题 10-1】AgNO$_3$ 和 KI 制备 AgI 的溶胶，过量的 KI 作稳定剂。

解：AgI 聚集形成胶核，胶核粒径小，比表面积大，选择性地吸附一些离子如吸附过量的 I$^-$，正负离子的静电引力，有些 K$^+$ 进入紧密层形成带电的胶粒，有些 K$^+$ 形成扩散层，组成电中性的胶团。如图 10.6 所示。

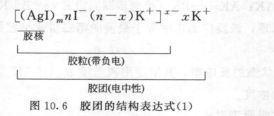

图 10.6　胶团的结构表达式(1)

【例题 10-2】AgNO$_3$ 和 KI 制备 AgI 的溶胶，过量的 AgNO$_3$ 作稳定剂。

解：AgI 聚集形成胶核，胶核粒径小，比表面积大，选择性地吸附一些离子如吸附过量的 Ag$^+$，正负离子的静电引力，有些 NO$_3^-$ 进入紧密层形成带电的胶粒，有些 NO$_3^-$ 形成扩散层，组成电中性的胶团。如图 10.7 所示。

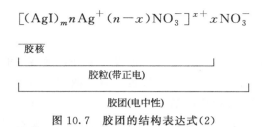

$$[(AgI)_m \, nAg^+ \, (n-x)NO_3^-]^{x+} \, xNO_3^-$$

胶核

胶粒(带正电)

胶团(电中性)

图 10.7　胶团的结构表达式(2)

胶核吸附一般服从以下规律：a. 优先吸附与胶核成分一致的离子；b. 优先吸附能与胶核某部分形成难溶化合物的离子。

胶体溶液中胶团的质量和直径大小是不固定的，不同溶胶的胶团形状也不相同，所以胶体体系的结构较为复杂，属于超微不均匀体系，由于高分散而且又是多相体系，体系的稳定性较差。

10.10　溶胶的力学和光学性质

10.10.1　布朗运动

1827 年植物学家布朗（Brown）用显微镜观察到悬浮在液面上的花粉粉末做连续不断的无规则运动。后来又发现许多其他物质如煤、化石、金属等粉末也都有类似的现象。人们称这种运动为布朗运动。但在很长的一段时间里，这种现象的本质没有得到阐明。1903 年超显微镜的发明为研究布朗运动提供了物质条件。通过大量观察，人们得出结论：溶胶粒子越小，布朗运动越激烈。其运动激烈的程度不随时间改变，但随温度的升高而增加。1905 年和 1906 年爱因斯坦和斯莫卢霍夫斯基分别阐述了布朗运动的本质。他们认为布朗运动是周围分子以不同大小和不同方向的力对胶体粒子不断撞击而产生的，由于受到的力不平衡，所以粒子连续不断地做无规则运动。随着粒子增大，撞击的次数增多，但作用力抵消的可能性亦大。当粒子半径大于 5 μm 时布朗运动消失。布朗运动的速率取决于粒子的大小、温度及介质黏度等，粒子越小、温度越高、黏度越小，则运动速度越快。爱因斯坦认为溶胶粒子的布朗运动与分子运动类似，并假设粒子是球形的，运用分子运动论的一些基本概念和公式，得到布朗运动的公式：

$$\bar{x} = \left(\frac{RT}{L} \times \frac{t}{3\pi\eta r} \right)^{\frac{1}{2}} \tag{10-32}$$

式中，$\bar{x}$ 为在观察时间 t 内粒子沿 x 轴方向的平均位移；r 为胶粒的半径；η 为介质的黏度；L 为阿伏加德罗常数。

该公式把粒子的位移与粒子大小、介质黏度、温度以及观察时间等联系了起来。

后来柏林等为了验证爱因斯坦公式的正确性，用不同大小的微粒，不同黏度的介质，在不同时间间隔内观察微粒在 x 方向的位移，代入公式中计算 L。最后证实公式是正确的。柏林的这一工作验证了爱因斯坦用分子运动论来描述布朗运动的正确性，因此布朗运动的本质就应该与分子运动的本质相同——质点的热运动。

10.10.2 溶胶的扩散

溶胶和稀溶液相比，除了粒子较大，浓度更稀外，稀溶液的某些性质溶胶也应具备，稀溶液中离子有扩散和渗透压，溶胶也应有扩散和渗透压。

如图10.8所示，在 $CDFE$ 的桶内盛溶胶，在某一截面 AB 的两侧溶胶的浓度不同，$c_1 > c_2$。由于分子的热运动和胶粒的布朗运动，可以观察到胶粒从 c_1 区向 c_2 区迁移的现象，这就是胶粒的扩散作用。如图所示，设任一平行于 AB 面的截面上浓度是均匀的，但水平方向自左至右浓度变稀，梯度为 $\dfrac{\mathrm{d}c}{\mathrm{d}x}$。设通过 AB 面的扩散质量为 m，则扩散速度为 $\dfrac{\mathrm{d}m}{\mathrm{d}t}$，扩散速度与浓度梯度和 AB 截面积 A 成正比。用公式表示为：

$$\frac{\mathrm{d}m}{\mathrm{d}t} = -DA\frac{\mathrm{d}c}{\mathrm{d}x} \tag{10-33}$$

式(10-33)叫菲克第一定律。D 是扩散系数，其物理意义为：单位浓度梯度、单位时间内通过单位截面积的质量。扩散发生在浓度降低的方向，$\dfrac{\mathrm{d}c}{\mathrm{d}x} < 0$，$\dfrac{\mathrm{d}m}{\mathrm{d}t} > 0$，所以公式中加负号。

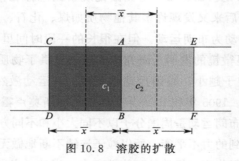

图 10.8 溶胶的扩散

10.10.3 溶胶的渗透压

虽然胶粒不能透过半透膜，但介质分子或外加的电解质离子可以透过，所以它们就有从化学势高的向化学势低的方向自发渗透的趋势，产生渗透压。溶胶的渗透压可以借用稀溶液渗透压公式计算：

$$\Pi = cRT \tag{10-34}$$

式中，c 为胶粒的浓度。由于憎液溶胶不稳定，浓度不能太大，所以测出的渗透压及其他依数性质都很小。

10.10.4 溶胶的沉降和沉降平衡

溶胶是高度分散体系，胶粒一方面受到重力吸引而下降，另一方面由于布朗运动促使浓度趋于均一。当这两种效应相反的力相等时，粒子的分布达到平衡，粒子的浓度随高度不同有一定的梯度，如图10.9所示。这种平衡称为沉降平衡。

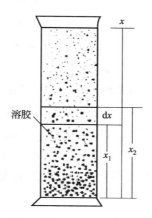

图 10.9　溶胶的沉降和
沉降平衡

10. 10. 5　丁达尔效应

可见光的光束通过分散体系时，一部分自由地通过，一部分被吸收、反射或散射。当光束通过粗分散体系，由于粒子大于入射光的波长，主要发生反射，使体系呈现混浊。当光束通过胶体溶液，由于胶粒直径小于可见光波长，主要发生散射，可以看见乳白色的光柱；当光束通过分子溶液，由于溶液十分均匀，散射光因相互干涉而完全抵消，看不见散射光。

1869 年丁达尔（Tyndall）发现，若令一束可见光的光束通过溶胶，从侧面（即与光束垂直的方向）可以看到一个发光的圆锥体，后人将溶胶的这种光学性质称为丁达尔效应。其他分散系统也会产生一点散射光，但远不如溶胶显著。丁达尔效应是判别溶胶与分子溶液最简便的方法。如图 10.10 所示。

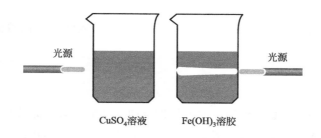

图 10.10　溶胶的丁达尔效应

发生丁达尔效应的根本原因是光散射作用。人们发现当光线照射分散体系时，如果分散相的颗粒直径大于入射光波长（$d > \lambda$），则主要是折射和反射。当 $d < \lambda$ 时就发生光的散射，散射出来的光叫散射光，又叫乳光。

溶胶粒子的直径 d 在 $2 \sim 200 \text{nm}$ 范围内，可见光波长是 $400 \sim 700 \text{nm}$，符合 $d < \lambda$ 的条件，所以就出现了明显的丁达尔效应。

1871 年，瑞利（Rayleigh）研究了大量的光散射现象，对于粒子半径在 47nm 以下的溶胶，导出了散射光强度 I 的计算公式，称为瑞利公式：

$$I=\frac{24\pi^2 A^2 \nu V^2}{\lambda^4}\left(\frac{n_1^2-n_2^2}{n_1^2+2n_2^2}\right)^2 \tag{10-35}$$

式中，A 为入射光振幅；ν 为单位体积中粒子数；λ 为入射光波长；V 为每个粒子的体积；n_1 为分散相折射率；n_2 为分散介质的折射率。

① 其适用范围是粒子不导电，且粒子半径≤47nm 的体系。

② 散射光强度与入射光波长的四次方呈反比。入射光波长越短，散射越显著。所以可见光中蓝、紫色光的散射作用强。如：晴天的天空是蓝色；危险信号灯一般是红灯。

③ 散射光强度与粒子体积的平方、单位体积中的粒子数呈正比。所以在满足 $d<\lambda$ 的条件下，粒子体积越大，I 越强。真溶液几乎没有丁达尔效应，就是因为分子的体积太小，散射光强太弱。

④ 分散相与分散介质的折射率相差越显著，则散射作用越显著。

⑤ 超显微镜实际上就是利用丁达尔效应，把光照在粒子上，使粒子发生散射变成发光体，进而观察粒子的形状与大小。

10.11 溶胶的电学性质

在外电场作用下，胶粒和介质分别向带相反电荷的电极移动，就产生了电泳和电渗的现象，这是因电而动。胶粒在重力场作用下发生沉降，而产生沉降电势；带电的介质发生流动，则产生流动电势。这是因动而产生电。以上四种现象都称为溶胶的电动现象。溶胶体系有电学性质，说明溶胶是带电的。溶胶带电的原因如下。

① 吸附：溶胶的比表面积大，表面能高，很容易从溶液中选择性地吸附某种离子而带电；

② 电离：固体分子本身发生电离作用而使离子进入溶液，以致固液两相分别带有不同符号的电荷。

10.11.1 电泳

带电胶粒在外加电场的作用下向电极做定向移动的现象，即胶粒在分散介质中做定向移动称为电泳。影响电泳的因素有：带电粒子的大小、形状；粒子表面电荷的数目；介质中电解质的种类、离子强度，pH 值和黏度；电泳的温度和外加电压等。从电泳现象可以获得胶粒或大分子的结构、大小和形状等有关信息，如蛋白质电泳。胶粒定向移动的方向与电化学中离子的定向移动方向是一致的。Fe(OH)$_3$ 溶胶胶粒带有正电，所以在外电场作用下向阴极移动。As$_2$S$_3$ 溶胶胶粒向阳极移动，所以它带有负电。溶胶的电泳现象证实了胶粒确实是带有电荷的，而且人们通过实验还发现，如果在溶胶体系中加入电解质，电泳的速度会降低，有时甚至变为零（外加电解质对溶胶起聚沉作用）。

10. 11. 2　电渗

在外加电场作用下，带电的介质通过多孔膜或半径为 $1\sim10nm$ 的毛细管做定向移动（此时固相不动），这种现象称为电渗。外加电解质对电渗速度影响显著，随着电解质浓度的增加，电渗速度降低，甚至会改变电渗的方向。电渗的方向与多孔膜的性质有关，用棉花、滤纸作多孔膜时，水向阴极移动，用 Al_2O_3、$BaCO_3$ 作多孔膜，水就向阳极移动。电渗方法有许多实际应用，如溶胶净化、海水淡化、泥炭和染料的干燥等。

10. 11. 3　流动电势和沉降电势

含有离子的液体在加压或重力等外力的作用下，流经多孔膜或毛细管时在膜的两边会产生电势差。这种因流动而产生的电势称为流动电势。

在重力场的作用下，带电的分散相粒子，在分散介质中迅速沉降时，底层与表面层的粒子浓度悬殊，从而产生电势差，这就是沉降电势。储油罐中的油内常会有水滴，水滴的沉降会形成很高的电势差，有时会引发事故。通常在油中加入有机电解质，增加介质电导，降低沉降电势。

10. 12　溶胶的稳定性和聚沉作用

按热力学的观点，溶胶体系是不稳定的，有自动聚沉以缩小表面吉布斯自由能的趋势，但为什么溶胶体系仍然能够稳定存在一定时间呢？原因有三个：a. 胶粒带电，具有一定的 ζ 电位，如外界不去干扰它，使它释放这种能量，它将保持稳定状态；b. 胶粒能形成溶剂化层——一层有弹性的膜，形成机械阻力，使其不易聚沉；c. 布朗运动对抗重力，本来胶体粒子比较大而且重，所以受重力影响较大，应当往下沉，但布朗运动是各方向的不规则运动，也包括向上的运动，所以重力的影响就受到了制约。

10. 12. 1　影响溶胶稳定性的因素

① 外加电解质的影响：这种影响最大，主要影响胶粒的带电情况，使 ζ 电位下降，促使胶粒聚结。

② 浓度的影响：浓度增加，粒子碰撞机会增多。

③ 温度的影响：温度升高，粒子碰撞机会增多，碰撞强度增加。

④ 胶体体系的相互作用：带不同电荷的胶粒互吸而聚沉。如果两份溶胶所带的总电荷量完全相等（符号相反），就可以完全聚沉，否则聚沉不完全或不聚沉。

10. 12. 2　聚沉作用

聚沉作用：溶胶的颗粒聚集到一定程度，溶胶失去表面的均匀性而沉降下来。

聚沉值：使一定量的溶胶在一定时间内完全聚沉所需电解质的最小浓度。从已知的表值可见，对同一溶胶，外加电解质的离子价数越低，其聚沉值越大。

聚沉能力：是聚沉值的倒数。聚沉值越大的电解质，聚沉能力越小；反之，聚沉值越小的电解质，其聚沉能力越强。聚沉能力受与胶粒带相反电荷的离子（反离子）的影响。

① 与胶粒带相反电荷的离子的价数越高，聚沉能力越强，聚沉值越小。

② 与胶粒带相反电荷的离子的价数相同，其聚沉能力也有差异。例如，对胶粒带负电的溶胶，一价阳离子硝酸盐的聚沉能力次序为：$H^+ > Cs^+ > Rb^+ > NH_4^+ > K^+ > Na^+ > Li^+$。对带正电的胶粒，一价阴离子的钾盐的聚沉能力次序为：$F^- > Cl^- > Br^- > NO_3^- > I^-$。这种次序称为感胶离子序（lyotropic series）。

③ 与胶体带相反电荷的离子相同时，则另一同性离子的价数也会影响聚沉值，价数越高，聚沉能力越低。这可能与这些同性离子的吸附作用有关。

【例题 10-3】 对亚铁氰化铜溶胶的聚沉值，KBr 为 $27.5 mol/m^3$，$K_4[Fe(CN)_6]$ 为 $260.0 mol/m^3$。判断以上亚铁氰化铜溶胶的胶粒带什么电。

解： 亚铁氰化铜溶胶带负电，起聚沉作用的是 K^+，同性离子价数越高，聚沉能力越低，聚沉值越高。

④ 有机化合物的离子都有很强的聚沉能力，这可能与其具有强吸附能力有关。

⑤ 不同胶体的相互作用，将胶粒带相反电荷的溶胶互相混合，也会发生聚沉。与加入电解质情况不同的是，当两种溶胶的用量恰能使其所带电荷的量相等时，才会完全聚沉，否则会不完全聚沉，甚至不聚沉。

⑥ 大分子溶液对溶胶的作用，在憎液溶胶中加入某些大分子溶液，加入的量不同，会出现两种情况：a. 加入大分子溶液太少时，会促使溶胶聚沉，称为敏化作用（絮凝作用）；b. 当加入大分子溶液的量足够多时，会保护溶胶不聚沉，称为保护作用。当加入的大分子物质的量不足时，憎液溶胶的胶粒黏附在大分子上，大分子起桥梁作用，把胶粒联系在一起，使之更容易聚沉。例如，对 SiO_2 进行重量分析时，在 SiO_2 的溶胶中加入少量明胶，使 SiO_2 的胶粒黏附在明胶上，便于聚沉后过滤，减少损失，使分析更准确。

参考文献

[1]　傅献彩，沈文霞，姚天杨，等．物理化学（上，下册）．5版．北京：高等教育出版社， 2006.

[2]　印永嘉，奚正楷，张树永．物理化学简明教程．4版．北京：高等教育出版社， 2007.

[3]　沈文霞，王喜章，许波连．物理化学核心教程．3版．北京：科学出版社， 2016.

[4]　朱志昂，阮文娟．物理化学．5版．北京：科学出版社， 2017.

[5]　范楼珍，李晓宏，方维海．物理化学学习指导．北京：北京师范大学出版社， 2010.